高等教育"十三五"规划教材

食品微生物检验

岳晓禹　杨玉红　主编

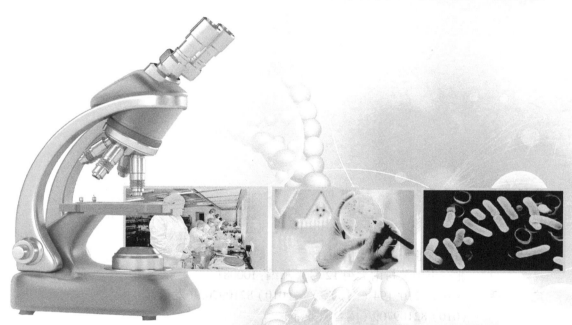

中国农业科学技术出版社

图书在版编目（CIP）数据

食品微生物检验／岳晓禹，杨玉红主编．—北京：中国农业科学技术出版社，2017.6
（2025.1重印）

ISBN 978 - 7 - 5116 - 2901 - 2

Ⅰ．①食…　Ⅱ．①岳…②杨…　Ⅲ．①食品微生物 - 食品检验 - 高等学校 - 教材
Ⅳ．①TS207.4

中国版本图书馆 CIP 数据核字（2016）第 311865 号

| 责任编辑 | 崔改泵 |
| 责任校对 | 贾海霞 |

出 版 者　中国农业科学技术出版社
　　　　　北京市中关村南大街 12 号　邮编：100081
电　　话　（010）82109194（编辑室）　（010）82109702（发行部）
　　　　　（010）82109709（读者服务部）
传　　真　（010）82106650
网　　址　http://www.castp.cn
经 销 者　各地新华书店
印 刷 者　北京建宏印刷有限公司
开　　本　787mm×1 092mm　1/16
印　　张　17.5
字　　数　426 千字
版　　次　2017 年 6 月第 1 版　2025 年 1 月第 6 次印刷
定　　价　36.00 元

《食品微生物检验》

编　委　会

前　言

　　无论在发达国家还是在发展中国家，食品安全都是一个极其重要的公共卫生问题，由此导致的食源性疾病一直是人类面临的一个严峻的现实挑战。

　　食品微生物检验是衡量食品卫生质量的重要指标之一，也是判定被检食品能否食用的科学依据之一。作为监控食品质量的工具之一，食品微生物检验方法早已应用于食品的产前、产中和产后的质量评定与监控。通过检验，可以判断食品加工环境及食品卫生质量情况，能够对食品被微生物污染的程度做出正确的评价，为各项卫生管理工作提供科学依据，为传染病、人类和动物的食品中毒提供防治措施。许多微生物检验方法已成为相关生产厂家和检测机构的常规检验项目。因此，食品微生物检验在食品科学领域和人才培养中的地位十分重要。

　　为了适应市场对食品质量安全人才的需要，加强食品微生物检验的理论教学与实践操作之间的联系，在各位编者的努力和配合下，参考了国内外一些最新食品微生物检验研究进展，结合各位编写人员在检验和教学工作一线对食品微生物检验这门学科的理解及教学科研的积累，编写了本教材。本书以最新食品安全国家标准为依据，注重微生物基础知识与专业实验的有机衔接、食品微生物检验原理与技能的结合，具有较强的实用性和可操作性，符合学习的认知规律，也有利于锻炼学生的专业能力和社会实践能力。

　　食品微生物检验涉及食品微生物学、食品安全学、病原生物学和食品科学等学科的知识，本书的编写得到了各位编委的积极参与和配合，是全体编写人员辛勤劳动的结晶。本书第一章和第四章由岳晓禹、陈威风编写，第二章和第三章由杨玉红、雷琼编写，第五章由覃洁编写，第六章由文英会（第1～4节）、鞠慧丽（第5～9节）编写，第七章由杨灵、杨娜编写，第八章由辛婷、李自刚编写，第九章由杨伟杰编写。本教材在编写过程中得到了有关单位领导和专家的支持和帮助，向他们表示最崇高的敬意！

　　本书适合高等院校的食品类本专科学生作为教材使用，具体使用过程中可根据学时和专业培养要求选取有关章节进行学习。也可作为科研机构、企业单位的相关食品类、微生物检验从业人员参考书，也可供化妆品检验、药品微生物检验、饲料检验、临床检验和兽医检验的有关人员参考。

　　由于涉及领域广泛、编写水平有限，书中难免有不足和疏漏之处，希望各位学者和检验第一线的同仁们提出批评和建议，以便今后不断改进和完善。

编　者

2016 年 10 月

目　　录

第一章 绪 论

学习目标

1. 了解食品中的微生物主要来源。
2. 了解不同微生物对营养的要求。
3. 了解评价食品质量的主要标准。
4. 了解食品检验中细菌总数、大肠菌群数的定义及其检验意义。

人类加工食品的历史可以追溯到 8 000 年前，直到现代食品工业的出现和发展，如何防止食品腐败和避免食源性疾病的传播一直是食品加工行业首要的问题。检测食品原料在运输、加工、销售及贮藏等过程中微生物种类和数量的变化，已作为监控食品品质、保证食品安全的重要手段。近年来，全球范围内因病原微生物或因其产生的生物性毒素所导致的重大食品安全事件不断发生，其中大肠杆菌 O157：H7、志贺氏菌、单核细胞增生李斯特氏菌、空肠弯曲菌、副溶血性弧菌、耶尔森氏菌等，被公认为是主要的食源性病原微生物。

第一节 食品中的微生物及其污染来源

自然界中广泛地存在着各种微生物，无论是高山、田地、江河、湖泊、海洋，还是空气中；在植物和动物的体表、体内也存在多种微生物。因此，动植物性食物或由它们加工成的各种食品，就不可避免地存在着微生物。

自然界中的微生物与人类关系非常密切，人们可以利用它们来酿制食品或制药、制酶等。但有些微生物也常常会导致食品及原料腐败和变质，甚至以食物作媒介引起人体疾病、中毒、致癌和死亡。因此，充分了解食品中存在的微生物来源及种类，对于保障食品卫生和进行食品微生物的检验都具有重要意义。

一、食品中的微生物

（一）食品中常见的微生物

食品中常见的细菌分为革兰氏阴性菌和革兰氏阳性菌，其中，常见的革兰氏阴性菌主要包括假单胞菌属、醋酸杆菌属、无色杆菌属、产碱杆菌属、黄色杆菌属、大肠杆菌属与肠杆菌属、沙门氏菌属、志贺氏菌属、变形杆菌属等；常见的革兰氏阳性菌主要包括乳酸杆菌属、链球菌属、明串珠菌属、芽孢杆菌属、梭状芽孢菌属、微球菌属和葡萄球菌属等。

食品中常见酵母菌主要包括酵母菌属、毕氏酵母属、汉逊氏酵母属、假丝酵母属、红酵母属、球拟酵母属、丝孢酵母属等。

食品中常见霉菌主要包括毛霉属、根霉属、曲霉属、青霉属、木霉属、交链孢霉属、葡萄孢霉属、芽枝霉属、镰刀霉属、地霉属、链孢霉属、复端孢霉属、枝霉属、分枝孢霉属、红曲霉属等。

（二）食品中常见的致病菌

食品中常见的致病菌主要有沙门氏菌、致病性大肠杆菌、葡萄球菌、肉毒梭菌、单核细胞增生李斯特氏菌、蜡样芽孢杆菌、志贺氏菌、变形杆菌、产气荚膜梭菌、空肠弯曲杆菌、阪崎肠杆菌、椰毒假单胞菌酵米面亚种、副溶血性弧菌、小肠结肠炎耶尔森氏菌、黄曲霉等。

二、食品中微生物污染的来源

食品微生物污染是指食品在加工、运输、贮藏、销售过程中被微生物及其毒素污染。研究并弄清食品中微生物污染的来源、途径及其在食品中的消长规律，对于切断污染途径、控制其对食品的污染、延长食品保藏期、防止食品腐败变质与食物中毒的发生都具有非常重要的意义。

微生物在自然界中分布十分广泛，不同的环境中存在的微生物类型和数量不尽相同，因此，食品从原料、生产、加工、贮藏、运输、销售到烹调等各个环节常常与环境发生各种方式的接触，进而导致微生物的污染。食品微生物污染的来源可分为土壤、空气、水、操作人员、动植物、加工设备、包装材料等方面。

（一）土壤

土壤是微生物的"天然培养基"，含有大量的可被微生物利用的碳源和氮源，还含有大量的硫、磷、钾、钙、镁等无机元素及硼、钼、锌、锰等微量元素，加之土壤具有一定的保水性、通气性及适宜的酸碱度（pH值3.5~10.5）和适宜的温度（10~30℃），而且表面土壤覆盖有益于保护微生物免遭太阳紫外线的危害，这些都为微生物的生长繁殖提供了有利的营养条件和环境条件。虽然不同土壤中，微生物的种群和数量可能不同，但总的来说，土壤中存在有自然界中绝大部分的微生物，它也是食品中微生物存在的主要源头。

根据不同土壤的分析统计，每克肥沃土壤中，通常含有几亿到几十亿个微生物，贫瘠土壤也含有几百万到几千万个微生物。在这些微生物中，以细菌最多，占土壤中微生物总数的70%~80%，其次是霉菌及酵母菌等。按其营养类型来分，主要是异养菌，但自养型的细菌也普遍存在。

不同土壤中微生物的种类和数量有很大差异，地面下3~25cm是微生物最活跃的场所，肥沃的土壤中微生物的数量和种类较多。例如，果园土壤中酵母的数量较多。在酸性土壤中，霉菌较多；碱性土壤和含有机质较多的土壤，细菌、放线菌较多；在森林土壤中，分解纤维素的微生物较多；在油田地区的土壤中，分解碳氢化合物的微生物较多；在盐碱地中，可分离出嗜盐微生物。

土壤中除了自身含有的微生物外，分布在空气、水、人及动植物体的微生物也会不断进入土壤中。许多病原微生物就是随着动植物残体以及人和动物的排泄物进入土壤的。因此，土壤中的微生物既有非病原的，也有病原的。通常无芽孢菌在土壤中生存的时间较短，而有芽孢菌在土壤中生存时间较长。例如，沙门菌只能生存数天至数周，炭疽芽孢杆菌却能生存数年甚至更长时间。同时，土壤中还存在着能够长期生活的土源性病原菌。霉菌及放线菌的孢子在土壤中也都可以长期生存。

（二）空气

空气中不具备微生物生长繁殖所需的营养物质和充足的水分条件，加之室外经常接受来自日光的紫外线照射，所以空气不是微生物生长繁殖的场所。然而空气中也确实含有一定数量的微生物，这些微生物随风飘扬而悬浮在大气中或附着在飞扬起来的尘埃或液滴上。这些微生物可来自土壤、水、人和动植物体表的脱落物和呼吸道、消化道的排泄物等，同时由于微生物身小体轻，能随空气流动到处传播，因而微生物的分布是广泛的。

空气中的微生物主要是霉菌、放线菌的孢子和细菌的芽孢及酵母菌等。不同环境空气中微生物的数量和种类有很大差异，例如，公共场所、街道、畜舍、屠宰场及通气不良处的空气中微生物的数量较高；空气中的尘埃越多，所含微生物的数量也就越多；室内污染严重的空气中微生物数量可达 10^6 个/m^3；海洋、高山、乡村、森林等空气清新的地方微生物的数量较少。空气中可能会出现一些病原微生物，它们直接来自人或动物呼吸道、皮肤干燥脱落物及排泄物或间接来自土壤，如结核杆菌、金黄色葡萄球菌、沙门菌、流感嗜血杆菌和病毒等。患病者口腔喷出的飞沫小滴可含有 1 万 ~2 万个细菌。

（三）水

自然界中的江、河、湖、海等各种淡水与咸水水域中都生存着相应的微生物。由于不同水域中的有机物与无机物种类和含量、温度、酸碱度、含盐量、含氧量及不同深度光照度等的差异，因而各种水域中的微生物种类和数量呈现明显差异。通常水中微生物的数量主要取决于水中有机物质的含量。有机物质含量越多，其中微生物的数量也就越大。

淡水域中的微生物可分为两大类型，一类是清水型水生微生物，这类微生物习惯于在洁净的湖泊和水库中生活，以自养型微生物为主，可被看做是水体环境中的土居微生物，如硫细菌、铁细菌、衣细菌及含有光合色素的蓝细菌、绿硫细菌和紫细菌等。也有部分腐生性微生物，如细菌中的色杆菌属、无色杆菌属和微球菌属，霉菌中的水霉属和绵霉属等。此外，还有单细胞和丝状的藻类以及一些原生动物常在水中生长，但它们的数量不大。另一类是腐败型水生微生物，它们是随腐败的有机物质进入水域并大量繁殖，从而造成水体污染和疾病的传播。其中，数量最大的 G^- 细菌，如变形杆菌属、大肠杆菌、产气肠杆菌和产碱杆菌属等，还有芽孢杆菌属、弧菌属和螺菌属中的一些种。当水体受到土壤和人畜排泄物的污染后，肠道菌如大肠杆菌、粪链球菌和魏氏梭菌、沙门菌、产气荚膜芽孢杆菌、炭疽杆菌、破伤风芽孢杆菌等的数量会很快增加。污水中还会有纤毛虫类、鞭毛虫类原生动物。进入水体的动植物致病菌，通常因水体环境条件不能完全满足其生长繁殖的要求，故一般难以长期生存，但也有少数病原菌可以生存达数月之久。

海水中也含有大量的水生微生物，主要是细菌，它们均具有嗜盐性。近海中常见的细菌有假单胞菌、无色杆菌、黄杆菌、微球菌属、芽孢杆菌属和噬纤维菌属，它们能引起海产动植物的腐败，有的是海产鱼类的病原菌。海水中还存在有可引起人类食物中毒的病原菌，如副溶血性弧菌。

矿泉水及深井水中通常含有很少量的微生物。

（四）人及动物体

人体及各种动物，如犬、猫、鼠等的皮肤、毛发、口腔、消化道、呼吸道均带有大量的微生物，如未经清洗的动物被毛、皮肤等微生物数量可达 $10^5 \sim 10^6$ 个/cm^2。当人或动物感染了病原微生物后，体内会存在有不同数量的病原微生物，其中有些菌种是人畜共患病原微生物，如沙门氏菌、结核杆菌、布氏杆菌，这些微生物可以通过直接接触或通过呼吸道和消化道向体外排出而污染食品。

蚊、蝇及蟑螂等昆虫也都携带有大量的微生物，其中可能有多种病原微生物，它们接触食品同样会造成污染。

（五）加工机械及设备

各种加工机械设备本身没有微生物所需的营养物质，但在食品加工过程中，由于食品的汁液或颗粒黏附于内外表面，食品生产结束时机械设备没有得到彻底的灭菌，使原本少量的微生物得以在其上大量生长繁殖，成为微生物的污染源。这种机械设备在后来的使用中会通过与食品接触而造成食品的微生物污染。

第二节　食品的腐败变质

新鲜的食品在常温 20℃ 左右存放，由于附着在食品表面的微生物作用和食品内所含酶的作用，使食品的色、香、味和营养价值降低，如果久放，食品会腐败或变质，以至完全不能食用。

从广义的角度来说，凡引起食品理化性质发生改变的现象，都称为食品变质。导致食品变质的因素有物理的、化学的，也有生物的。比如油脂的氧化酸败，主要是理化因素引起的；有时发现米、面放久了生了小虫，使之变质不可食用，这是生物因素——昆虫造成的。在大多数情况下，引起食品变质的主要因素是微生物。

一、食品腐败变质的概念

食品腐败变质是以食品本身的组成和性质为基础，在环境因素的影响下主要由微生物作用所引起，是微生物、环境因素、食品本身三者互为条件、相互影响、综合作用的结果。其过程实质上是食品中蛋白质、碳水化合物、脂肪等被污染微生物分解代谢或自身组织酶进行的某些生化过程。

二、引起食品腐败变质的因素

引起食品腐败变质的原因主要有微生物的作用及食品本身的组成和性质。其中，引起食品腐败的微生物有细菌、酵母菌和霉菌等，以细菌引起的食品腐败变质最为显著。而食品中存活的细菌只占自然界细菌中的一部分。这部分在食品中常见的细菌，在食品卫生学上被称为食品细菌。食品细菌包括致病菌、相对致病菌和非致病菌，有些致病菌还是引起食物中毒的原因。它们既是评价食品卫生质量的重要指标，也是食品腐败变质的原因。在《伯杰氏系统细菌学手册》（1984—1989）中，污染食品后可引起食品腐败变质、造成食物中毒和引起疾病的常见细菌主要有以下几种。

(一) 引起食品腐败变质的微生物

1. 需氧芽孢菌

需氧芽孢菌在自然界中分布极广，主要存在于土壤、水和空气中，食品原料经常被这类细菌污染。大部分需氧芽孢菌，生长适宜温度在 28~40℃，有些能在 55℃ 甚至更高的温度中生长，其中有些细菌是兼性厌氧菌，在密封保存的食品中，不因缺氧而影响生长。这类细菌都有芽孢产生，对热的抵抗力特别强，由于这些原因，需氧芽孢菌是食品的主要污染菌。

食品中常见的需氧芽孢菌有枯草芽孢杆菌、蜡样芽孢杆菌、巨大芽孢杆菌、嗜热脂肪芽孢杆菌、地衣芽孢杆菌等。

2. 厌氧芽孢菌

厌氧芽孢菌主要存在于土壤中，也有的存在于人和动物的肠道内，多数菌必须在厌氧的环境中才能良好生长，只有极少数菌在有氧条件下生长。厌氧芽孢菌主要存在于污染的土壤或粪便，通过多种传播途径进而污染食品（如蔬菜、谷类、水果等）。

一般厌氧芽孢菌的污染比较少，但危害比较严重，常导致食品中蛋白质和糖类的分解，造成食品变色、产生异味、产酸、产气、产生毒素。

常见的有酪酸梭状芽孢杆菌、巴氏固氮梭状芽孢杆菌、魏氏梭菌、肉毒梭菌等。

3. 无芽孢细菌

无芽孢细菌的种类远比有芽孢菌的种类多，在水、土壤、空气、加工人员、工具中都广泛存在，因此污染食品的机会更多。

食品被无芽孢菌污染是很难完全避免的，这些细菌包括大肠菌群、肠球菌、假单胞菌属、产碱杆菌属等。

4. 酵母菌和霉菌

酵母菌和霉菌是食品加工中的重要生产菌种。例如，用啤酒酵母制造啤酒，利用绍兴酒酵母酿造绍兴米酒，利用毛霉、根霉和曲霉的菌种酿造酒、醋、味精等。酵母菌、霉菌在自然界广泛存在，可以通过生产的各个环节污染食品。

经常出现的酵母菌有假丝酵母属、圆酵母属、酵母属、隐球酵母属，霉菌有青霉属、芽枝霉属、念珠霉属、毛霉属等。

5. 病原微生物

食品在原料、生产、贮藏过程中也可能污染一些病原微生物，如大肠杆菌、沙门菌及其他肠杆菌、葡萄球菌、魏氏梭菌、肉毒梭菌、蜡样芽孢杆菌以及黄曲霉、寄生曲霉、赭曲霉、蜂蜜曲霉等产毒素曲霉菌。

这些微生物的污染，很容易导致食物中毒，在食品检验中，必须对这些致病性微生物引起足够的重视。

(二) 食品本身的组成和性质

一般来说食品总是含有丰富的营养成分，各种蛋白质、脂肪、碳水化合物、维生素和无机盐等都有存在，只是比例上的不同而已。如在一定的水分和温度条件下，就十分适宜微生物的生长繁殖。但有些食品是以某些成分为主的，如油脂则以脂肪为主，蛋品类则以蛋白质为主。不同微生物分解各种营养物质的能力也不同。因此，只有当微生物所具有的酶所需的底物与食品营养成分相一致时，微生物才可以引起食品的迅速腐败变质。当然，微生物在食品上的生长繁殖还受其他因素的影响。

1. pH 值

食品本身所具有的 pH 值影响微生物在其上面的生长和繁殖。一般食品的 pH 值都在 7.0 以下，有的甚至仅为 2~3。pH 值在 4.5 以上者为非酸性食品，主要包括肉类、乳类和蔬菜等。pH 值在 4.5 以下者称为酸性食品，主要包括水果和乳酸发酵制品等。因此，从微生物生长对 pH 值的要求来看，非酸性食品较适宜于细菌生长，而酸性食品则较适宜于真菌的生长。但是食品被微生物分解会引起食品 pH 值的改变，如食品中以糖类等为主，细菌分解后往往由于产生有机酸而使 pH 值下降。如以蛋白质为主，则可能产氨而使 pH 值升高。在混合型食品中，由于微生物利用基质成分的顺序性差异，而 pH 值会出现先降后升或先升后降的波动情况。

2. 水分

食品本身所具有的水分含量影响微生物的生长繁殖。食品中含有一定的水分，这种水分包括结合态水和游离态水两种。决定微生物是否能在食品上生长繁殖的水分因素是食品中所含的游离态水，也即所含水的活性或称水的活度。由于食品中所含物质的不同，即使含有同样的水分，但水的活度可能不一样。因此，各种食品防止微生物生长的含水量标准就很不相同。

3. 渗透压

食品的渗透压同样是影响微生物生长繁殖的一个重要因素。各种微生物对于渗透压的适应性很不相同。大多数微生物都只能在低渗环境中生活。也有少数微生物嗜好在高渗环境生长繁殖，这些微生物主要包括霉菌、酵母菌和少数种类的细菌。根据它们对高渗透压的适应性不同，可以分为以下几类：①高度嗜盐细菌，最适宜于含 20%~30% 食盐的食品中生长，如盐杆菌；②中等嗜盐细菌，适宜于含 5%~10% 食盐的食品中生长，如腌肉弧菌；③低等嗜盐细菌，最适宜于含 2%~5% 食盐的食品中生长，如假单胞菌属、弧菌属中的一些菌种；④耐糖细菌，能在高糖食品中生长，如肠膜状明串珠菌。还有能在高渗食品上生长的酵母菌，如蜂蜜酵母、异常汉逊酵母。霉菌有曲霉、青霉、卵孢霉、串孢霉等，能在高渗食品中生长。

三、食品腐败变质的过程

食品腐败变质的过程，实质上是食品中蛋白质、碳水化合物、脂肪的分解变化过程，其程度因食品种类、微生物种类和数量及环境条件的不同而异。

(一) 蛋白质

富含蛋白质食品如肉、鱼、蛋和大豆制品等的腐败变质，主要以蛋白质的分解为其腐败变质特征。由微生物引起蛋白质食品发生的变质，通常称为腐败。蛋白质在动植物组织酶以及微生物分泌的蛋白酶和肽链内切酶等的作用下，首先水解成多肽，进而裂解形成氨基酸。氨基酸通过脱羧基、脱氨基、脱硫等作用进一步分解成相应的氨、胺类、有机酸类和各种碳氢化合物，食品即表现出腐败特征。

蛋白质分解后所产生的胺类是碱性含氮化合物，如胺、伯胺、仲胺及叔胺等具有挥发性和特异的臭味。各种不同的氨基酸分解产生的腐败胺类和其他物质各不相同，甘氨酸产生甲胺，鸟氨酸产生腐胺，精氨酸产生色胺进而又分解成吲哚，含硫氨基酸分解产生硫化氢和氨、乙硫醇等。这些物质都是蛋白质腐败产生的主要臭味物质。

（二）脂肪

脂肪的变质主要是酸败。食品中油脂酸败的化学反应，主要是油脂自身氧化过程，其次是加水水解。油脂的自身氧化是一种自由基的氧化反应，而水解则是在微生物或动物组织中的解脂酶作用下，使食物中的中性脂肪分解成甘油和脂肪酸等。

脂肪水解指脂肪的加水分解作用，产生游离脂肪酸、甘油及其不完全分解的产物。如甘油一酯、甘油二酯等。脂肪酸可进而断链形成具有不愉快味道的酮类或酮酸；不饱和脂肪酸的不饱和键可形成过氧化物；脂肪酸也可再氧化分解成具有特臭的醛类和醛酸，即所谓的"哈喇"味。这就是食用油脂和含脂肪丰富的食品发生酸败后感官性状改变的原因。

脂肪自身氧化以及加水分解所产生的复杂分解产物，使食用油脂或食品中脂肪带有若干明显特征：首先是过氧化值上升，这是脂肪酸败最早期的指标；其次是酸度上升，羰基（醛酮）反应阳性。脂肪酸败过程中，由于脂肪酸的分解，其固有的碘价（值）、凝固点（熔点）、密度、折射率、皂化价等也必然发生变化，因而导致脂肪酸败所特有的"哈喇"味；肉、鱼类食品脂肪的超期氧化变黄，鱼类的"油烧"现象等也常常被作为油脂酸败鉴定中较为实用的指标。

食品中脂肪及食用油脂的酸败程度，受脂肪的饱和度、紫外线、氧、水分、天然抗氧化剂以及铜离子、铁离子、镍离子等催化剂的影响。油脂中脂肪酸不饱和度、油料中动植物残渣等，均有促进油脂酸败的作用；而油脂的脂肪酸饱和程度、维生素 C、维生素 E 等天然抗氧化物质及芳香化合物含量高时，则可减慢氧化和酸败。

（三）碳水化合物

食品中的碳水化合物包括纤维素、半纤维素、淀粉、糖原以及双糖和单糖等。含这些成分较多的食品主要是粮食、蔬菜、水果和糖类及其制品。在微生物及动植物组织中的各种酶及其他因素作用下，这些食品组成成分被分解成单糖、醇、醛、酮、羧酸、CO_2 和水等。由微生物引起糖类物质发生的变质，习惯上称为发酵或酵解。这个过程的主要变化是酸度升高，也可伴有其他产物所特有的气味，因此测定酸度可作为含大量糖类的食品腐败变质的主要指标。

四、食品腐败变质的现象

食品受到微生物的污染后，容易发生变质。其现象主要体现在以下几方面。

（一）色泽变化

食品无论在加工前或加工后，本身均呈现一定的色泽，如有微生物繁殖引起食品变质时，色泽就会发生改变。有些微生物产生色素，分泌至细胞外，色素不断累积就会造成食品原有色泽的改变，如食品腐败变质时常出现黄色、紫色、褐色、橙色、红色和黑色的片状斑点或全部变色。另外，由于微生物代谢产物的作用促使食品发生化学变化时也可引起食品色泽的变化。例如，肉及肉制品的绿变就是由于硫化氢与血红蛋白结合形成硫化氢血红蛋白所引起的。腊肠由于乳酸菌增殖过程中产生了过氧化氢促使肉色素褪色或绿变。

（二）气味变化

食品本身有一定的气味，动植物原料及其制品因微生物的繁殖而产生极轻微的变质时，人们的嗅觉就能敏感地察觉到有不正常的气味产生。如氨、三甲胺、乙酸、硫化氢、乙硫醇、粪臭素等具有腐败臭味，这些物质在空气中浓度为 $10^{-11} \sim 10^{-8} mol/m^3$ 时，人们的嗅觉就可以察觉到。此外，食品变质时，其他胺类物质、甲酸、乙酸、酮、醛、醇类、酚类、靛基质化合物等也可察觉到。

食品中产生的腐败臭味，常是多种臭味混合而成的。有时也能分辨出比较突出的不良气味，如霉味臭、醋酸臭、胺臭、粪臭、硫化氢臭、酯臭等。但有时腐败产生的有机酸，水果变坏产生的芳香味，人的嗅觉习惯不认为是臭味。因此，评定食品质量不是以香、臭味来判断，而是应该按照正常气味与异常气味来评定。

（三）口味变化

微生物造成食品腐败变质时也常引起食品口味的变化。而口味改变中比较容易分辨的是酸味和苦味。一般碳水化合物含量多的低酸食品，变质初期产生酸是其主要的特征。但对于原来酸味就高的食品，如对番茄制品来讲，微生物造成酸败时，酸味稍有增高，辨别起来就不那么容易。另外，某些假单胞菌污染生鲜乳后可产生苦味；蛋白质被大肠杆菌、微球菌等微生物作用也会产生苦味。

当然，口味的评定从卫生角度看是不符合卫生要求的，而且不同人评定的结果往往意见分歧较多，只能作大概的比较，为此口味的评定应借助仪器来测试，这是食品科学需要解决的一项重要课题。

（四）出现混浊和沉淀

主要发生于液体食品（如饮料、啤酒等）中，发生混浊的原因，除了化学因素能造成外，多数是由酵母（多为圆酵母属）产生酒精引起的。一些耐热强的霉菌如雪白丝衣霉菌、宛氏拟青霉也是造成食品混浊的原因。

（五）组织状态变化

固体食品变质时，动植物性组织因微生物酶的作用，可使组织细胞破坏，造成细胞内容物外溢，这样食品的性状即出现变形、软化；鱼肉类食品则呈现肌肉松弛、弹性差，有时组织体表出现发黏等现象；粉碎后加工制成的食品，如糕鱼、乳粉、果酱等变质后常出现黏稠、结块等表面变形、湿润或发黏现象。

液态食品变质后即会出现混浊、沉淀，表面出现浮膜、变稠等现象，鲜乳因微生物作用引起变质可出现凝块、乳清析出、变稠等现象，有时还会产气等都是食品腐败变质现象的体现。

（六）生白

酱油、醋等调味品，如果长时间于较高温度（25～37℃）保存，则表面容易形成厚的白醭，俗称"生白"。主要是由于产膜性酵母菌通过尘埃和不清洁的容器污染调味品后，大量生长繁殖造成的。此外，泡制菜的卤水也会因酵母菌大量繁殖而生白；污染需氧芽孢菌生白的调味品，产生特殊的酸臭味，严重影响产品质量。

第三节　食品微生物检验概述

一、食品微生物检验的概念及特点

食品微生物检验是在应用微生物学的理论与方法，研究食品中微生物种类、分布、生物学特性及作用机理的基础上，解决食品中有关微生物的污染、毒害、检验方法、卫生标准等问题的一门学科。食品微生物检验是微生物学的一个分支，是近年来发展起来的一门新的学科。食品微生物检验是食品检验、食品加工以及公共卫生方面的从业人员必须熟悉和掌握的专业知识之一。

不同种类的食品以及食品在不同的生产加工过程与条件下含有微生物的种类、数量、分布存在较大差异，研究各类食品中存在的微生物种类、分布及其与食品的关系，才能辨别食品中有益的、无害的、致病的、致腐的或者中毒的微生物，以便对食品的卫生作出正确评价，为制定各类食品的微生物学标准提供科学依据。食品在生产、贮藏和销售过程中，存在微生物对食品的污染问题。研究食品中微生物污染的来源与途径，为下一步采取合理措施，加强食品卫生监督和管理，防止微生物对食品污染，从根本上提高食品的卫生质量奠定基础。研究食品中的致病性微生物和产毒素微生物，弄清食品中微生物污染来源及其在食品中的消长变化规律，制定控制措施和无害处理方法，研究各类食品中微生物检验指标及方法，实现对食品中微生物监测控制，是食品微生物检验学的重要任务。

食品微生物检验的主要特点如下。

（1）食品微生物检验涉及的微生物范围广，采集样品比较复杂。食品中微生物种类繁多，包括引起食品污染和腐败的微生物、食源性病原微生物以及有益的微生物。

（2）食品微生物检验需要准确性、快速性和可靠性。食品微生物检验是判断食品及食品加工环境的卫生状况，正确分析食品的微生物污染途径，预防食物中毒与食源性感染发生的重要依据，需要检验工作尽快获得结果，对检验方法的准确性和可靠性提出了很高的要求。

（3）食品中待检测细菌数量少，杂菌数量多，对检验工作干扰严重。食品中的致病菌数量很少，却能造成很大危害。进行检验时，有大量的非致病性微生物干扰，两者之间比例悬殊。此外，有些致病菌在热加工、冷加工中受了损伤，使目的菌不易检出。上述这些因素给检验工作带来一定困难，影响检验结果。

（4）食品微生物检验受法规约束，具有一定法律性质。世界各国及相关国际组织机构已建立了食品安全管理体系和法规，均规定了食品微生物检验指标和统一的相关标准检验方法，并以法规的形式颁布，食品微生物检验的实验方法、操作流程和结果报告都必须遵守相关法规标准的规定。

二、食品微生物检验的范围

食品微生物检验的范围包括以下几个方面。

（1）生产环境的检验。包括生产车间用水、空气、地面、墙壁、操作台等。

（2）原辅料的检验。包括动植物食品原料、添加剂等原辅料。

（3）食品加工过程、贮藏、销售等环节的检验。从业人员的健康及卫生状况、加工工具、运输车辆、包装材料的检验等。

（4）食品的检验。包括对出厂食品、可疑食品及食物中毒食品的检验。

三、食品微生物检验的指标

食品在食用前的各个环节中，被微生物污染往往是不可避免的。食品微生物检验的指标是根据食品卫生的要求，从微生物学的角度，对各种食品提出的具体指标要求。我国卫生部颁布的食品微生物检验指标主要有菌落总数、大肠菌群和致病菌三大项。具体检验的主要指标如下。

（一）菌落总数

菌落总数是指食品检样经过处理，在一定条件下培养后所得 1g、1ml 或 1cm² （表面积）检样中所含细菌菌落的总数。它可以反映食品的新鲜度、被细菌污染的程度、生产过程中食品是否变质和食品生产的一般卫生状况等。因此，它是判断食品卫生质量的重要依据之一。

（二）大肠菌群

大肠菌群是指一群能发酵乳糖、产酸、产气，需氧和兼性厌氧的革兰氏阴性无芽孢杆菌。这些细菌是寄居于人及温血动物肠道内的常居菌，它随着动物及人的粪便排出体外。食品中大肠菌群数越多，说明食品受污染的程度越大。故以大肠菌群作为食品的卫生指标来评价食品的质量具有广泛的意义。

（三）致病菌

致病菌是能够引起人类及动物发病的细菌。对不同的食品和不同的场合，应该选择一定的参考菌群进行检验。例如，海产品以副溶血性弧菌作为参考菌群，蛋与蛋制品以沙门氏菌、金黄色葡萄球菌、变形杆菌等作为参考菌群，米、面类食品以蜡样芽孢杆菌、变形杆菌、霉菌等作为参考菌群，罐头食品以耐热性芽孢菌作为参考菌群等。

（四）霉菌及其毒素

我国还没有制定出霉菌的具体指标，鉴于有很多霉菌能够产生毒素，引起疾病，故应该对产毒霉菌进行检验。例如，曲霉属的黄曲霉、寄生曲霉等，青霉属的橘青霉、岛青霉等，镰刀霉属的串珠镰刀霉、禾谷镰刀霉等。

（五）其他指标

微生物指标还应包括病毒，如肝炎病毒、猪瘟病毒、鸡新城疫病毒、马立克氏病毒、口蹄疫病毒、狂犬病病毒、猪水泡病毒等。另外，从食品检验的角度考虑，寄生虫也被很多学者列为微生物检验的指标，如旋毛虫、囊尾蚴、蛔虫、肺吸虫、弓形体、螨等。

四、食品微生物检验的意义

食品微生物检验的广泛应用和不断改进，是制定和完善有关法律法规的基础和执行的依据，是制定各级预防、监控和预警系统的重要组成部分，是食品微生物污染的溯源、控制和降低的重要有效手段，对促进人民身体健康、经济可持续发展和社会稳定都十分重要，具有较大的经济和社会意义。

食品微生物检验是衡量食品卫生质量的重要指标之一，是判断被检食品能否食用的科学依据之一。通过对食品及其加工环境中的微生物进行检测，可以更好地对食品及其生产环境的微生物污染程度进行卫生评价，同时也为各级卫生管理工作提供科学依据。食品微生物检测能够有效地防止或减少食物中毒、人畜共患病现象的发生。食品微生物检验技术对提高产品质量、避免经济损失、保证出口等方面也具有重要意义。

第四节　食品微生物检验的基本程序

食品微生物检验是一门应用微生物学理论与检验方法的一门科学，是对食品和微生物的存在与否及种类和数量的验证。众所周知，在生物科学中，微生物学是一门实践性很强的学科，它有一套自己独特的研究方法。要学习好微生物检验，必须具有医学微生物学、兽医微生物学、食品微生物学、传染病学、病理学等学科的基础，要了解食物中毒的临床症状和流行病学，熟悉各种致病菌的生物学特性，掌握各种致病菌、霉菌和病毒的检验程序。食品微生物检验的一般步骤如下。

一、检验前准备

（1）准备好所需的各种仪器。如冰箱、恒温水浴箱、显微镜等。

（2）各种玻璃仪器。如吸管、平皿、广口瓶、试管等均需刷洗干净。蒸汽灭菌（121℃，20min）或干法灭菌（160～170℃，2h），冷却后送无菌室备用。

（3）准备好实验所需的各种试剂、药品，做好普通琼脂培养基或其他选择性培养基，根据需要分装试管或灭菌后倾注平板或保存在46℃的水浴中或保存在4℃的冰箱中备用。

（4）无菌室灭菌。如用紫外灯法灭菌，时间不应少于45min，关灯半小时后方可开始操作；如用超净工作台，需提前半小时开机。必要时进行无菌室的空气检验，把琼脂平板暴露在空气中15min，培养后每个平板上不得超过15个菌落。

（5）检验人员的工作衣、帽、鞋、口罩等灭菌后备用。工作人员进入无菌室后，实验没完成前不得随便出入无菌室。

二、样品的采集与处理

在食品的检验中，样品的采集是极为重要的一个步骤。所采集的样品必须具有代表性，这就要求检验人员不但要掌握正确的采样方法，而且要了解食品加工的批号、原料的来源、加工方法、保藏条件、运输、销售中的各环节，以及销售人员的责任心和卫生知识水平等。样品可分为大样、中样、小样3种。大样指一整批，中样是从样品各部分取的混合样，一般为200g，小样又称为检样，一般以25g为准，用于检验。样品的种类不同，采样的数量及采样的方法也不一样。但是，一切样品的采集必须具有代表性，即所取的样品能够代表食物的所有成分。如果采集的样品没有代表性，即使一系列检验工作非常精密、准确，其结果也毫无价值，甚至会出现错误的结论。如果根据一小份样品的检验结果去说明一大批食品的质量或一起食物中毒的性质，那么设计一种科学的取样方案及采取正确的样品制备方法是必不可少的条件。

（一）食品微生物检验的取样方案

采用什么样的取样方案主要取决于检验的目的。例如，用一般的食品卫生学微生物检验去判定一批食品合格与否，查找食物中毒病原微生物，鉴定畜禽产品中是否含有人兽共患病病原体等。目的不同，取样方案也不同。

1. 食品卫生学微生物检验的取样方案

目前，国内外使用的取样方案多种多样，如一批产品若干个采样后混合在一起检验，按百分比抽样；按食品的危害程度不同抽样；按数理统计的方法决定抽样个数等。不管采取何种方案，对抽样代表性的要求是一致的。最好对整批产品的单位包装进行编号，实行随机抽样。下面列举当今世界上较为常见的几种取样方案。

（1）ICMSF的取样方案。国际食品微生物规范委员会（简称ICMSF）的取样方案是依据事先给食品进行的危害程度划分来确定的，将所有食品分成3种危害度：I类危害，老人和婴幼儿食品及在食用前可能会增加危害的食品；II类危害，立即食用的食品，在食用前危害基本不变；III类危害，食用前经加热处理，危害减小的食品。

另外，将检验指标对食品卫生的重要程度分成一般、中等和严重三档，根据以上危害度的分类，又将取样方案分成二级法和三级法。

①二级法。设定取样数n，指标值m，超过指标值m的样品数为C，只要C>0，就判定整批产品不合格。

②三级法。设定取样数n，指标值m，附加指标值M，介于m与M之间的样品数C。只要有一个样品值超过M或C规定的数就判定整批产品不合格。

（2）美国FDA的取样方案。美国食品药品管理局（FDA）的取样方案与ICMSF的取样方案基本一致，所不同的是严重指标量所取的15、30、60个样可以分别混合，混合的样品量最大不超过375g。也就是说所取的样品每个为100g，从中取出25g，然后将15个25g混合成一个375g样品，混匀后再取25g作为试样检验，剩余样品妥善保存备用。

（3）世界粮农组织（FAO）的取样方案。1979年版FAO食品与营养报告中的食品质量控制手册的微生物学分析中列举了各种食品的微生物限量标准，由于是按ICMSF的取样方案判定的，所以在此引用。

2. 食物中毒微生物检验的取样

当怀疑发生食物中毒时，应及时收集可疑中毒源食品或餐具、粪便或血液等。

3. 人畜共患病病原微生物检验的取样

当怀疑某一动物产品可能带有人兽共患病病原体时，应结合知识，采取病原体最集中、最易检出的组织或体液送实验室检验。

（二）食品微生物检验采样方法

按照上述采样方案，能采取最小包装的食品就采取完整包装按无菌操作进行。

不同类型的食品应采用不同的工具和方法。

（1）液体食品，充分混匀，用无菌操作开启包装，无菌采样器取样，注入盛样容器。

（2）固体样品，大块整体食品应用无菌刀具和镊子从不同部位割取，割取时应兼顾表面与深部，注意样品的代表性，小块大包装食品应从不同部位的小块上切取样品，放入无菌盛样容器。

（3）冷冻食品，大包装小块冷冻食品按小块个体采取，大块冷冻食品可以用无菌刀从不同部位削取样品或用无菌小手锯从冻块上锯取样品，也可以用无菌钻头钻取碎屑状样品，放入盛样容器。

（4）所述食品取样还应注意检验目的。需检验其品质情况，应取探部样品。

（5）生产工序监测采样。若需检验食品污染情况，则要检测以下指标。

①车间用水。自来水样从车间各水龙头上采取冷却水；汤料等从车间容器不同部位用100ml无菌注射器抽取。

②车间台面、用具及加工人员手的卫生监测。用5cm²孔无菌采样板及5支无菌棉签擦拭25cm²面积。若所采表面干燥，则用无菌稀释液湿润棉签后擦拭，若表面有水，则用棉签擦拭，擦拭后立即将棉签头用无菌剪刀剪入盛样容器。

③车间空气采样。直接沉降法：将5个直径90mm的普通营养琼脂平板分别置于车间的四角和中部，打开平皿盖5min，然后盖盖送检。

（三）食品微生物检验的样品处理

样品处理应在无菌室内进行，若是冷冻样品必须事先在原容器中解冻，2~5℃不超过18h或45℃不超过15min。

一般固体食品的样品处理方法有以下几种。

1. 捣碎均质方法

将100g或100g以上样品剪碎混匀，从中取25g放入带225ml稀释液的无菌均质杯中8 000~10 000r/min均质1~2min，这是对大部分食品样品都适用的办法。

2. 剪碎振摇法

将100g或100g以上样品剪碎混匀，从中取25g进一步剪碎，放入带有225ml稀释液和适量45mm左右玻璃珠的稀释瓶中，盖紧瓶盖，用力快速振摇50次，振幅不小于40cm。

3. 研磨法

将100g或100g以上样品剪碎混匀，取25g放入无菌乳钵充分研磨后再放入带有225ml无菌稀释液的稀释瓶中，盖紧盖后充分摇匀。

4. 整粒振摇法

有完整自然保护膜的颗粒状样品（如蒜瓣、青豆等）可以直接称取 25g 整粒样品入带有 225ml 无菌稀释液和适量玻璃珠的无菌稀释瓶中，盖紧瓶盖，用力快速振摇 50 次，振幅在 40cm 以上。冻蒜瓣样品若剪碎或均质，由于大蒜素的杀菌作用，所得结果大大低于实际水平。

5. 胃蠕动均质法

这是国外使用的一种新型的均质样品的方法，将一定量的样品和稀释液放入无菌均质袋中，开机均质。均质器有一个长方形金属盒，其旁安有金属叶板，可打击塑树袋，金属叶板由恒速马达带动，作前后移动而撞碎样品。

三、样品的送检与检验

（1）采集好的样品应及时送到食品微生物检验室，越快越好，一般不应超过 3h。如果路途遥远，可将不需冷冻的样品保持在 1~5℃ 的环境中，勿使冻结，以免细菌遭受破坏；如需保持冷冻状态，则需保存在泡沫塑料隔热箱内（箱内有干冰可维持在 0℃ 以下），应防止反复冰凉和融化。

（2）样品送检时，必须认真填写申请单，以供检验人员参考。

（3）检验人员接到送检单后，应立即登记，填写序号，并按检验要求放在冰箱或冰盒中，并积极准备条件进行检验。

（4）食品微生物检验室必须备有专用冰箱存放样品，一般阳性样品发出报告后 3d（特殊情况可适当延长）方能处理样品；进口食品的阳性样品，需保存 6 个月方能处理，每种指标都有一种或几种检验方法，应根据不同的食品、不同的检验目的来选择恰当的检验方法。本书重点介绍的是通常所用的常规检验方法，主要参考现行国家标准。但除了国标外，国内尚有行业标准（如出口食品微生物检验方法），国外尚有国际标准（如 FAO 标准、WHO 标准等）和每个食品进口国的标准（如美国 FDA 标准、日本厚生省标准、欧盟标准等）。总之，应根据食品的消费去向选择相应的检验方法。

四、结果报告

样品检验完毕后，检验人员应及时填写报告单，签名后送主管人核章，以示生效，并立即交给食品卫生监督人员处理。

思考题

1. 简述污染食品的微生物来源及其途径。
2. 什么是内源性污染和外源性污染？
3. 食品中微生物的消长规律及特点是什么？
4. 常见的引起食品腐败变质的细菌有哪些？它们各自的主要生物学特性是什么？
5. 引起食品腐败变质的现象有哪些？
6. 微生物引起食品中蛋白质、脂肪、碳水化合物分解变质的主要过程是什么？
7. 如何控制微生物对食品的污染和由此而引起的腐败变质？
8. 什么是食物中毒？如何预防？

9. 有哪些因素能引起食品变质？其中能引起食品腐败变质的主要因素是什么？

10. 食品中的微生物主要来自哪些方面？

11. 食品质量的评价指标有哪些？并具体解释之。

12. 检验食品中的细菌总数具有什么重要意义？

13. 检验食品中的大肠菌群数具有什么重要意义？

第二章 食品微生物检验室及配置

学习目标

1. 了解食品微生物检验室和无菌室的结构与要求。
2. 熟悉食品微生物检验常用仪器设备的使用方法。
3. 掌握实验室常用器皿的灭菌方法。

第一节 食品微生物检验室

微生物检验室的设备与设施是开展食品微生物检验的基础条件，也是微生物检验准确与否的物质基础，在此基础上应该建立完善的管理制度，对微生物检验实验室的设备与设施做好管理，确保质量标准，在总体管理上建立明细目录，包括名称、厂家、型号、购置时间、验收、调试或校验、仪器保管负责人、使用操作规范、使用或维修记录、报废等一系列的仪器设备管理档案，使仪器设备得到合理的维护，延长其使用时间和确保检验结果正确。

一、食品微生物检验室

（一）食品微生物检验室的基本条件

为保证和满足微生物检验的顺利进行，微生物检验室总体上要具备以下几个条件。

（1）具有进行菌毒种处理和微生物检验的超净工作台。

（2）具有能对微生物分离培养的培养室和能进行高压灭菌的灭菌室。

（3）具有光线明亮、空气清新、洁净无菌的室内环境，地面与墙壁平滑，不留死角，便于清洁和消毒。

（4）要有安全、适宜的电源和充足的水源。

（5）具备整洁、稳固、适用的试验台，台面要有耐酸碱、防腐蚀的黑胶板。

（6）显微镜和实验室常用的仪器、设备、药品、工具等应设有相应的存放储柜。

（7）大型实验室还可设有存放实验用品、易耗品和其他用具的储藏室。

（8）应有合理的通风设施，按照各房间的使用要求配置适当的空气净化系统，以提高实验室总体检验质量。

（9）应有基本的微生物检验设备，如培养箱（普通培养箱、真菌培养箱和厌氧培养箱）、恒温水浴箱、恒温干燥箱、冰箱、高压蒸汽灭菌器、生物安全工作台、显微镜（暗视野显微镜、荧光显微镜和显微摄影装置）、离心机、电动匀浆器、薄膜过滤装置以及无菌室使用的主要仪器设备等。

（二）食品微生物检验员守则

在进行食品微生物检验时，实验的许多对象可能是病原微生物，如果不慎发生意外，不仅自身招致感染，而且可能造成病原微生物的传播，危害他人安全。为了做好微生物学实验，并保证安全，必须遵守以下守则。

（1）为确保实验室整洁、个人及他人安全，以及实验顺利进行，书包、衣物等各类非必要的物品一律不得带入实验室内，必需的文具、笔记本等带入后要放置在远离操作部位的地方。

（2）在进行每一实验之前，应预习实习指导并清楚实验的目的、内容，所依据的原理、采用的方法和基本要求。

（3）实验室内要保持安静、有秩序，不得高声谈话。实验进行过程中，应尽量避免在实验室内走动，防止造成大量尘埃、气溶胶而导致污染。

（4）各种仪器设备的使用必须严格按照说明书或已定出的操作步骤及要求进行。各种废弃物品应按要求放入指定位置且有标识的容器内。

（5）实验操作要轻柔、细心谨慎，并认真细致观察，如实做好实验记录。

（6）实验中发生和出现操作失误、实验材料泄漏等事故应立即向指导教师报告，并在老师指导下采用合适的方法做及时消毒和去除污染处理。

（7）实验中凡用过的菌种、毒种以及带有毒种或菌种的各种器皿，必须先经高压蒸汽灭菌后才能洗涤。用过的沾有活菌的玻片、吸管应先浸泡于有效消毒液中（充分淹没，排除气泡）30~60min后进行清洗。芽孢污染者应延长浸泡时间至120min以上。

（8）在进行高压蒸汽灭菌时，必须严格遵守操作规程，注意观察压力、温度变化和维持时间，灭菌进行的过程中负责消毒者不准离开消毒室。

（9）须进行培养的试验材料和物品必须标明名称、编号、组别、姓名及处理方法，置于老师指定的位置进行培养。

（10）必须爱护国家财产、厉行节约、严禁浪费；注意节约使用水、电、药品及试剂；易损物品要小心轻放，精密仪器更要细心使用和特别爱护。若不慎损坏了仪器设备应及时向指导老师报告，执行报损登记或按规定进行赔偿。

（11）每次实验结果，应以科学的态度，求实的精神认真记录填写、分析和整理实验报告，及时交与指导老师评阅。

（12）实验完毕，应将仪器放回原处，将实验台面收拾整齐，并作消毒处理。离开实验室前应注意要求脱去帽、口罩等并认真洗手消毒，关好门、窗、灯、火、电源、煤气等，然后离开。

（13）如遇到以下几种意外情况，要及时进行处理。

①皮肤破伤。先除尽异物，用蒸馏水或生理盐水洗净后，涂以2%碘酒。

②灼烧伤。涂以凡士林油、5%的鞣酸或2%的苦味酸。

③化学药品腐蚀伤。若为强酸腐蚀，先用大量清水冲洗，再用50g/L碳酸氢钠或氨水溶液洗涤中和；若为强碱腐蚀，先用大量清水冲洗，再用5%醋酸或5%硼酸溶液洗涤中和。若受伤处是眼部，经过上述步骤处理后，最后滴入橄榄油或液体石蜡1~2滴。

二、无菌室

（一）无菌室的结构与要求

1. 无菌室的结构

无菌室一般是在微生物实验室内专辟一个小房间，可以用板材和玻璃建造。无菌室外要设一个缓冲间，通常包括缓冲间和工作间两大部分。为了便于无菌处理，无菌室的面积和容积不宜过大，以适宜操作为准，一般可为 $9 \sim 12 m^2$。缓冲间与工作间二者的比例可为 $1 : 2$，高度 2.5m 左右为适宜。工作间内设有固定的工作台，工作台的台面应该处于水平状态。无菌室和缓冲间都装有紫外线灯，无菌室的紫外线灯距离工作台面 1 米左右。无菌室还应具有空气过滤装置及通风装置，较为理想的应有空调设备、空气净化装置，以便在进行微生物操作时切实达到无尘无菌。缓冲间门和工作间门不要朝向同一方向，避免直接相通，减少无菌室内的空气对流，以免带进杂菌。无菌室和缓冲间都必须密闭。窗户应装有两层玻璃，以防外界的微生物进入。无菌室内的地面、墙壁必须平整，尤其是墙角应为弧形结构，不易藏污纳垢，且便于清洗。

2. 无菌室的要求

（1）无菌操作间洁净度应达到 10 000 级，室内温度保持在 $20 \sim 24℃$，湿度保持在 $45\% \sim 60\%$。超净台洁净度应达到 100 级。

（2）无菌室应保持密封、防尘、清洁、干燥，严禁堆放杂物，以防污染。进行操作时，尽量避免走动。

（3）无菌室的大小，应按每个操作人员占用面积不少于 $3 m^2$ 设置。

（4）无菌室应备有工作浓度的消毒液，如 5% 的甲酚溶液，70% 的酒精，0.1% 的新洁尔灭溶液等。

（5）无菌室应定期用适宜的消毒液灭菌清洁，工作台、地面和墙壁可用新洁尔灭或过氧乙酸溶液擦洗消毒，以保证无菌室的洁净度符合要求。

（6）需要带入无菌室内使用的仪器、器械、平皿等一切物品，均应包扎严密，并应经过适宜的方法灭菌。

（7）工作人员进入无菌室前，必须用肥皂或消毒液洗手消毒，然后在缓冲间更换专用工作服、鞋、帽子、口罩和手套（或用 70% 的乙醇再次擦拭双手），方可进入无菌室进行操作。

（8）无菌室使用前必须打开无菌室的紫外灯灭菌 30min 以上，并且同时打开超净台进行吹风，间隔 30min 后方可进入室内工作。操作完毕，应及时清理无菌室，再用紫外灯灭菌 20min。

（9）为避免污染，工作间内不应安装下水道。

（10）无菌室应每周进行沉降菌落计数。

（11）根据无菌室的净化情况和空气中含有的杂菌种类，可采用不同的化学消毒剂。例如，霉菌较多时，可用 5% 石炭酸（苯酚）全面喷洒室内，再用甲醛熏蒸；如果细菌较多，可采用甲醛与乳酸交替熏蒸。一般情况下也可酌情间隔一定时间用 $2ml/m^3$ 甲醛溶液或 $20ml/m^3$ 丙二醇溶液熏蒸消毒。

（二）无菌室的熏蒸消毒

无菌室的熏蒸消毒，主要采用甲醛熏蒸消毒法，可以达到全面彻底的消毒效果，保证试验的顺利开展。

1. 加热熏蒸

室内温度要求20℃或更高，这对于得到良好有效的灭菌效果非常重要。当温度在20℃或更高时，甲醛蒸汽就不会凝结，也不会形成多聚甲醛。按熏蒸空间计算量取甲醛溶液，一般每立方米用40%的甲醛20ml，盛在小铁筒内，用铁架支好，在酒精灯内注入适量酒精（估计能蒸干甲醛溶液所需的量，不要超过太多）。将室内各种物品准备妥当后，点燃酒精，关闭门窗，任甲醛溶液煮沸挥发。酒精灯最好能在甲醛液蒸完后即自行熄灭。在完成甲醛蒸汽灭菌后，每立方米空间用25%氨水14ml，中和甲醛。这个过程的产物是环六亚甲基四胺（又称乌洛托品）。这种物质对人体无害，允许通过正常的实验室排风系统排放。

2. 氧化熏蒸

称取高锰酸钾于一瓷碗或玻璃容器内，再量取定量的甲醛溶液，一般高锰酸钾与甲醛的料液比为1∶2，每立方米空间用高锰酸钾15g、甲醛30ml。室内准备妥当后，把甲醛溶液倒在盛有高锰酸钾的陶瓷器皿内，立即关门。几秒钟后，甲醛溶液即沸腾而挥发。高锰酸钾是一种强氧化剂，当它与一部分甲醛溶液作用时，由氧化作用产生的热可使其余的甲醛溶液挥发为气体。甲醛液熏蒸后关门密闭应保持12h以上。甲醛液熏蒸对人的眼、鼻有强烈刺激，在一定时间内不能入室工作。为减弱甲醛对人的刺激作用，甲醛熏蒸后12h，再量取与甲醛液等量的氨水，迅速放入室内，同时敞开门窗以放出剩余的刺激性气体。

（三）无菌室无菌程度的测定

测定无菌室无菌程度一般采用平板法。在超净工作台开启的状态下，取内径90mm的无菌培养皿若干，无菌操作分别注入融化并冷却至约46℃的营养琼脂培养基15～20ml，放至凝固后，倒置于30～35℃培养箱培养48h，证明无菌后，取平板3～5个，分别放置工作位置的左中右等处，开盖暴露30min后，倒置于30～35℃培养箱培养48h，取出检查。100级洁净区平板杂菌数平均不得超过1个菌落，10 000级洁净室平均不得超过3个菌落。如超过限度，应对无菌室进行彻底消毒，直至重复检查达到要求为止。

第二节　食品微生物检验室常用仪器与设备

一、显微镜

显微镜是研究微生物的一种最基本的工具。它能帮助人们直接观测和探索微观世界，了解微生物细胞的形态结构，为我们直观的研究微生物提供了极大的帮助。它经历了两个发展阶段：从光学显微镜到电子显微镜，其放大倍数从1 000倍提高到上百万倍。

（一）普通光学显微镜

普通光学显微镜的构造可分为两大部分：一为机械装置，一为光学系统，这两部分很好的配合，才能发挥显微镜的作用。

1. 显微镜的机械构造

显微镜的机械装置是显微镜的重要组成部分。其作用是固定与调节光学镜头，固定与移动标本等。主要有镜座、镜臂、载物台、镜筒、物镜转换器与调焦装置组成（图 2-1）。

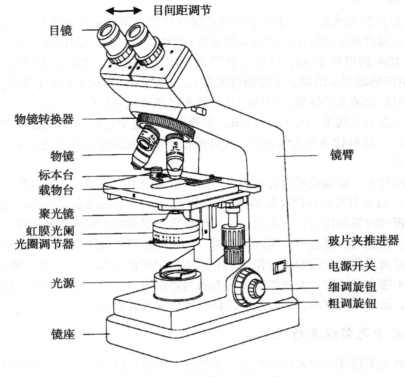

图 2-1　显微镜构造示意图

（1）镜座和镜臂。镜座的作用是支撑整个显微镜，保持显微镜平稳，并装有反光镜或可调节光强度的照明光源。镜臂的作用是支撑镜筒和载物台，分固定、可倾斜两种。

（2）载物台（又称工作台、镜台）。载物台的作用是安放载玻片，形状有圆形和方形两种，其中方形的面积为 120mm×110mm。中心有一个通光孔，通光孔后方左右两侧各有一个安装压片夹用的小孔。分为固定式与移动式两种。有的载物台的纵横坐标上都装有游标尺，一般读数为 0.1mm，游标尺可用来测定标本的大小，也可用来对被检部分做标记。

（3）镜筒。镜筒上端放置目镜，下端连接物镜转换器，分为固定式和可调节式两种。机械筒长（从目镜管上缘到物镜转换器螺旋口下端的距离称为镜筒长度或机械筒长）不能变更的叫做固定式镜筒，能变更的叫做调节式镜筒，新式显微镜大多采用固定式镜筒，国产显微镜也大多采用固定式镜筒，国产显微镜的机械筒长通常是 160mm。

安装目镜的镜筒，有单筒和双筒两种。单筒又可分为直立式和倾斜式两种，双筒则都是倾斜式的。其中，双筒显微镜，两眼可同时观察以减轻眼睛的疲劳。双筒之间的距离可以调节，而且其中有一个目镜有屈光度调节（即视力调节）装置，便于两眼视力不同的观察者使用。

普通光学显微镜上的镜头有两种：目镜和物镜。目镜一般有单筒目镜和双筒目镜两种，通常整个镜筒包括上面的目镜总长度为 160mm 时，所产生的图像最为清晰。

（4）物镜转换器。物镜转换器固定在镜筒下端，有 3～4 个物镜螺旋口，物镜应按放大倍数高低顺序排列，分别是低倍镜、（中倍镜）、高倍镜和油镜。它们也有不同的工作距离，所谓工作距离就是在对准焦距后物镜与载玻片（标本）表面之间的垂直距离，其中低倍镜的工作距离是 25mm、中倍镜是 7.63mm、高倍镜是 0.5mm、油镜是 0.2mm。旋转物镜转换器时，应用手指捏住旋转碟旋转，不要用手指推动物镜，经常用手推动物镜容易使光轴歪斜，影响成像质量。

（5）调焦装置。显微镜上装有粗准焦螺旋和细准焦螺旋。有的显微镜粗准焦螺旋与细准焦螺旋装在同一轴上，大螺旋为粗准焦螺旋，小螺旋为细准焦螺旋；有的则分开安置，位于镜臂的上端较大的一对螺旋为粗准焦螺旋，其转动一周，镜筒上升或下降 10mm。位于粗准焦螺旋下方较小的一对螺旋为细准焦螺旋，其转动一周，镜筒升降值为 0.1mm，细准焦螺旋调焦范围不小于 1.8mm。

2. 显微镜的光学系统构造

显微镜的光学系统由反光镜、聚光器、接物镜、接目镜等组成，光学系统使物体放大，形成物体放大像。

（1）反光镜或光源。较早的普通光学显微镜是用自然光检视物体，在镜座上装有反光镜。反光镜是由一平面和另一凹面的镜子组成，可以将投射在它上面的光线反射到聚光器透镜的中央，照明标本。不用聚光器时用凹面镜，凹面镜能起会聚光线的作用。用聚光器时，一般都用平面镜。目前出产的显微镜镜座上装有光源，并有电流调节螺旋，可通过调节电流大小调节光照强度。

（2）聚光器。聚光器在载物台下面，它是由聚光透镜、虹膜光阑和升降螺旋组成的。聚光器可分为明视场聚光器和暗视场聚光器。普通光学显微镜配置的都是明视场聚光器，明视场聚光器有阿贝聚光器、齐明聚光器和摇出聚光器。阿贝聚光器在物镜数值孔径高于 0.6 时会显示出色差和球差。齐明聚光器对色差、球差和慧差的校正程度很高，是明视场镜检中质量最好的聚光器，但它不适于 4 倍以下的物镜。摇出聚光器能将聚光器上透镜从光路中摇出以满足低倍物镜（4×）大视场照明的需要。

聚光器安装在载物台下，其作用是将光源经反光镜反射来的光线聚焦于样品上，以得到最强的照明，使物像获得明亮清晰的效果。聚光器的高低可以调节，使焦点落在被检物体上，以得到最大亮度。一般聚光器的焦点在其上方 1.25mm 处，而其上升限度为载物台平面下方 0.1mm。因此，要求使用的载玻片厚度应在 0.8～1.2mm，否则被检样品不在焦点上，影响镜检效果。聚光器前透镜组前面还装有虹膜光阑，它可以开大和缩小，影响着成像的分辨力和反差，若将虹膜光阑开放过大，超过物镜的数值孔径时，便产生光斑；若收缩虹膜光阑过小，分辨力下降，反差增大。因此，在观察时，通过虹膜光阑的调节再把视场光阑（带有视场光阑的显微镜）开启到视场周缘的外切处，使不在视场内的物体得不到任何光线的照明，以避免散射光的干扰。

（3）物镜。安装在镜筒前端转换器上的接物透镜利用光线使被检物体第一次造像，物镜成像的质量，对分辨力有着决定性的影响。物镜的性能取决于物镜的数值孔径（Numerical aperture 简写为 N_A），每个物镜的数值孔径都标在物镜的外壳上，数值孔径越大，物镜的性能越好。

物镜的种类很多，可从不同角度来分类。

根据物镜前透镜与被检物体之间的介质不同，可分为：干燥系物镜，以空气为介质，如常用的 40× 以下的物镜，数值孔径均小于 1；油浸系物镜，常以香柏油为介质，此物镜又叫油镜头，其放大率为 90×～100×，数值孔值大于 1。

根据物镜放大率的高低，可分为：低倍物镜，指 1×～6×，N_A 值为 0.04～0.15；中倍物镜，指 6×～25×，N_A 值为 0.15～0.40；高倍物镜，指 25×～63×，N_A 值为 0.35～0.95；油浸物镜，指 90×～100×，N_A 值为 1.25～1.40。

根据物镜像差校正的程度分类可分为：消色差物镜，是最常用的物镜，外壳上标有"Ach"字样，该物镜可以除红光和青光形成的色差，镜检时通常与惠更斯目镜配合使用；复消色差物镜，物镜外壳上标有"Apo"字样，除能校正红、蓝、绿三色光的色差外，还能校正黄色光造成的相差，通常与补偿目镜配合使用；特种物镜，在上述物镜基础上，为达到某些特定观察效果而制造的物镜。如：带校正环物镜、带视场光阑物镜、相差物镜、荧光物镜、无应变物镜、无罩物镜、长工作距离物镜等。目前在研究中常用的物镜还有：半复消色差物镜（FL）、平场物镜（Plan）、平场复消色差物镜（Plan apo）、超平场物镜（Splan）、超平场复消色差物镜（Splan apo）等。

（4）目镜。目镜的作用是把物镜放大了的实像再放大一次，并把物像映入观察者的眼中。目镜的结构较物镜简单，普通光学显微镜的目镜通常由两块透镜组成，上端的一块透镜称"接目镜"，下端的透镜称"场镜"。上下透镜之间或在两个透镜的下方，装有由金属制的环状光阑或叫"视场光阑"，物镜放大后的中间像就落在视场光阑平面处，所以其上可安置目镜测微尺。

普通光学显微镜常用的目镜为惠更斯目镜（Huygens eyepiece），如要进行研究用时，一般选用性能更好的目镜，如补偿目镜（K）、平场目镜（P）、广视场目镜（WF）。照相时选用照相目镜（NFK）。

3. 显微镜的成像原理

通常在我们观察细菌、放线菌以及真菌等相对较大的微生物时，可以采用普通光学显微镜。它的成像原理是利用目镜和物镜两组透镜系统组合成完整的光学成像系统来放大被观察物体影像，其中，物镜的性能尤为关键，它直接影响着显微镜的分辨率。

根据人体肉眼成像原理，我们在普通光学显微镜下，只能看清尺寸超过最短的可见光波波长（约 400nm）的一半，也就是约 0.2μm 大小的物体，即凡小于 0.2μm 的微生物，在普通光学显微镜下，我们是很难看得清楚的。因此，普通光学显微镜最小分辨力为 0.2μm 左右。而大多数微小物（病毒等除外）的直径都在 0.5μm 以上，所以用普通光学显微镜观察一般微生物细胞是没有问题的。

显微镜性能的好坏，除了其放大率以外，还与形成图像的清晰程度有关，而清晰程度其实是指显微镜的清晰力以及分辨力。

显微镜的清晰力，是指物镜显示物体的能力。由于显微镜是利用透镜放大成像，因此，常不能完全显示出物体原有的形状和颜色，这种形状失真的现象，称为球面像差；而颜色失真的现象则称为色差。

球面像差的产生原因是由于凸透镜中心较厚而边缘较薄，当光线通过凸透镜时，边缘对光线的屈折力要大于中心的屈折力。因此，光线不可能集中到一个焦点上，从而产生了模糊的图像；而色差的产生是因为白色光在通过凸透镜时，因各单色光的折射率不同而产生了分光谱所致。

不同单色光的焦点不一，无法集合成白色光，因此，所见图像便呈现出许多颜色，并造成图像的轮廓不太清晰。

当然，我们可通过采取一些办法来改善或提高显微镜的清晰力，比如用几种球面不同的玻璃或光学特性不同的玻璃来制成透镜，并由这些透镜组合成物镜就能消除这种球面像差；还可以利用不同色散力的透镜组合成物镜来矫正图像的色差等，但这还是有一定限度的。

不同的物镜，其分辨力则不一样。显微镜的分辨力是显微镜辨别两个接近点的最小距离。因此，分辨力越小，我们就能看到放得更大、更清楚的图像。根据 Abbe 公式：

$$R = 0.612 \frac{\lambda}{N_A}$$

式中：R——分辨力；

　　　　λ——波长；

　　　　N_A——物镜的数值孔径（开口率），$N_A = n \cdot \sin \frac{\alpha}{2}$；

　　　　0.612——系数；

　　　　n——载破片与镜头间介质的折射率；

　　　　α——镜口角度数，大小取决于物镜的直径和焦距。

其中，低倍镜 α 值最小，油镜 α 值最大。所以在同等条件下，各个物镜的数值孔径（N_A 值）是随着物镜放大倍数的增大而增大的。

要提高物镜的分辨力（R）有两条途径：一是增大物镜的数值孔径（N_A 值）。这就包括两方面因素：提高载玻片与镜头间介质的折射率（n）以及选择较大放大倍数的物镜。不同介质的折射率（n）是不相同的，空气的折射率为 1.0，水的折射率为 1.33，香柏油的折射率为 1.52，而玻璃的折射率为 1.5。因此，我们在油镜与载玻片间滴加的香柏油作介质时，能使数值孔径值提高 1.5 倍，从而使油镜的分辨力达到 0.2μm。

（二）暗视野显微镜

暗视野显微镜与普通光学显微镜的主要差别是聚光器为暗视野聚光器。利用这种显微镜能见到 4~200nm 的微粒子，分辨率可比普通显微镜高 50 倍。暗视野显微镜可用于观察不染色标本活菌的形态、运动方式，特别适合未染色螺旋体的检查。

1. 暗视野显微镜成像原理

暗视野显微镜是利用丁达尔光学效应的原理，在普通光学显微镜的结构基础上改造而成的。暗视野聚光器，使光源的中央光束被阻挡。不能由下而上地通过标本进入物镜。从而使光改变途径，倾斜地照射在观察的标本上，由于斜射光线不进入物镜，从而形成黑色背景，若斜射光射到标本中的菌体时，则菌体因光的散射作用而发出亮光，该光进入物镜，使暗背景上呈现出明亮菌体的物像。

2. 暗视野显微镜适用范围

暗视野显微镜常用来观察未染色的透明样品。这些样品因为具有和周围环境相似的折射率，不易在一般明视野之下看清楚，于是利用暗视野提高样品本身与背景之间的对比。这种显微镜能见到很小的微粒子，但只能看到物体的存在、运动和表面特征，不能辨清物体的细微结构。

3. 使用方法

（1）把暗视野聚光器装在显微镜的聚光器支架上。

（2）选用强的光源，但又要防止直射光线进入物镜，所以一般用显微镜灯照明。

（3）在聚光器和标本片之间要加一滴香柏油，目的是防止照明光线于聚光镜上面进行全反射，达不到被检物体，而得不到暗视野照明。

（4）升降集光器，将集光镜的焦点对准被检物体，即以圆锥光束的顶点照射被检物。如果聚光器能水平移动并附有中心调节装置，则应首先进行中心调节，使聚光器的光轴与显微镜的光轴严格位于一直线上。

（5）选用与聚光器相应的物镜，调节焦距，找到所需观察的物像。

（三）相差显微镜

相差显微镜由 P. Zernike 于 1935 年发明，并因此获 1953 年诺贝尔物理奖。这种显微镜最大的特点是可以观察未经染色的标本和活细胞。相差显微镜是在普通光学显微镜的基础上，配以环状光阑的聚光器、相差物镜及辅助设备构成，其目的是使光波穿过标本中密度不同部位时，引起光相的差异。相差显微镜和普通显微镜的区别是用环状光阑代替可变光阑，用带相板的物镜代替普通物镜，并带有一个合轴用的望远镜。

1. 相差显微镜的基本原理

镜检时光源只能通过环状光阑的透明环，经聚光器后聚成光束，这束光线通过被检物体时，因各部分的光程不同，光线发生不同程度的偏斜（衍射）。在观察活细胞和未染色的生物标本时，因细胞各部细微结构的折射率和厚度的不同，光波通过时，波长和振幅并不发生变化，仅相位发生变化（振幅差），这种振幅差人眼无法观察。而相差显微镜通过改变这种相位差，并利用光的衍射和干涉现象，把相差变为振幅差来观察活细胞和未染色的标本。因此，观察标本时，活细胞的不同结构即通过不同的光强度形式显示出来。相差显微镜可观察活体细胞的外形和运动方式，又能观察其内部某些细微结构及这些结构的数量，也可观察未染色的组织切片或缺少反差的染色样品。

相差显微镜具有两个其他显微镜所不具有的功能：其一是将直射的光（视野中背景光）与经物体衍射的光分开；其二是将大约一半的波长从相位中除去，使之不能发生相互作用，从而引起强度的变化。

相差显微镜把透过标本的可见光的光程差变成振幅差，从而提高了各种结构间的对比度，使各种结构变得清晰可见。光线透过标本后发生折射，偏离了原来的光路，同时被延迟了 $1/4\lambda$（波长），如果再增加或减少 $1/4\lambda$，则光程差变为 $1/2\lambda$，两束光合轴后干涉加强，振幅增大或减小，提高反差。

2. 相差显微镜的结构和装置

相差显微镜与普通光学显微镜的基本结构是相同的，所不同的是它具有四部分特殊结构：即环状光阑、相板、合轴调节望远镜及绿色滤光片。

（1）环状光阑。具有环形开孔的光阑。位于聚光器的前焦点平面上，光阑的直径大小是与物镜的放大倍数相匹配的，并有一个明视场光阑，与聚焦器一起组成转盘聚光器。在使用时只要把相应的光阑转到光路即可。

（2）相板。位于物镜内部的后焦平面上。相板上有两个区域，直射光通过的部分叫"共轭面"，衍射光通过的部分叫"补偿面"。带有相板的物镜叫相差物镜，常以"Ph"字样标在物镜外壳上。

相板上镀有两种不同的金属膜：吸收膜和相位膜。吸收膜常为铬、银等金属在真空中蒸发而镀成的薄膜，它能把通过的光线吸收掉 60% ~ 93%，相位膜为氟化镁等在真空中蒸发镀成，它能把通过的光线相位推迟 1/4 波长。

根据需要，两种膜有不同的镀法，从而制造出不同类型的相差物镜。如果吸收膜和相位膜都镀在相反的共轭面上，通过共轭面的直射光不但振幅减弱，而且相位也被推迟 $1/4\lambda$，衍射光因通过物体时相位也被推迟 $1/4\lambda$，这样就使得直射光与衍射光维持在同一个相位上。根据相长干涉原理，合成光等于直射光与衍射光振幅之和，因背景只有直射光的照明，所以通过被检物体的合成光就比背景明亮。这样的效果叫负相差，镜检效果是暗中之明。

如果吸收膜镀在共轭面，相位膜镀在补偿面上，直射光仅被吸收，振幅减少，但相位未被推迟，而通过补偿面的衍射光的相位，则被推迟了两个 $1/4\lambda$，因此衍射光的相位要比直射光相位落后 $1/2\lambda$。根据相消干涉原理，这样通过被检物体的合成光要比背景暗，这种效果叫正相差，即镜检效果是明中之暗。

负相差物镜（Negative contrast）用缩写字母"N"表示，正相差物镜（Positive contrast）用缩写字母"P"表示，由于吸收膜对通过它的光线的透过率不同，可分为高、中、低及低低，如 Olympus 光的透过率分为 7%、15%、20%、40% 四个等级，因此分为高（High 略写为 H），中（Medium 略写为 M），低（Low 略写为 L）及低低（Low – Low 略写成 LL）四类，构成了负高（NH）、负中（NM）、正低（PL）和正低低（PLL）四种类型相差物镜，这些字母符号都写在相差物镜的外壳上。可根据被检物体的特性来选择使用不同类型的相差物镜。

（3）合轴调节望远镜。合轴调节望远镜是相差显微镜一个极为重要的结构。环状光阑的像必须与相板共轭面完全吻合，才能实现对直射光和衍射光的特殊处理。否则应被吸收的直射光被泄掉，而不该吸收的衍射光反被吸收，应推迟的相位有的不能被推迟，这样就不能达到相差镜检的效果。由于环状光阑是通过转盘聚光器与物镜相匹配的，因而环状光阑与相板常不同轴。为此，相差显微镜配备有一个合轴调节望远镜（在镜的外壳上标有"CT"符号），用于合轴调节。使用时拨去一侧目镜，插入合轴调节望远镜，旋转合轴调节望远镜的焦点，便能清楚看到一明一暗两个圆环。再转动聚光器上的环状光阑的两个调节钮，使明亮的环状光阑圆环与暗的相板上共轭面暗环完全重叠。如明亮的光环过小或过大，可调节聚光器的升降旋钮，使两环完全吻合。如果聚光器已升到最高点或降到最低点而仍不能校正，说明玻片太厚了，应更换。调好后取下望远镜，换上目镜即可进行镜检观察。

（4）绿色滤光片。由于使用的照明光线的波长不同，常引起相位的变化，为了获得良好的相差效果，相差显微镜要求使用波长范围比较窄的单色光，通常是用绿色滤光片来调整光源的波长。Olympus 厂家生产的相差显微镜在镜检时要使用该厂规定的 IF550 绿色滤光片作为配套器件。

（四）紫外线显微镜

利用紫外线作光源观察细小物体的显微镜。紫外显微镜通常采用镉电极之间的高压放电作为单色紫外光源与结晶石英透镜组合而成，分辨率比普通光学显微镜高一倍。

某些化学物质，如含嘌呤环和嘧啶环，在紫外线区域显示出特殊的吸收效应，可作为检出这些物质的手段。

前面在普通光学显微镜中曾经讲过，显微镜的分辨力只与光波的波长 λ 成正比，要想提高显微镜的放大倍数，就要降低分辨力 R。也就是可以选择波长比可见光还小的照明光源。由于紫外线的波长约为 250nm. 相当于可见光波长的一半。因此，我们可以利用紫外线作为光源，就能将分辨力 R 降低一半，也就使显微镜的放大倍数提高了一倍左右。

不过，由于紫外线穿透力弱，不能透过普通玻璃，必须使用石英或其他不吸收紫外线的材料所制成的光学系统。而且，由于人的肉眼无法直接看到紫外线，所以只能采用间接的办法来观察放大的图像。比如，利用摄影法进行拍摄后再观察可见物象，或者通过电脑成像技术将物象显示在电脑显示器上观察等。

（五）荧光显微镜

1. 荧光显微镜构造

荧光显微镜由光源、滤板系统和光学系统等主要部件组成。是利用一定波长的荧光激发标本发射荧光，通过物镜和目镜系统放大以观察标本的荧光图像（图 2-2）。

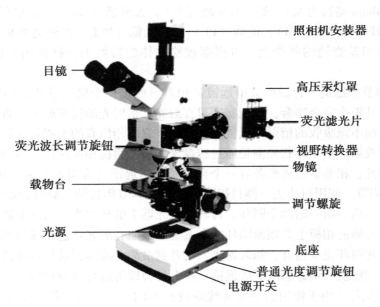

图 2-2　荧光显微镜

（1）光源。现在多采用 200W 的超高压汞灯作光源，它是用石英玻璃制作，中间呈球形，内充一定数量的汞，工作时由两个电极间放电，引起水银蒸发，球内气压迅速升高，当水银完全蒸发时，可达 50～70 个标准大气压力，这一过程一般需 5～15min。超高压汞灯的发光是电极间放电使水银分子不断解离和还原过程中发射光量子的结果。它发射很强的紫外和蓝紫光，足以激发各类荧光物质，因此，为荧光显微镜普遍采用。

超高压汞灯使用时应注意事项：超高压汞灯工作时会散发大量热能，灯室必须有良好的散热条件，工作环境温度不宜太高；使用时尽量减少启动次数，200W超高压汞灯的平均寿命，在每次使用2h的情况下约为200h，开动一次工作时间愈短，则寿命愈短，如开一次只工作20min，则寿命降低50%；点燃灯泡后不可立即关闭，灯熄灭后一般需要等15min冷却后才能重新启动，以免水银蒸发不完全而损坏电极；超高压汞灯压力很高，紫外线强烈，灯泡必须置灯室中方可点燃，以免伤害眼睛和发生爆炸时造成伤害。

（2）滤色系统。滤色系统是荧光显微镜的重要部位，由激发滤板和压制滤板组成。激发滤板根据光源和荧光色素的特点，可选用紫外光激发滤板、紫外蓝光激发滤板、紫蓝光激发滤板3类激发滤板，提供一定波长范围的激发光。压制滤板的作用是完全阻挡激发光通过，提供相应波长范围的荧光。与激发滤板相对应，常用压制滤板有紫外光压制滤板、紫蓝光压制滤板和紫外紫光压制滤板3种。

（3）反光镜。反光镜的反光层一般是镀铝的，因为铝对紫外光和可见光的蓝紫区吸收少，反射达90%以上，而银的反射只有70%；一般使用平面反光镜。

（4）聚光镜。专为荧光显微镜设计制作的聚光器是用石英玻璃或其他透紫外光的玻璃制成。其中，聚光器主要分为明视野聚光器和暗视野聚光器两种，还有相差荧光聚光器。

明视野聚光器一般在荧光显微镜上多用，它具有聚光力强，使用方便，特别适于低、中倍放大的标本观察。

暗视野聚光器在荧光显微镜中的应用日益广泛。因为激发光不直接进入物镜，因而除散射光外，激发光也不进入目镜，可以使用薄的激发滤板，增强激发光的强度，压制滤板也可以很薄，因紫外光激发时，可用无色滤板（不透过紫外）而仍然产生黑暗的背景。从而增强了荧光图像的亮度和反衬度，提高了图像的质量，观察舒适，可能发现亮视野难以分辨的细微荧光颗粒。

相差荧光聚光器与相差物镜配合使用，可同时进行相差和荧光联合观察，既能看到荧光图像，又能看到相差图像，有助于荧光的定位准确。一般荧光观察很少需要这种聚光器。

（5）物镜。各种物镜均可应用，但最好用消色差的物镜，因其自体荧光极微且透光性能（波长范围）适合于荧光。由于图像在显微镜视野中的荧光亮度与物镜镜口率的平方成正比，而与其放大倍数成反比，所以为了提高荧光图像的亮度，应使用镜口率大的物镜。尤其在高倍放大时其影响非常明显。因此，对荧光不够强的标本，应使用镜口率大的物镜，配合以尽可能低的目镜（4倍、5倍、6.3倍等）。

（6）目镜。在荧光显微镜中多用低倍目镜，如5倍和6.3倍。过去多用单筒目镜，因为其亮度比双筒目镜高一倍以上，但目前研究型荧光显微镜多用双筒目镜，观察很方便。

（7）落射光装置。新型的落射光装置是从光源来的光射到干涉分光滤镜后，波长短的部分（紫外和紫蓝）由于滤镜上镀膜的性质而反射，当滤镜对向光源呈45°倾斜时，则垂直射向物镜，经物镜射向标本，使标本受到激发，这时物镜直接起聚光器的作用。同时，波长长的部分（绿、黄、红等），对滤镜是可透的，因此，不向物镜方向反射，滤镜起了激发滤板作用，由于标本的荧光处在可见光长波区，可透过滤镜而到达目镜观察，荧光图像的亮度随着放大倍数增大而提高，在高放大时比透射光源强。它除具有透射式光源的功能外，更适用于不透明及半透明标本，如厚片、滤膜、菌落、组织培养标本等的直接观察。近年研制的新型荧光显微镜多采用落射光装置，称之为落射荧光显微镜。

2．荧光显微镜基本原理

荧光显微镜也是光学显微镜的一种，主要的区别是二者的激发波长不同。由此决定了荧光显微镜与普通光学显微镜结构和使用方法上的不同。荧光显微镜是以紫外线为光源，用以照射被检物体，使之发出荧光，然后在显微镜下观察物体的形状及其所在位置。荧光显微镜用于研究细胞内物质的吸收、运输、化学物质的分布及定位等。

细胞中有些物质，如叶绿素等，受紫外线照射后可发荧光；另有一些物质本身虽不能发荧光，但如果用荧光染料或荧光抗体染色后，经紫外线照射亦可发荧光，荧光显微镜就是对这类物质进行定性和定量研究的工具之一。

二、培养箱

（一）培养箱结构

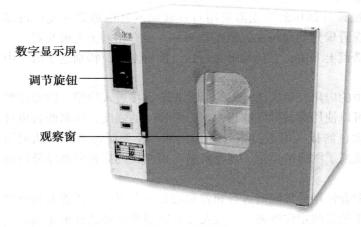

数字显示屏
调节旋钮
观察窗

图 2 - 3 培养箱

培养箱，亦称恒温箱，系培养微生物的主要仪器。以铁皮喷漆制成外壳，以铝板作内壁，夹层填充以石棉或玻璃棉等绝缘材料以防热量扩散，内层底下安装电阻丝用以加热，利用空气对流，使箱内温度均匀。箱内设有金属架数层，用以搁置培养标本。目前培养箱箱门为单层，装有双层玻璃，便于观察箱内标本（图 2 - 3）。箱内装有测定温度装置，测知箱内温度，并显示在箱外的显示屏上。箱壁装有温度设定按键，可以随意设置不同的培养温度。有的培养箱还设置有杀菌装置。现在市场上常见的培养箱有电热恒温培养箱、生化培养箱、调温调湿培养箱和微生物多用培养箱等。大规模生产中，常建造培养室或温室。

（二）培养箱的使用与维护

（1）箱内不应放入过热或过冷之物，取放物品时应快速进出并随手关闭箱门以维持恒温。

（2）箱内可经常放入一个装水容器，以维持箱内湿度和减少培养物中的水分大量蒸发。

（3）培养箱最底层温度较高，培养物不宜与之直接接触。箱内培养物不应放置过挤，以保证培养物受温均匀。各层金属架上放置物品不应过重，以免将金属架压弯滑脱，打碎培养标本。

（4）定期清洗消毒内箱，可每月一次。方法为断电后用75%酒精喷洒消毒，再用清水擦净，有杀菌装置的培养箱，可打开杀菌按钮，持续30min。

（5）培养用恒温箱，不准作烘干衣帽等其他用途。

三、干燥箱

干燥箱，亦称干热灭菌器或烘箱，是一种干热灭菌仪器，也是一种常用于加热干燥的仪器。目前的电热干燥箱都带有电热鼓风数显控温、超温报警及漏电保护装置，外壳喷塑，内胆采用耐腐蚀、易清洗的不锈钢板制造。干热灭菌是用干热空气进行灭菌的方法，可自动控温，数字显示，温度调节范围在室温至400℃，温差±1℃。干燥箱的构造根据各种类型的用途、要求略有差异。其构造与培养箱基本相同，只是底层下的电热量大。烘箱主要用于玻璃仪器灭菌，亦可用于烤干洗净的玻璃仪器。

一般小型的干燥箱，采用自然对流式传热。这种形式是利用热空气轻于冷空气形成自然循环对流的作用来进行传热和换气，达到箱内温度比较均匀并将样品蒸发出来的水汽排出去的目的。对于大型的干燥箱，如果完全依靠自然对流传热和排气就达不到应有的效果，可安装小型电动机带动小电扇进行鼓风，达到传热均匀和快速排气的目的。

在大规模生产中，按GMP标准要求，必须使用双扉型箱式嵌墙结构，在操作区将待消毒物品装箱，灭菌后从净化区取出。

1. 使用方法

灭菌开始时应把排气孔敞开，以排除冷气和潮气。灭菌器升温必须缓慢均匀，不能剧增，尤其是130~160℃不宜突击加温。要保持被灭菌物品均匀升温。干热灭菌法所用的温度一般规定为160~170℃，时间为1~2h。灭菌结束，必须让灭菌器内温度下降到60℃以下，才能缓慢开门，否则可能引起棉花纸张起火、器皿炸裂。灭菌物品应放入已灭菌物品存放室，并做好记录，灭菌物品一般要求5d内用完。

2. 注意事项

（1）干燥灭菌适用于耐高温的物品以及不能使用湿热方法灭菌、潮湿后容易分解或变性的物品。如检验所用的玻璃瓶、试管、吸管、培养皿和离心管等常用干热法灭菌。

（2）玻璃瓶和各种玻璃器皿灭菌前必须完全干燥，以免破裂。

（3）装灭菌物品时要留有空隙，不宜过紧过挤，而且散热底隔板不应放物品，不得使器皿与内层底板直接接触，以免影响热气向上流动。

（4）各种灭菌物品必须包扎装盒，包扎的纸张不能与干燥箱壁接触，以免烤焦。

（5）灭菌温度不宜过高，温度如超过170℃以上，则器皿外包裹的纸张、棉塞可能会被烤焦甚至燃烧。

（6）用于烤干玻璃仪器时，温度为120℃左右，持续30min，打开鼓风设备可加速干燥。

（7）箱内不应放对金属有腐蚀性的物质，如酸、碘等，禁止烘焙易燃、易爆、易挥发的物品。如必须在干燥箱内烘干纤维质类和能燃烧的物品，如滤纸、脱脂棉等，则不要使箱内温度过高或时间过长，以免燃烧着火。

（8）观察箱内情况，一般不要打开箱门，隔箱门玻璃观察即可，以免影响恒温。干燥箱恒温后，一般不需人工监视，但为防止控制器失灵，仍须有人经常照看，不能长时间远离。箱内应保持清洁。

四、高压蒸汽灭菌器

高压蒸汽灭菌锅是应用最广、效果最好的湿热灭菌器，可用于培养基、生理盐水、废弃的培养物以及耐高热药品、纱布、采样器械等的灭菌。高压蒸汽灭菌锅的种类有手提式（图2-4）、直立式及横卧式等多种，它们的构造和灭菌原理基本相同。不同灭菌物品灭菌的时间和温度有不同的要求。常用的培养基、培养液一般115℃灭菌20~40min；玻璃器皿、用具等，一般121℃灭菌30min。灭菌过的物品作好"已灭菌"的标志，送入灭菌物品存放室。

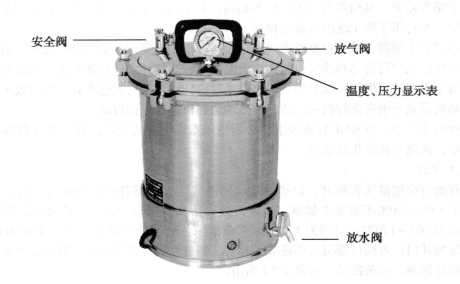

安全阀

放气阀

温度、压力显示表

放水阀

图2-4 手提式高压蒸汽灭菌锅

1. 蒸汽灭菌锅构造

高压蒸汽灭菌锅为一双层金属圆筒，两层之间盛水，外壁坚厚，其上方或前方有金属厚盖，盖上装有螺旋，借以紧闭盖门，使蒸汽不能外溢，因而皿内蒸汽压力可升高，其温度也相应增高。高压蒸汽灭菌锅上还装有排气阀、安全阀，用来调节灭菌锅内蒸汽压力与温度并保障安全；高压蒸汽灭菌锅上还装有温度压力表，指示内部的温度与压力，有的还装有温度设定和时间设定按钮，可自动控制温度和灭菌时间。

2. 操作方法与注意事项

（1）手提式与直立式高压蒸汽灭菌锅使用前，先打开灭菌锅盖，向锅内加水到水位线，立式消毒锅最好用已煮开过的水或蒸馏水，以便减少水垢在锅内的积存。水要加够，防止灭菌过程中干锅。详细检查灭菌器，预热，排去冷凝水，设置灭菌温度和时间，组合装锅。

（2）装锅时，灭菌物品之间应有一定的间隙，尤其是培养基、橡胶制品等更不能紧密堆压。包裹亦不要过大，以免影响蒸汽的流通，降低灭菌效果。然后将锅盖盖上并将螺旋对角式均匀拧紧，勿使漏气。

（3）打开排气阀，加热，当有大量蒸汽排出时，维持5min使锅内冷空气完全排净。关紧排气阀门，则温度随蒸汽压力的升高而上升；否则，压力表上所示压力并非全部是蒸汽压，灭菌将不完全。待锅内蒸汽压力上升至所需压力和规定温度时（一般为 115℃ 或 121℃）控制热源，维持压力、温度，开始计时，持续 20~40min，即可达到完全灭菌的目的。

（4）灭菌完毕，不可立即开盖取物，须关闭电（热）源或蒸汽来源，并待其压力自然下降至零时，方可开盖，否则容易发生危险。亦不可突然开大排气阀进行排气减压，以免锅内压力骤然下降使瓶内液体沸腾，冲出瓶外。

（5）蒸汽压力灭菌器是受压容器，务必保证设备完好，安全阀、压力表、温度计灵敏准确。用前检查，定期检修，校正仪表，技术鉴定。

（6）灭菌物品保存时间，一般工具、用具、器皿、工作衣帽等灭菌后保存期不超过48h；培养基、溶液等最好72h内使用，最长保存期不能超过5d。

3. 灭菌工作状态及灭菌效果检验

（1）灭菌工作状态检验方法。

①化学检验法。利用某些化学药品的特定熔点可检查灭菌室内是否达到预定的温度，即利用药品做温度指示剂。取少量药品，封于试管中，然后夹在灭菌物品内，进行常规灭菌。灭菌后取出观察，如药品呈现出熔解后再结晶状态，即表示灭菌器的温度已达到或超过它的熔点。实用上，常将两种指示剂结合使用，以便确切地了解灭菌器内温度。常用的指示剂有：焦性儿茶酚（104℃）、氨基比林（107~109℃）、安替比林（110~112℃）、乙酰苯胺（113~114℃）、化学纯硫黄粉 S8B（119.25℃）及 S8Y（120℃）、苯甲酸（121℃）、β-萘酚（121℃）等。

②温度计检查法。用一支150℃的水银温度计（其结构原理与体温温度计相似），使用前先将其水银柱甩到0℃以下，插入灭菌物品内层，按常规灭菌，灭菌完毕后，取出观察，确定是否达到要求的温度。

（2）灭菌效果检验常用方法。将有芽孢的细菌放在培养皿内，用纱布包好，按常规方法灭菌。灭菌后取出培养皿，经培养后若无细菌生长，即表示灭菌效果良好。

五、超净工作台

为目前普及应用的无菌操作装置，比较密闭，分垂直流式和侧流式，外界空气通过滤器从上面、侧面或正面流入操作箱内，并能形成气流屏障，以保持台面无菌。超净台所占空间小，操作方便。工作时先接通电源，启动10min后打开前面玻璃操作窗，消毒手部后即可进行无菌操作。工作结束时清理实验台台面，关闭操作窗，切断电源，打开紫外灯进行消毒。

超净台应为一般实验室必备的设施。超净工作台是箱式微生物无菌操作工作台，占地面积小，使用方便。其工作原理是借助箱内鼓风机将外界空气强行通过一组过滤器净化，无菌空气连续不断地进入操作台面，并且台内设有紫外线杀菌灯，可对环境进行杀菌，保证了超净工作台面的正压无菌状态。

1. 超净工作台的操作方法

（1）使用前30min打开紫外线杀菌灯，对工作区域进行照射，把细菌病毒全部杀死。

（2）使用前10min将通风机启动，用海绵或白纱布将台面抹干净。

（3）操作时把开关按钮拨至照明处，操作室紫外灯即熄灭，并打开风机，调节好适宜的风速。

2. 注意事项

（1）操作区为层流区，因此物品的放置不应妨碍气流正常流动，工作人员应尽量避免能引起扰乱气流的动作，以免造成人身污染。

（2）操作者应穿着洁净工作服、工作鞋，戴好口罩。

（3）工作完毕后停止风机运行，把防尘帘放下。

（4）使用过程如发现问题应立即切断电源，报修理人员检查修理。

（5）超净工作台安装地方应远离有震动及噪音大的地方，以防止震动对它的影响。

（6）每3~6个月用仪器检查超净工作台性能有无变化，测试整机风速时，采用热球式风速仪（QDF-2型）。如操作区风速低于0.2m/s，应对初、中、高三级过滤器逐级做清洗除尘。

六、水浴箱

水浴箱，亦称水恒温箱，为血清学试验常用仪器。它是由金属制成的长方形箱，不锈钢体结构，箱内盛以温水，箱底装有电热丝，智能控温，由自动调节温度装置控制，温控范围5~100℃。水恒温箱盖呈斜面，以便水蒸气所凝结的水沿斜面流下，避免水滴落入箱内的标本中。箱内水至少两周更换一次并注意洗刷清洁箱内沉积物。恒温水浴箱广泛用于血样初筛实验、微生物检验、临床培养、恒温反应及其他常规实验中。

七、离心机

离心机主要用途是使液体标本达到离心沉淀的目的。如分离血清或使液体标本沉淀后，取沉淀物接种等。

1. 离心机种类

离心机种类很多，如小型倾斜离心机、大型离心机、低速离心机、高速离心机、大型高速冷冻离心机等。通常前3种转速均在5 000r/min以下，后两者可高达10 000r/min以上，为病毒检验工作不可缺少的工具。有的离心机同时具有冷冻的作用，离心过程中保持低温，避免一些生物活性物质的活性降低。

小型倾斜离心机十分轻便，适合实验室应用。其中试管孔倾斜一定角度，能促使沉淀物迅速下沉。试管孔上安置孔盖，以保证安全。离心机底座上装有开关和调速器，扭动后者可调节旋转速度。

2. 使用时注意事项

（1）离心机应放置于平稳固定的地方，且必须保持水平。

（2）先将装有标本的两个沉淀管连同离心机上的金属管（套管底部垫以棉花，以防沉淀管破碎）一起于天平上平衡，使双方质量相等，否则离心机快速转动时易打碎标本，可能使离心机轴心损坏。

（3）已平衡的两沉淀管要置于离心机转盘的相对两端。

（4）先开启电源开关，然后缓慢转动调速器，徐徐增加速度，不要突然快速增加转速。

（5）离心时间到后，应先逐步降低速度，最后关闭电源开关。待其自然停转，不得用手强行制止。

（6）沉淀管须加棉塞时，离心前应将棉塞上端翻转并用橡皮圈扎紧或用大头针别住，以免离心时棉塞沉入管内。

（7）离心机内外须经常保持清洁，轴心每月加油一次。

八、恒温振荡器

恒温振荡器的种类有用空气恒温的气浴恒温振荡器、用水恒温的水浴恒温振荡器和 0～50℃的全温恒温振荡器。恒温振荡器的温度和转速可根据需要进行设置。

恒温振荡器使用注意事项：整机应放置在较牢固的工作台面上或平整干燥的地面上，环境应整洁无湿度，通风良好；用户提供的电源插座应有良好的接地措施，预防外壳有感应电；严禁在正常工作的时候移动机器；严禁物体撞击机器；严禁儿童接近机器，以防发生意外；更换熔断器前应先确保电源已切断；使用结束后请清理机器，不能留有水滴、污物残留；仪器应有专人保管，以防他人损坏；仪器如长期不用应切断电源等。

九、细菌滤过器

有很多组织细胞培养使用的液体不能采用高压消毒的方法进行灭菌处理，如血清、合成培养液、酶及含有蛋白质具有生物活性的液体等，可采用过滤方法去除细菌等微生物。滤器有抽吸（抽滤）式及加压式两种类型；滤板（或滤膜）结构可为石棉板、玻璃或微孔膜。常用的滤器有以下几种。

1. Zeiss 滤器

这种滤器为不锈钢的金属结构，中间夹有一层石棉制成的一次性纤维滤板。滤板具有一定的厚度，可承受一定的压力，因此是过滤血清等黏稠液体较理想的滤器。滤板有不同规格，进口的型号 EKSl、EKS2、EKS3 等。国产的有甲 1、甲 2、甲 3 等，其中，以 EK53 及甲 3 过滤除菌的效果较好，但因孔径很小，速度较慢。

滤器可分为抽滤式和加压式。抽滤式滤器与抽滤瓶相连，真空泵抽气形成负压以过滤液体。其效率不如加压式。由于抽气造成负压抽吸，操作使用时要防止倒流而引起污染。因此要注意：避免将出、入管道接错；停止抽气时应使气体缓慢回流，要先用止血钳夹住抽气管再关机，防止气体回流。加压式滤器的容器为密闭式，加入待过滤的液体后，通以气体（常用 N_2、O_2 或 CO_2），形成压力将液体滤过，效果较佳。使用时注意压力不能过大，不应超过 $1.96 \times 10^4 Pa$。另外，由于使用的滤板为石棉，滤过的液体内有时可能混有少许杂质，因此在过滤前应先以少量生理盐水湿润滤板。

Zeiss 滤器的清洗比玻璃滤器简单，滤板属一次性，使用后即可弃去，以自来水将金属滤器初步冲洗，用洗涤剂刷洗干净，自来水冲净，蒸馏水漂洗 2～3 次。最后漂洗 1 次，晾干包装。消毒前将滤板装好，旋钮不要拧得太紧；消毒后立即将旋钮拧紧以保证过滤除菌的效果。

2. 玻璃滤器

这种滤器为玻璃结构，以烧结玻璃为滤板固定于玻璃漏斗上。可用于过滤除血清等黏稠液体以外的各种培养液体，只能采用抽滤式。根据滤板孔径的大小，分为 G1～G6 六种规格型号，其中，只有 G5 及 G6 可用于过滤除菌，一般都使用 G6 型。其缺点是速度较慢。

玻璃滤器的使用方法与抽滤式 Zeiss 滤器相同，但其清洗过程比较烦琐。

3. 微孔滤膜滤器

这种滤器的基本结构与 Zeiss 滤器相同，为金属结构，但其中间为一种一次性的特制混合纤维素脂滤膜。可用于包括血清在内的各种培养液体的过滤除菌，速度较快，效果较好，现已为许多实验室所使用。滤膜的规格很多，主要根据滤器的直径大小而划分其型号，可按待滤过液体的量来选择适当的型号。在滤过较大量培养液多用直径 10cm（容器量为 500ml）及直径 15cm（容器量为 2 000ml）两种规格。

用于小量培养液时，可选用 2.5cm 直径滤器，以注射器推动为压力而过滤。微孔滤膜滤器可分为加压式（正压式）和抽滤式，以加压式更佳。

滤膜的选择是效果好坏的关键。有孔径为 0.6μm、0.45μm、0.22μm 三种滤膜，用于过滤除菌时，最好使用 0.22μm 孔径的滤膜，可以除去细菌和霉菌。

微孔滤膜滤器的清洗、消毒方法和 Zeiss 滤器相同，滤膜使用后即丢弃。

十、BACTOMETER 全自动微生物检测仪

BACTOMETER 全自动微生物检测仪用于各类细菌总菌数的检测以及细菌快速检测的系统，可以数小时内获得监测结果，样本颜色及光学特征都不影响读数，对酵母和霉菌检测同样高度敏感。

1. 原理

利用电阻抗法（Impedance technology）将待测样本与培养基置于反应试剂盒内，底部有一对不锈钢电极，测定因微生物生长而产生阻抗改变。微生物生长时可将培养基中的大分子营养物（蛋白质、碳水化合物等），经代谢转变为活跃小分子（氨基酸、乳酸等），电阻抗法可测试这种微弱变化，从而比传统平板法更快速监测微生物的存在及数量。

2. 系统构成

BACTOMETER 是一种全自动微生物监测系统，主要部分由电子分析器（BPU）/培养箱、电脑、彩色终端机及打印机组成。样本在 BPU 电子分析器/培养箱中恒温培养，仪器每 6min 对每个样本进行检测，确定微生物的生长情况。电脑的作用是分析资料的储存、系统的操作及分析程式的运作。电脑不断地监测正在进行的操作过程并解释结果，并通过终端系统实时地显示在屏幕上。彩色终端机以不同色彩显示试验结果及曲线图表。Bactometer 是唯一能利用电阻抗（Conductance）、电容抗（Capacitance）或总抗阻（Total Impedance）三种参数的监测系统，可处理 64～512 个样本（视型号而定）。

3. 测定项目

测定项目包括各类细菌的总菌数、酵母菌、肠道杆菌、大肠杆菌群、霉菌、乳酸菌、嗜热菌、革兰氏阴性菌、金黄色葡萄球菌等多种项目的定量和定性检测，还包括保存期测试、无菌功能测试和环境监测等。

4. 主要特点

（1）测试样品的种类多，包括乳类产品、肉类、海鲜类、蔬菜、冷冻食品、糖果、饮料、香料、药物、化妆品等。

（2）具有可靠的一次性测试反应池，结果精确，样本颜色、不透明物质及光学特性不影响结果（如饼干碎渣等会干扰传统方法）。污染度低于 10^7 cfu/ml 的样本无须预先稀释，对酵母菌及霉菌监测同样具有较高的敏感度。

（3）操作简便、自动化程度高，可方便地扩增培养箱，能同时进行不同的测试，提高效率，同时减少产品储存费用和空间要求。

（4）总抗阻、电阻抗和电容抗3种信号确保最大的工业测试弹性。

（5）具有固体或液体生长培养基，从而加强测试性能。

（6）可测试1~512个样本，操作简便，按键即可看到结果，以不同色彩显示在终端机上；能够进行快速的原料筛选，可预期更精确的保存期。

（7）具有内置的加热及冷却的空气培养箱，便于快速反应。检测的温度范围广泛，能适应绝大多数的实验室测试要求。提早报警，提示生产线重新消毒。

十一、VIDAS 和 Mini VIDAS 自动酶联免疫荧光检测仪

VIDAS 是生物梅里埃公司生产的一种全自动免疫荧光酶标仪，在微生物检测中主要是利用酶联免疫的原理对微生物或毒素等进行筛选检测。

Mini VIDAS 是一台全自动荧光免疫分析仪，它集合计算机、键盘及打印机于一身。Mini VIDAS 由两个独立的仓，各含6个试验通道，可同时进行不同的 VIDAS 试验。

本系统用于快速筛检标本中可能存在的病原微生物。

1. 应用原理

以免疫技术捕获目标微生物，应用荧光技术进行全自动检测，达到快速、高灵敏度的检测目的。应用酶联免疫法，最后测蓝色荧光（ELFA）抗原（细菌、蛋白）的检测是应用一种夹心的技术，包被针上有抗体包被，所测得的荧光与标本中抗原的含量成正比。

2. 检测项目

（1）包括艾滋病病毒、衣原体在内的人血清免疫项目，人致病性寄生虫、病毒项目，激素类，其他免疫项目共40多项。

（2）工业微生物（李斯特菌属、单核增生李斯特菌、弯曲菌属、大肠杆菌 O157、沙门氏菌属、葡萄球菌肠毒素检测，沙门氏菌免疫浓缩、大肠杆菌 O157 免疫浓缩）八项。

3. 工作容量

Mini VIDAS 设两个相互独立工作的检测仓，可同时进行12个相同或不同的测试。每天可进行60~80项测试。VIDAS 30：设5个相互独立工作的检测仓，可同时检测30个样品，每天（按8h计）可测160~300个标本。同时，由于采用功能强大的计算机工作站 IBM CC4，多任务 AIX 操作系统，可根据需要增加仪器主机，扩大容量至同时检测120个标本。

4. 技术优势

（1）结果准确。应用免疫夹心方法，对每个标本做两次免疫反应，大大提高检测的特异性，从而保证检测结果的可靠性。特大固相吸附表面积，提高免疫捕获的数量，增加灵敏度。荧光检测方法，灵敏度比可见光方法高出1 000倍。本仪器已获得美国药品食品管理局（FDA）、日本厚生省、AOAC（美国分析化学家协会）、USDA（美国农业部）、中国国家质量监督检验检疫总局等政府及权威机构认可。

（2）检测快速。上机检测时间40~70min。

（3）检测项目众多，结果可靠，客观量度及分析减低人手误差。整个过程标准化、自动化。内设自检系统，无交叉污染。

（4）使用灵活。独立运行的检测仓可随机进行样品的检测。可在不同的检测仓检测相

同或不同的项目，也可在同一检测仓检测相同或不同的项目。

（5）特异性强。标本不需分离出目标微生物即可上机检测。

（6）避免交叉污染。没有采样针，避免标本之间交叉污染；样品不与仪器接触，仪器内没有抽吸样品的管路，杜绝了标本对环境的污染。

（7）全自动化、操作简便。标本加入试剂条，启动仪器后，便可自动完成全部检测过程并自动打印报告。所有免疫试剂都已配制成可直接使用的形式。

（8）稳定性高。试剂有效期长，14d 内只需做一次质控。

（9）全过程自动完成，将即可用试剂插入仪器中，然后由机器分担所有工作，直至打印报告。

第三节　常用的玻璃器皿

一、常用玻璃器材的种类及用途

微生物检验室所用玻璃器皿，通常以中性硬质玻璃制成。硬质玻璃能耐受高热、高压，同时，其中游离碱含量较低，不至影响基质的酸碱度。

1. 试管

试管是一种实验室常用的玻璃器皿，要求管壁坚厚，顶端开口，管直而口平，底部呈 U 形。试管的长度从几厘米到 20cm 不等，能通过火焰加热从而加热样品，一般由膨胀率大的玻璃制成，如硼硅酸玻璃。常用试管有以下几种规格。

（1）74mm（试管长）×10mm（管口直径），适于做康氏试验用。

（2）5mm×15mm，适于做凝集反应用。

（3）100mm×13mm，适于做生化反应试验、凝集反应及华氏血清试验用。

（4）120mm×16mm，适于做斜面或少量液体培养基等用。

（5）150mm×16mm，较前者稍长，常用作厌氧菌培养基容器。

（6）200mm×25mm，用以盛较多量琼脂培养基，做倾注平板用。

2. 培养皿

主要用于细菌的分离培养、活菌计数等。常用培养皿有 50mm（指皿底直径）×10mm（指皿底高度）、75mm×10mm、90mm×10mm 和 100mm×10mm 等几种规格。活菌计数原则上用 90mm×10mm 规格。

培养皿盖与底的大小应适合，不可过紧或过松，皿盖的高度应较皿底稍低，皿底部应平整。除玻璃皿盖外，亦可用不上釉的陶制皿盖。后者能吸收培养基表面水分而有利于细菌标本分离接种。

3. 三角瓶

三角瓶多用于贮存培养基和生理盐水等溶液，对溶液进行加热、煮沸、保存、消毒等。其容量有 100ml、150ml、200ml、250ml、300ml、500ml、1 000ml、2 000ml 等多种规格。其底大口小，便于加塞，放置平稳。

4. 刻度吸管

刻度吸管，简称吸管，用于吸取和转移小量液体，其壁上有精细刻度。常用的吸管容量有 1ml、2ml、5ml、10ml 等；做某些血清学试验亦常用 0.1ml、0.2ml、0.25ml、0.5ml 等容量吸管。

用口吸法使用吸管，很容易将液体污染手指和吸入口内，故要用洗耳球或胶头使用吸管。在做无菌操作时，高压灭菌前，吸管后端要塞入少量脱脂棉，防止试验中杂菌污染。

5. 试剂瓶

磨口塞试剂瓶分广口和小口，容量 30~1 000ml 不等。视贮备试剂量选用不同大小的试剂瓶。同时有棕色和无色的两种，前者盛贮避光试剂用。

6. 玻璃缸

缸内常盛放石炭酸、甲醛或来苏儿水等消毒剂，以备浸泡用过的载玻片、盖玻片、吸管、培养基等，以杀灭病原微生物。

7. 玻璃棒

玻璃棒直径有 0.5mm、0.8mm、1.0mm 3 种，用来搅拌液体或作标本支架用。也可用于制备涂菌棒。

8. 玻璃珠

常用中性硬质玻璃制成，直径 3~4mm 和 5~6mm 两种，用于血液脱纤维或打碎组织、样品和菌落等。

9. 滴瓶

有橡皮帽式、玻塞式滴瓶，棕色和无色滴瓶，容量有 30ml 或 60ml，贮存染色液用。

10. 玻璃漏斗

分短颈和长颈两种。漏斗口径常用为 60~150mm，分装溶液或过滤用。

11. 载玻片、凹玻片及盖玻片

载玻片供作涂片用，凹玻片供制作悬滴标本和血清学检验用。盖玻片为极薄玻片，用于覆盖载玻片和凹玻片上的标本。

12. 发酵管

测定细菌对糖类的发酵是否产气用。培养基高压灭菌前，将杜氏小玻璃管倒置于含糖液的培养基试管内，高压后，倒置的小玻璃管内充满培养基，如细菌能发酵培养基产气，则小玻璃管内充满气体。

13. 注射器及大小针头

50~100ml 大型注射器，多用于采血；1~20ml 注射器供作动物试验和其他检验工作用。注射针头的规格亦有多种，视用途和注射途径选用大小相适的针头。

14. 量筒、量杯

量筒、量杯为实验常用器具，大小不一，使用时不宜装入温度很高的液体，以防底座破裂。

15. L 形涂菌棒

可用玻璃棒经过喷灯高温处理，变软后弯成 L 形，一般用于活菌计数或药物敏感性检验时涂菌。使用前可通过高压蒸汽进行灭菌，也可在酒精灯上反复烧灼灭菌，待温度降低即可使用。

二、玻璃器皿的清洁法

（一）玻璃器皿的清洗步骤

玻璃器皿的清洗是组织培养中工作量最大、质量要求最严格的工作。不仅要求干净透明、无油迹，而且不能残留任何物质，最终冲洗后器皿内外应无水珠积聚；为保证达到这一目的，玻璃器皿的清洗应按以下清洗程序认真执行，包括浸泡、刷洗、浸酸和冲洗4个步骤。

1. 浸泡

新购进的玻璃器皿和培养用过的玻璃器皿都需先用清水浸泡，以便去除玻璃器皿表面的灰尘和软化、溶解掉附着物。新购的玻璃器皿表面常呈碱性，并带有许多干沥的灰尘和一些对细胞有毒的物质（如铅、砷等）。使用前先用自来水简单冲刷，再浸入稀盐酸溶液浸泡过夜来中和其中的碱性物质。用过的玻璃器皿常常附有大量的蛋白质，干涸后难以刷洗掉，因此用后要立即浸入清水中，另：注意让水灌满瓶皿，使其充分浸泡、冲洗。对已用过且有污染的器皿必须先消毒灭菌后再浸泡、冲洗。

2. 刷洗

应选用软毛刷沾优质的洗涤剂洗刷，不宜用力过大和刷洗次数太多，否则会损害器皿表面的光洁度，影响细胞生长、分布，更不能使用含沙粒的去污粉和劣质洗衣粉。

3. 浸酸

刷洗后的玻璃器皿需干燥后才能浸入酸中。有些刷洗不掉的极微量杂质在硫酸和重铬酸钾清洁液的强氧化作用下可被除掉。

4. 冲洗

浸酸后的玻璃器皿，用流水振荡冲洗，不得残留洗涤剂、清洁液、酸类或氧化剂。

（二）不同玻璃器皿的清洗

1. 新玻璃器皿

新玻璃器皿因含有游离碱，初次使用时，应先在2%盐酸内浸泡数小时，以除去游离碱，再用自来水冲洗干净。

2. 带油污的玻璃器皿

凡沾有凡士林或石蜡，并未曾污染菌的玻璃器皿，尽可能除去油污，可先在50g/L的碳酸氢钠液内煮两次，再用肥皂和热水洗刷。

3. 带菌的玻璃器皿

（1）带菌吸管及滴管。可将染菌吸管或滴管投入3%来苏儿水或5%石炭酸溶液内浸泡数小时或过夜，经高压蒸汽灭菌后，用自来水及蒸馏水冲净。

（2）带菌载玻片及盖玻片。已用过的带菌载玻片及盖玻片可先浸入5%石炭酸或5%来苏儿水溶液中消毒，然后用夹子取出经清水冲净，最后浸入95%乙醇中，用时在火焰上烧去乙醇即可，或者从乙醇中取出用软布擦干，保存备用。

（3）其他带菌的玻璃器皿。染菌或盛过微生物的其他玻璃器皿，应先经121℃高压蒸汽灭菌，20～30min后取出，趁热倒出容器内的培养物，再用热水和肥皂水刷洗干净，用自来水冲洗，以水在内壁均匀分布成一薄层而不出现水珠，为油污除尽的标准。

三、玻璃器皿的灭菌

（一）常用玻璃仪器的包扎和加塞方法

平皿用纸包扎或装在金属平皿筒内；三角瓶在棉塞与瓶口外再包以厚纸，用棉绳以活结扎紧，以防灭菌后瓶口被外部杂菌所污染；吸管以拉直的曲别针一端放在棉花的中心，轻轻捅入管口，松紧必须适宜，管口外露的棉花纤维也可统一通过火焰烧去。灭菌时将吸管装入金属管筒内进行灭菌，也可用纸条斜着从吸管尖端包起，逐步向上卷，头端的纸卷捏扁并拧几下，再将包好的吸管集中灭菌。

（二）玻璃器皿的灭菌

将包扎好的物品放入干燥烘箱内，注意不要摆放太密，以免妨碍空气流通；不得使器皿与烘箱的内层底板直接接触。将烘箱的温度升至160℃并恒温2h，注意勿使温度过高，超过170℃，器皿外包裹的纸张、棉花会被烤焦燃烧。温度降至50～60℃时方可打开箱门，取出物品，否则玻璃仪器会因骤冷而爆裂。用此法灭菌时，绝不能用油纸、蜡纸包扎物品。

四、焚烧或灼烧灭菌

另外，被污染的纸张、实验动物尸体等无经济价值的物品可以用火焚烧掉；对于接种环、接种针或其他金属用具等耐燃烧物品，用火焰灼烧灭菌法，直接在酒精灯火焰上烧至红热进行灭菌；直接用火焰灼烧灭菌，迅速彻底。此外，在接种过程中，试管或三角瓶口，也采用灼烧灭菌法通过火焰而达到灭菌的目的。

思考题

1. 微生物检验室基本条件有哪些？
2. 检验员守则有哪些？
3. 无菌室的结构与要求是什么？
4. 怎样进行无菌室无菌程度的测定？
5. 常用显微镜有哪几类？其成像原理是什么？
6. 干燥箱的使用方法和注意事项有哪些？
7. 高压蒸汽灭菌锅的灭菌原理是什么？
8. 高压蒸汽灭菌锅操作时注意事项有哪些？
9. 离心机使用时注意事项有哪些？
10. 常用滤器的种类有哪几种？
11. 新购进的玻璃器皿怎样进行处理？

第三章　食品微生物检验的基本原理与技术

学习目标

1. 掌握染色与细菌的形态观察技术。
2. 熟悉放线菌、酵母菌和霉菌的形态观察技术。
3. 了解抗原与抗体的概念。
4. 掌握常用血清学检验方法。
5. 会正确选择实验动物。

第一节　染色与细菌的形态观察技术

染色是细菌学上一个重要而基本的技术。由于细菌个体微小，且半透明，如不经染色往往不易识别。因此，可借助于染色法使细菌着色，与背景形成鲜明的对比，便于在显微镜下进行观察。也可根据不同的染色反应，作为鉴别细菌的一种依据。

用于细菌染色的染色剂是苯环上含有发色基团和助色基团的化合物。发色基团使化合物本身具有染色能力，助色基团有电离特性，可以与被染物结合，使被染物着色。染色剂有3种：酸性染色剂（电离后分子带负电荷）；碱性染色剂（电离后分子带正电荷）；复合染色剂（在电离后分子不带电荷，故也称为中性染色剂）。酸性染色剂主要用于染细胞质；碱性染色剂主要用于染细胞核和异染颗粒等细胞结构；复合染色剂主要用来染螺旋体和立克次氏体。

一、染色的基本程序

（一）载玻片处理

载玻片应清晰透明，清洁而无油渍，滴上水后，能均匀展开，附着性好，如有残余油渍，可按下列方法处理。

（1）滴上95%酒精2~3滴，用清洁纱布擦拭，然后以钟摆速度通过酒精灯火焰3~4次。

（2）若上法仍未能除去油渍，可再滴上1~2滴冰醋酸，用纱布擦净，再在酒精灯火焰上轻轻拖过。

玻片洁净后，用玻璃铅笔在预涂材料处的背面画一个直径1.5cm的圆圈，用以标记。

（二）涂片方法

（1）菌落涂片方法。涂片时，左手握菌种管，右手持接种环（又称铂铒）取1~2环生理盐水，置于载玻片上，然后将接种环在火焰上灭菌，待冷却后，从菌种管内挑取少许菌落，置于生理盐水中混匀，涂成直径 1.5cm 的涂膜，此膜以既薄又均匀为好，自然风干。

（2）菌液涂片法。用灭菌接种环沾取菌液（液体培养物、血清、乳汁、组织渗出液等）1~2 接种环，均匀涂抹在载玻片上，使其成直径为 1.5cm 左右圆形或椭圆形涂膜，自然干燥后备用。

（3）血液涂片方法。先取一张干净无油垢边缘整齐的载玻片，其一端沾取少许血液，以 45 度角放在另一张干净无油垢的载玻片一端，从一端向另一端推成薄而均匀的血膜，待干后备用。

（4）组织涂片方法。先用镊子夹持组织局部，然后用灭菌剪刀剪取一小块，夹出后以其新鲜切面在载玻片上压印或涂成一薄层。

（三）干燥

涂片最好在室温中自然干燥。必要时，可将标本面向上，在离酒精灯火焰远处烘干，切勿紧靠火焰，以免标本糊焦而不能观察。

（四）固定

有以下两种固定方法。

（1）火焰固定。将已干燥好的抹片，涂面向上，以钟摆速度通过酒精灯火焰四次，固定后的标本触及皮肤时，以稍感烧烫为宜。放置冷却后，进行染色。

（2）化学固定。血液、组织脏器等抹片作姬姆萨氏染色或单染色时，不用火焰固定而用甲醇固定，可将已干燥的抹片浸入甲醇中 2~3min，取出晾干；或者在抹片上滴加数滴甲醇使其作用 2~3min 后，自然挥发干燥，抹片作瑞特氏染色时则不必作特别固定，染色液中含有甲醇就可以达到固定目的。

抹片固定的目的：使菌体蛋白凝固附着在载玻片上，以防染色过程中被水冲掉；改变细菌对染料的通透性，因活细菌一般不允许染料进入细菌体内；能杀死抹片中的部分微生物。

必须注意：在抹片固定过程中，实际上并不能保证杀死全部细菌，也不能完全避免在染色水洗时不将部分涂抹物冲掉。因此，在制备烈性病原菌，特别是带芽孢的病原菌抹片和染色时，应严格处理染色用过的残液和抹片本身，以免引起病原菌的散播。

（五）染色

根据检验目的不同，选择不同的染色方法进行染色。染色时滴加染液，以覆盖标本为宜。

（六）媒染

凡能增强染料和被染物的亲和力，使染料固定于被染物及能引起细胞膜通透性改变的物质，称媒染剂。常用的有明矾、鞣酸、金属盐和碘等，有时也可用加热法促进着色。媒染剂可用于初染与复染之间，也可用于固定之后或含于固定液、染色液中。

（七）脱色

凡能使已着色的被染物脱去颜色的化学试剂称为脱色剂。常用乙醇、丙酮等作为脱色剂。脱色剂可以查出细菌与染料结合的稳定程度，作为鉴别染色之用。

（八）复染

已脱色处理的细菌或其结构常以复染液进行复染以便于观察。复染液与初染液的颜色不同而成鲜明对比。复染不宜太强，以免掩盖初染的颜色。

二、常用的细菌染色法

（一）简单染色法

简单染色法是只用一种染料进行染色的方法，如美蓝染色法。该法操作简便，适于菌体一般形状和细菌排列的观察。

常用碱性染料进行简单染色，这是因为：在中性、碱性或弱碱性溶液中，细菌细胞通常带负电荷，而碱性染料在电离时，其分子的染色部分带正电荷（酸性染料电离时，其分子的染色部分带负电荷），因此，碱性染料的染色部分很容易与细菌结合使细菌着色，经染色后的细菌细胞与背景形成鲜明的对比，在显微镜下易于识别。常用作简单染色的染料有：美蓝、结晶紫、碱性复红等。

简单染色法步骤：

涂片→干燥→固定→染色→水洗→干燥→镜检

（1）涂片。取干净的载玻片一块，滴一小滴生理盐水于载玻片中央，严格按无菌操作（图 3-1）程序，挑取大肠杆菌或金黄色葡萄球菌于载玻片的水滴中，调匀并涂成薄膜。注意：滴生理盐水时不宜过多；涂片必须均匀；涂布面积直径约 1.5cm 为宜；挑取菌种时切勿将培养基挑破。

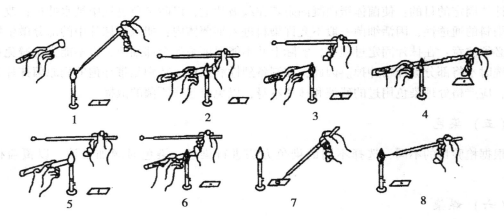

1. 烧灼接种环；2. 拔去棉塞；3. 烘烤试管口；4. 挑取少量菌体；
5. 再烘烤试管口；6. 将棉塞塞好；7. 做涂片；8. 烧去残留的菌体
图 3-1　无菌操作及做涂片过程

（2）晾干。让涂片自然晾干或者在酒精灯火焰上方以文火烘干。

（3）固定。手执玻片一端，让菌膜朝上，通过火焰 2~3 次固定（以不烫手为宜）（图 3-2）。

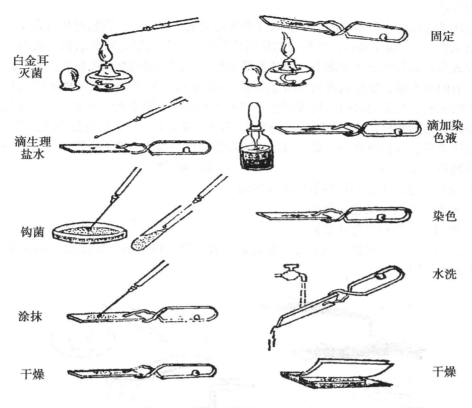

图 3 - 2　细菌涂片的制备和单染法

（4）染色。将固定过的涂片放在搁架上，加复红或结晶紫染色 1 ~ 2min。

（5）水洗。染色时间到后，用自来水冲洗，直至冲下之水无色为止。注意冲洗水流不宜过急、过大，水由玻片上端流下，避免直接冲在涂片处。

（6）干燥。将洗过的涂片放在空气中晾干或用吸水纸吸干。

（7）镜检。先低倍镜观察，再高倍镜观察，找出适当的视野后，将高倍镜转出，在涂片上加香柏油一滴，将油镜头浸入油滴中仔细调焦观察细菌的形态。

（二）革兰氏染色法

革兰氏染色反应是细菌分类和鉴定的重要性状。它是 1884 年由丹麦医生 Gram 创立的。革兰氏染色法（Gram stain）不仅能观察到细菌的形态特征而且还可将所有细菌区分为两大类：染色反应呈蓝紫色的称为革兰氏阳性细菌，用 G^+ 表示；染色反应呈红色（复染颜色）的称为革兰氏阴性细菌，用 G^- 表示。细菌对于革兰氏染色的不同反应，是由于它们细胞壁的成分和结构不同造成的。革兰氏阳性细菌的细胞壁主要是肽聚糖形成的网状结构组成的，在染色过程中，当用乙醇处理时，由于脱水而引起网状结构中的孔径变小，通透性降低，使结晶紫—碘复合物被保留在细胞内而不易着色，因此，呈现蓝紫色；革兰氏阴性细菌的细胞壁中肽聚糖含量低，而脂类物质含量高，当用乙醇处理时，脂类物质溶解，细胞壁的通透性增加，使结晶紫—碘复合物易被乙醇抽出而脱色，然后又被染上了复染液（番红）的颜色，因此呈现红色。

革兰氏染色需用4种不同的溶液：碱性染料初染液、媒染剂、脱色剂和复染液。初染液一般是结晶紫（crystal violet）。媒染剂的作用是增加染料和细胞之间的亲和力或附着力，即以某种方式帮助染料固定在细胞上，使其不易脱落，不同类型的细胞脱色反应不同，有的能被脱色，有的则不能，脱色剂常用95%的酒精（ethanol）。复染液也是一种碱性染料，其颜色不同于初染液，复染的目的是使被脱色的细胞染上不同于初染液的颜色，而未被脱色的细胞仍然保持初染的颜色，从而将细胞区分成 G⁺ 和 G⁻ 两大类群，常用的复染液是番红。

革兰氏染色步骤：涂片→干燥→固定→结晶紫染色→水洗→吸干→媒染→水洗→吸干→95%酒精脱色→水洗→吸干→番红复染→水洗→干燥→镜检。

（1）涂片。涂片方法与简单染色涂片相同。

（2）晾干。与简单染色法相同。

（3）固定。与简单染色法相同

（4）结晶紫染色。将玻片置于玻片搁架上，加适量（以盖满细菌涂面）的结晶紫染色液染色1min（图3-3）。

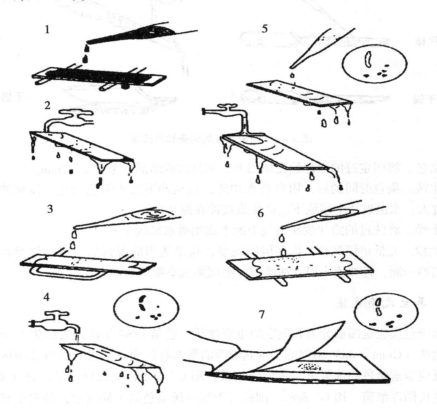

1. 滴加结晶紫；2. 水洗；3. 滴加碘液；4. 水洗；
5. 滴加乙醇褪色；6. 加番红；7. 水洗，吸干水分

图3-3　革兰染色操作过程

（5）水洗。倾去染色液，用水小心地冲洗。

（6）媒染。滴加革兰氏碘液，媒染1min。

（7）水洗。用水洗去碘液。

（8）脱色。将玻片倾斜，连续滴加95%乙醇脱色20~30s至流出液无色，立即水洗。

（9）复染。滴加番红复染1~2min。

（10）水洗。用水洗去涂片上的番红染色液。

（11）晾干。将染好的涂片放空气中晾干或用吸水纸吸干。

（12）镜检。镜检时先用低倍镜，再用高倍镜，最后用油镜观察，并判断菌体的革兰氏染色反应性。革兰氏阴性菌呈红色，革兰氏阳性菌呈紫色。以分散开的细菌的革兰氏染色反应为准，过于密集的细菌，常常呈假阳性。

（三）芽孢染色法

芽孢又叫内生孢子，是某些细菌生长到一定阶段在菌体内形成的休眠体，通常呈圆形或椭圆形。细菌能否形成芽孢以及芽孢的形状、芽孢在芽孢囊内的位置、芽孢囊是否膨大等特征均是鉴定细菌的依据。

芽孢染色法是利用细菌的芽孢和菌体对染料的亲和力不同的原理，用不同染料进行着色，使芽孢和菌体呈不同的颜色而便于区别。芽孢壁厚、透性低，着色、脱色均较困难，因此，当先用弱碱性染料，如孔雀绿（malachite green）或碱性品红（basic fuchsin）在加热条件下进行染色时，此染料不仅可进入菌体，也可进入芽孢，进入菌体的染料可经水洗脱色，而进入芽孢的染料则难以透出，若再用复染液（如番红液）或衬托溶液（如黑色素溶液）处理，则菌体和芽孢易于区分。

芽孢染色步骤：涂片→固定→孔雀绿染色→水洗→番红或沙黄复染干燥→观察。

（1）将有芽孢的材料作涂片、干燥、固定。

（2）将5%孔雀绿水溶液滴加于固定好的涂片上。用木夹夹住载玻片在酒精灯火焰上加热，使染料冒蒸汽（但不能煮沸），切勿使染料蒸干，必要时可添加少许染料。加热时间从冒蒸汽时开始计算4~5min。

（3）倾去染色液，待玻片冷却后水洗至孔雀绿不再褪色为止。

（4）用0.5%沙黄水溶液复染1min，水洗。

（5）干燥或烘干后，置油镜观察，芽孢呈绿色，菌体呈红色。

（四）荚膜染色法

荚膜是包围在细菌细胞外面的一层黏液性物质，其主要成分是多糖类，不易染色，故常用衬托染色法，即将菌体和背景着色，把不着色且透明的荚膜衬托出来。荚膜很薄，易变形，因此，制片时一般不用热固定。

荚膜染色液：绘图墨水、1%甲基紫水溶液、1%结晶紫水溶液、6%葡萄糖水溶液、20%硫酸铜水溶液、纯甲醇等。

1. 湿墨水法

（1）制备菌和墨水混合液。加一滴水于洁净的载玻片上，然后挑取少量菌体与其混合均匀。

（2）加盖玻片。将一洁净的盖玻片盖在混合液上，然后在盖玻片上放一张滤纸，轻轻按压以吸去多余的混合液。

（3）镜检。用低倍镜和高倍镜观察，若用相差显微镜观察，效果更好。背景灰色，菌体较暗，在菌体周围呈现明亮的透明圈即为荚膜。

2. 干墨水法

（1）在载玻片一端滴一滴6%葡萄糖水溶液，取少许培养了72h的圆褐固氮菌在水滴中制成菌悬液，充分混匀。

（2）取一滴新配好的黑色素溶液（也可用绘图墨水）与菌悬液混合，另取一块载玻片作为推片，将推片一端平整的边缘与菌悬液以30°角接触后，顺势将菌悬液推向前方，使其成匀薄的一层，风干。

（3）用纯甲醇固定1min。

（4）加番红液数滴于涂片上，冲去残余的甲醇，并染30s，以细水流适当冲洗，吸干后油镜检查，背景黑色，荚膜无色，细胞红色。

3. Anthony法

（1）涂片。按常规取菌涂片。

（2）固定。空气中自然干燥。不可加热干燥固定。

（3）染色。用1%结晶紫水溶液染色2min。

（4）脱色。以20%硫酸铜水溶液冲洗，用吸水纸吸干残液。

（5）镜检。干后用油镜观察，菌体染成深紫色，菌体周围的荚膜呈淡紫色。

（五）鞭毛染色法

鞭毛是细菌的运动"器官"，细菌是否具有鞭毛，以及鞭毛着生的位置和数目是细菌的一项重要形态特征。细菌的鞭毛很纤细，其直径通常为0.01~0.02μm，所以，除了很少数能形成鞭毛束（由许多根鞭毛构成）的细菌可以用相差显微镜直接观察到鞭毛束的存在外，一般细菌的鞭毛均不能用光学显微镜直接观察到，只能用电子显微镜观察。要用普通光学显微镜观察细菌的鞭毛，必须用鞭毛染色法。

鞭毛染色的基本原理，是在染色前先用媒染剂处理，使它沉积在鞭毛上，使鞭毛直径加粗，然后再进行染色。鞭毛染色方法很多，这里介绍硝酸银染色法和改良的Leifson氏染色法，前一种方法更容易掌握，但染色剂配制后保存期较短。

1. 硝酸银染色法

（1）菌种的准备。要求用活跃生长期菌种作鞭毛染色。对于冰箱保存的菌种，通常要连续移种1~2次。良好的培养物，是鞭毛染色成功的基本条件，不宜用已形成芽孢或衰亡期培养物作鞭毛染色的菌种材料，因为老龄细菌鞭毛容易脱落。

（2）载玻片的准备。将载玻片在含适量洗衣粉的水中煮约20min，取出用清水充分洗净，沥干后置95%乙醇中，用时取出在火焰上烧去酒精及可能残留的油迹。

玻片要求光滑、洁净，尤其忌用带油迹的玻片（将水滴在玻片上，无油迹玻片水能均匀散开）。

（3）菌液的制备。取斜面或平板菌种培养物数环于盛有1~2ml无菌水的试管中，制成轻度混浊的菌悬液用于制片。也可用培养物直接制片，但效果往往不如先制备菌液。

挑菌时，尽可能不带培养基。

（4）制片。取一滴菌液于载玻片上的一端，然后将玻片倾斜，使菌液缓缓流向另一端，用吸水纸吸去玻片下端多余菌液，室温（或37℃）自然干燥。

干后应尽快染色，放置时间不宜过长。

（5）染色。涂片干燥后，滴加硝酸银染色A液覆盖3～5min，用蒸馏水充分洗去A液。用B液冲去残水后，再加B液覆盖涂片染色数秒至1min，当涂面出现明显褐色时，立即用蒸馏水冲洗。若加B液后显色较慢，可用微火加热，至显褐色时立即水洗，自然干燥。

配制合格的染色剂（尤其是B液）、充分洗去A液再加B液、掌握好B液的染色时间均是鞭毛染色成败的重要环节。

（6）镜检。干后用油镜观察。观察时，可从玻片的一端逐渐移至另一端，有时只在涂片的一定部位观察到鞭毛。菌体呈深褐色，鞭毛显褐色、通常呈波浪形。

2. 改良的 Leifson 氏染色法。

（1）载玻片的准备、菌种材料的准备。同硝酸银染色法。

（2）制片。用记号笔在载玻片反面将玻片分成3～4个等分区，在每一小区的一端放一小滴菌液。将玻片倾斜，让菌液流到小区的另一端，用滤纸吸去多余的菌液。室温或37℃自然干燥。

（3）染色。加 Leifson 氏染色液覆盖第一区的涂面，隔数分钟后，加染液于第二涂面，如此继续染第三、第四区。间隔时间自行议定，其目的是为了确定最佳染色时间。在染色过程中仔细观察，当整个玻片都出现铁锈色沉淀、染料表面出现金色膜时，直接用水轻轻冲洗（不要先倾去染料再冲洗，否则背景不清）。染色时间大约10min。自然干燥。

（4）镜检。干后用油镜观察，菌体和鞭毛均呈红色。

三、注意事项

（1）涂片时，生理盐水及取菌不宜过多，涂片应尽可能均匀。

（2）水洗步骤水流不宜过大，过急，以免涂片薄膜脱落。

（3）加盖玻片时不可有气泡，否则会影响观察。

（4）革兰氏染色成败的关键是酒精脱色。如脱色过度，革兰氏阳性菌也可被脱色而染成阴性菌；如脱色时间过短，革兰氏阴性菌也会被染成革兰氏阳性菌。脱色时间的长短还受涂片厚薄及乙醇用量多少等因素的影响，难以严格规定。

（5）染色过程中勿使染色液干涸。用水冲洗后，应吸去玻片上的残水，以免染色液被稀释而影响染色效果。

（6）革兰氏染色选用幼龄的细菌。G$^+$菌培养12～16h，*Escherichia. coli*（通常称为大肠杆菌）培养24h。若菌龄太老，由于菌体死亡或自溶常使革兰氏阳性菌转呈阴性反应。

（7）应用干墨水法时，涂片要放在火焰较高处并用文火干燥，不可使玻片发热。

（8）在采用 Tyler 法染色时，标本经染色后不可用水洗，必须用20% $CuSO_4$冲洗。

（9）芽孢染色选用菌种应掌握菌龄，以大部分细菌已形成芽孢囊为宜，取菌不宜太少。

第二节　放线菌、酵母菌和霉菌的形态观察技术

一、放线菌的形态观察技术

放线菌为单细胞的分枝丝状体，其一部分菌丝伸入培养基中为基内菌丝，另一部分生长

在培养基表面称气生菌丝，气生菌丝的顶端分化为孢子丝，孢子丝呈螺旋状、波浪状或直线状等。孢子丝可产生成串或单个的分生孢子。孢子丝及分生孢子的形状、大小因放线菌菌种不同而异，是放线菌分类的重要依据之一。培养放线菌的方法最常用的有插片法、搭片法、载片培养法。

（一）实验器材

无菌马铃薯蔗糖琼脂培养基，在马铃薯蔗糖琼脂平板上培养4～5d的"链霉菌"菌落，"5406"抗生菌菌落，石炭酸复红染色液，结晶紫染色液，蒸馏水，显微镜，二甲苯，香柏油，擦镜纸，尖头镊子，接种铲，接种环，解剖刀，载玻片，盖玻片，无菌培养皿，酒精灯，火柴。

（二）操作方法

1. 放线菌菌落形态的观察

仔细观察平皿上长出的放线菌菌落的外形、大小、表面形状、表面及背面颜色，与培养基结合情况等（即不易被接种环挑取菌体），区别营养菌丝、气生菌丝及孢子丝的着生部位。

2. 个体形态的观察（插片法）

在无菌操作下，将融化并冷却到50℃左右的培养基倾入无菌培养皿中，每皿约20ml，平放冷凝成平板。取0.5ml左右放线菌菌悬液于平板上，用无菌玻璃刮铲涂抹均匀。将灭菌的盖玻片斜插在平皿内的培养基中，约呈45°的角度，每皿可插多片。置于30℃培养3～5d后开始观察，在培养基上生长的放线菌有一部分生长到盖玻片上。用镊子轻轻取出盖玻片火焰固定，用石炭酸复红染色或结晶紫染液染色1min，水洗晾干后，翻转盖玻片放于载玻片上，在低倍镜下观察营养菌丝、气生菌丝，在高倍镜下观察孢子丝和孢子。

二、酵母菌的形态观察技术

酵母菌是不运动的单细胞真核微生物，其大小通常比常见的细菌大几倍甚至几十倍，因此，不必染色即可用显微镜观察其形态。大多数酵母以出芽方式进行无性繁殖，有的二分裂殖；子囊菌纲中的酵母菌在一定条件下，可产生子囊孢子进行有性生殖。酵母菌假菌丝的生成与培养基的种类、培养条件等因素有关。

美蓝是一种弱氧化剂，氧化态呈蓝色，还原态呈无色。用美蓝对酵母细胞进行染色时，活细胞由于细胞的新陈代谢作用，细胞内具有较强的还原能力，能将美蓝由蓝色的氧化态转变为无色的还原态型，从而使细胞呈无色；而死细胞或代谢作用微弱的衰老细胞则由于细胞内还原力较弱而不具备这种能力，从而细胞呈蓝色，据此可对酵母菌的细胞死活进行鉴别。

（一）实验器材

酿酒酵母、热带假丝酵母、粟酒裂殖酵母等菌种，0.1%美蓝染色液、孔雀绿染色液、沙黄染色液、95%乙醇等染色液，显微镜，载玻片，盖玻片，擦镜纸，吸水纸等。

（二）操作方法

1. 水浸片观察

（1）制片。在干净的载玻片中央加一滴预先稀释至适宜浓度的酵母液体培养物，从侧面盖上一片盖玻片（先将盖玻片一边与菌液接触，然后慢慢将盖玻片放下使其盖在菌液上），应避免产生气泡，并用吸水纸吸去多余的水分（菌液不宜过多或过少，否则，在盖盖玻片时，菌液会溢出或出现气泡而影响观察；盖玻片不宜平着放下，以免产生气泡）。

（2）镜检。将制作好的水浸片置于显微镜的载物台上，先用低倍镜，后用高倍镜进行观察，注意观察各种酵母的细胞形态和繁殖方式，并进行记录。

2. 美蓝染色

（1）染色。在干净的载玻片中央加一小滴0.1%美蓝染色液，然后再加一小滴预先稀释至适宜浓度的酿酒酵母液体培养物，混匀后从侧面盖上盖玻片，并吸去多余的水分和染色液（注意染色液和菌液不宜过多或过少，并应基本等量，而且要混匀）。

（2）镜检。将制好的染色片置于显微镜的载物台上，放置约3min后进行镜检，先用低倍镜，后用高倍镜进行观察，根据细胞颜色区分死细胞（蓝色）和活细胞（无色），并进行记录。

（3）比较。染色约30min后再次进行观察，注意死细胞数量是否增加。

3. 子囊孢子的染色与观察

（1）活化酵母。将酿酒酵母移种至新鲜的麦芽汁琼脂斜面上，培养24h，然后再转种2~3次。

（2）生孢培养。将经活化的菌种转移到醋酸钠培养基上，28℃培养7~10d。

（3）制片。在洁净载玻片的中央滴一小滴蒸馏水，用接种环于无菌条件下挑取少许菌苔至水滴上，涂布均匀，自然风干后在酒精灯火焰上热固定（水和菌均不要太多，涂布时应尽量涂开，否则将造成干燥时间长；热固定温度不宜太高，以免使菌体变形）。

（4）染色。滴加数滴孔雀绿染色液，1min后水洗；加95%乙醇脱色30s，水洗；最后用0.5%沙黄染色液复染30s，水洗，最后用吸水纸吸干。

（5）镜检。将染色片置于显微镜的载物台上，先用低倍镜，后用高倍镜进行观察，子囊孢子呈绿色，菌体和子囊呈粉红色。注意观察子囊孢子的数目、形状，并进行记录。

4. 假菌丝的观察

压片培养法：取新鲜的酵母菌在薄层马铃薯浸出汁琼脂培养基平板上划线接种2~3条，取无菌盖玻片盖在接种线上，于25~28℃培养4~5d后，打开皿盖，置于显微镜下直接观察划线的两侧所形成的假菌丝的形状。

三、霉菌的形态观察技术

霉菌的菌丝体分基内菌丝和气生菌丝，气生菌丝生长到一定阶段分化产生繁殖菌丝，由繁殖菌丝产生孢子。霉菌菌丝体（尤其是繁殖菌丝）及孢子的形态特征是识别不同种类霉菌的重要依据。霉菌菌丝和孢子的宽度通常比细菌和放线菌粗得多（为3~10μm），常是细菌菌体宽度的几倍至几十倍，因此，用低倍显微镜即可观察。观察霉菌的形态有多种方法，常用的有下列3种。

直接制片观察法：将培养物置于乳酸石炭酸棉蓝染色液中，制成霉菌制片镜检。此染色液制成的霉菌标本片其特点是：①细胞不变形；②具有杀菌防腐作用，且不易干燥，能保持较长时间；③溶液本身呈蓝色，有一定染色效果。

载玻片培养观察法：此法是接种霉菌孢子于载玻片上的适宜培养基上，培养后用显微镜观察。这种方法可观察霉菌自然生长状态下的形态。

玻璃纸培养观察法：为了得到清晰、完整、保持自然状态的霉菌形态还可利用玻璃纸透析培养法进行观察。此法是利用玻璃纸的半透膜特性及透光性，将霉菌生长在覆盖于琼脂培养基表面的玻璃纸上，然后将长菌的玻璃纸剪取一小片，贴放在载玻片上用显微镜观察。

（一）实验器材

曲霉、青霉、根霉、毛霉等斜面菌种，乳酸—石炭酸棉蓝染色液，查氏培养基平板，马铃薯培养基；无菌吸管，载玻片，盖玻片，解剖针，镊子，滤纸等。

（二）操作方法

1. 一般观察法

于洁净载玻片上，滴一滴乳酸—石炭酸棉蓝染色液，用解剖针从霉菌菌落的边缘处取少量带有孢子的菌丝置染色液中，再细心地将菌丝挑散开，然后小心地盖上盖玻片，注意不要产生气泡。置显微镜下先用低倍镜观察，必要时再换高倍镜。

2. 载玻片观察法

（1）将略小于培养皿底内径的滤纸放入皿内，再放上 U 形玻棒，其上放一洁净的载玻片，然后将两个盖玻片分别斜立在载玻片的两端，盖上皿盖，把数套（根据需要而定）如此装置的培养皿叠起，包扎好，用 121.3℃ 灭菌 20min 或干热灭菌，备用。

（2）将 6～7ml 灭菌的马铃薯葡萄糖培养基倒入直径为 9cm 的灭菌平皿中，待凝固后，用无菌解剖刀切成 0.5～1cm^2 的琼脂块，用刀尖铲起琼脂块放在已灭菌的培养皿内的载玻片上，每片上放置 2 块。

（3）用灭菌的尖细接种针或装有柄的缝衣针，取（肉眼方能看见的）一点霉菌孢子，轻轻点在琼脂块的边缘上，用无菌镊子夹着立在载玻片旁的盖玻片盖在琼脂块上，再盖上皿盖。

（4）在培养皿的滤纸上，加无菌的 20% 甘油数毫升，至滤纸湿润即可停加。将培养皿置 28℃ 培养一定时间后，取出载玻片置显微镜下观察。

第三节　生理生化试验

除了可以通过形态鉴别微生物外，某些微生物特有的生理生化反应也常常用于鉴别微生物和验证微生物的存在。微生物生化反应是指用化学反应来测定微生物的代谢产物。生化反应常用来鉴别一些在形态和其他方面不易区别的微生物，因此，微生物生化反应是微生物分类鉴定中的重要依据之一。

一、微生物对生物大分子的分解利用

微生物在生长繁殖过程中，需从外界吸收营养物质。小分子的有机物可以被微生物直接吸收，而大分子有机物必须靠产生的胞外酶将大分子物质降解为小分子的化合物，才能被吸收利用。如微生物对大分子物质淀粉、蛋白质和脂肪等不能直接利用，须经微生物分泌的胞外酶，如淀粉酶、蛋白酶、脂肪酶分别分解为糖、肽、氨基酸、脂肪酸等之后才能被微生物

吸收而进入细胞。水解过程可通过底物的变化来证明，如细菌水解淀粉的区域，用碘液测定不再显蓝色；水解明胶可观察到明胶被液化；脂肪水解后产生脂肪酸改变培养基的 pH 值，可使事先加有中性红的培养基从淡红色变为深红色。

各种微生物对生物大分子的分解能力以及最终代谢产物的不同，反映出它们具有不同的酶系。

（一）淀粉水解实验

（1）将淀粉培养基融化后，冷却至45℃左右，以无菌操作制成平板。

（2）用记号笔在平板背面的玻璃上做记号，将平板分成两半，一半接种大肠杆菌作为实验菌，另一半接种枯草芽孢杆菌作为阳性对照菌，均用无菌操作划线接种。

（3）于（36±1）℃培养24~48h。

（4）打开皿盖，滴加少量碘液于培养基表面，轻轻旋转平皿，使碘液铺满整个平板。立即检视结果，阳性反应（淀粉被分解）为琼脂培养基呈深蓝色、菌落周围出现无色透明环，阴性反应则无透明环。透明环的大小还能说明该菌水解淀粉能力的强弱。淀粉水解系逐步进行的过程，因而试验结果与菌种产生淀粉酶的能力、培养时间、培养基含有淀粉量和 pH 值等均有一定关系。培养基必须为中性或微酸性，以 pH 值为 7.2 最适。淀粉琼脂平板不宜保存于冰箱，因而以临用时制备为妥。

（二）明胶水解试验

（1）用接种针挑取待试菌培养物，以较大量穿刺接种于明胶培养基2/3深度。

（2）于20~22℃下培养2~5d后观察明胶液化情况。

明胶培养基亦可于（36±1）℃培养。每天观察结果，若因培养温度高而使明胶本身液化时应不加摇动，静置冰箱中待其凝固后，再观察其是否被细菌液化，如确被液化，即为试验阳性。

（三）油脂水解试验

（1）将熔化的油脂培养基冷却至50℃左右时，充分振荡，使油脂均匀分布，无菌操作倒入平板，冷却凝固。

（2）用记号笔在平板底部画成两部分，一半接种枯草芽孢杆菌作为试验菌，另一半接种金黄色葡萄球菌作为阳性对照菌。均用无菌操作画十字接种。

（3）将平板倒置，于37℃恒温箱中培养24h。

（4）培养结束后，观察菌苔颜色，如出现红色斑点，说明脂肪水解，为阳性反应。

二、微生物对含碳化合物的分解利用

不同细菌对含碳化合物的分解利用能力、代谢途径、代谢产物不完全相同，也就是说，不同微生物具有不同的酶系统。此外，即使在分子生物学技术和手段不断发展的今天，细菌的生理生化反应在菌株的分类鉴定中仍有很大作用。常见的含碳化合物代谢试验包括糖或醇发酵试验、甲基红（MR）试验、乙酰甲基甲醇（V-P）试验、柠檬酸盐利用试验及过氧化氢酶试验。

（一） 糖或醇发酵试验

1. 原理

糖发酵试验是最常用的生化反应，在肠道细菌的鉴定上尤为重要。不同细菌分解糖、醇的能力不同，有的细菌分解糖产酸产气，有的产酸而不产气，有的根本不能利用某些糖。酸的产生可以利用指示剂来证明，在配制培养基时可预先加入溴甲酚紫（变色范围 pH 值 5 ~ 7，pH 值为 5 时呈黄色，pH 值为 7 时呈紫色），当发酵产酸时，可使培养基由紫色变为黄色。有无气体的产生，可从培养液中倒置的杜汉氏管的上端有无气泡判断。

2. 试验方法

（1）接种。以无菌操作分别接种大肠杆菌、产气肠杆菌、普通变形杆菌于各类糖发酵培养基中，每种糖发酵培养液的空白对照均不接菌，做好标记。置 37℃恒温箱中培养，分别在培养 24h、48h 和 72h 时观察结果。

（2）观察记录。与对照管比较，若接种培养液保持原有颜色，其反应结果为阴性，表明该菌不能利用该种糖，记录用"－"表示；如培养液呈黄色，反应结果为阳性，表明该菌能分解该种糖产酸，同时观察培养液中的杜汉氏小管内有无气泡。若有，表明该菌分解糖能产酸并产气，记录用"⊕"表示；如杜汉氏小管内没有气泡表明该菌分解糖能产酸但不产气，记录用"＋"表示。

（二） 甲基红（MR）试验

1. 原理

某些细菌在糖代谢过程中，分解培养基中的糖产生丙酮酸，丙酮酸再被分解为甲酸、乙酸、乳酸等，使培养基的 pH 值降到 4.5 以下。酸的产生可由在培养液中加入甲基红指示剂的变色来指示。甲基红的变色范围 pH 值 4.2 ~ 6.3，pH 值为 4.2 时呈红色，pH 值为 6.3 时呈黄色。若培养基由原来的橘黄色变为红色，即为甲基红试验阳性。

2. 试验方法

（1）接种。以无菌操作分别接种大肠杆菌、产气肠杆菌、普通变形杆菌至葡萄糖蛋白胨培养液试管中，空白对照管不接菌，做好标记，置 37℃恒温箱中，培养 48 ~ 72h。

（2）观察记录。取出以上试管，沿管壁各加入 2 ~ 3 滴甲基红指示剂。仔细观察培养液上层，若培养液上层变成红色，记录为 MR 试验阳性反应（用"＋"表示）；若仍呈黄色，记录为 MR 试验阴性反应（用"－"表示）。

（三） 乙酰甲基甲醇（V－P）试验

1. 原理

V－P 试验又称为伏普试验。某些细菌可分解葡萄糖产生丙酮酸，丙酮酸通过缩合和脱羧反应产生乙酰甲基甲醇，此物在碱性条件下能被空气中的氧气氧化成二乙酰。二乙酰可以与培养基中蛋白胨的精氨酸的胍基作用，生成红色化合物。所以，培养液中有红色化合物产生即为 V－P 试验阳性，无红色化合物产生即为 V－P 试验阴性。

2. 试验方法

（1）接种。以无菌操作分别接种大肠杆菌、产气肠杆菌、普通变形杆菌至葡萄糖蛋白胨培养液试管中，空白对照管不接菌，做好标记，置37℃恒温箱中，培养48～72h。

（2）观察记录。取出以上试管，在培养液中先加入 V－P 试剂甲液 0.6ml，再加乙液 0.2ml，振荡 2min 充分混匀，以使空气中的氧溶入，置37℃恒温箱中保温 15～30min 后，若培养液呈红色，记录为 V－P 试验阳性反应（用"＋"表示），若不呈红色，记录为 V－P 试验阴性反应（用"－"表示）。

注意：结果要在加入 V－P 试剂后 1h 内观察，1h 后可能出现假阳性。

（四）柠檬酸盐利用试验

1. 原理

不同细菌利用柠檬酸盐的能力不同，有的细菌能利用柠檬酸盐作为碳源，有的则不能。某些细菌利用柠檬酸盐将其分解为 CO_2，随后形成碳酸盐使培养基碱性增加，可根据培养基中添加的指示剂的变色来判断结果。指示剂可用溴麝香草酚蓝（pH 值＜6 时呈黄色，pH 值为 6～7.6 时呈绿色，pH 值＞7.6 时呈蓝色）；也可用酚红作为指示剂（pH 值为 6.3 时呈黄色，pH 值为 8.0 时呈红色）。

2. 试验方法

（1）接种。以无菌操作分别接种大肠杆菌、产气肠杆菌、普通变形杆菌至柠檬酸钠发酵管中，空白对照管不接菌，做好标记，置37℃恒温箱中，培养 24～48h。

（2）观察记录。取出以上试管观察，培养基呈蓝色者为柠檬酸盐试验阳性反应（用"＋"表示）；培养基呈绿色者为柠檬酸盐试验阴性反应（用"－"表示）。

（五）过氧化氢酶试验

1. 原理

某些细菌在有氧条件下生长，其呼吸链以氧为最终氢受体，形成 H_2O_2，H_2O_2 的形成可以看做是糖需氧分解的氧化末端产物。由于其细胞内有过氧化氢酶，故可将有毒的 H_2O_2 分解成无毒的 H_2O，并放出氧气，出现气泡。

2. 试验方法

（1）将试验菌接种于合适的培养基斜面上，适温培养 18～24h。

（2）取一片干净的载玻片，在上面滴一滴 3%～10% H_2O_2 溶液。挑一环培养好的试验菌菌苔，在 H_2O_2 溶液中涂抹。若产生气泡（氧气）为过氧化氢酶阳性反应（用"＋"表示），不产生气泡者为阴性反应（用"－"表示）。

注意：培养试验菌的斜面培养基中不能含有血红素或红细胞，因为它们也会促使 H_2O_2 分解，从而产生假阳性。

三、微生物对含氮化合物的分解利用

不同细菌对含氮化合物的分解利用能力、代谢途径、代谢产物不完全相同，也就是说，不同微生物具有不同的酶系统。此外，微生物对含氮化合物的分解利用的生理生化反应也是菌种分类鉴定的重要依据。微生物对含氮化合物的分解利用试验包括吲哚试验、硫化氢产生试验、产氨试验、硝酸盐还原试验及苯丙氨酸脱氢酶试验。

（一）吲哚试验

1. 原理

有些细菌可分解培养基内蛋白胨中的色氨酸产生吲哚，有些则不能。分解色氨酸产生的吲哚可与对二甲基氨基苯甲醛结合，形成红色的玫瑰吲哚。

2. 试验方法

（1）接种供试菌于蛋白胨水培养基中，空白对照管不接菌，做好标记，置37℃恒温箱中培养24～48h。

（2）在培养液中加入乙醚1ml充分振荡，使产生的吲哚溶于乙醚中，静置几分钟，待乙醚层浮于培养液上面时，沿管壁加入吲哚试剂10滴。如吲哚存在，则乙醚层呈玫瑰红色。

注意：加入吲哚试剂后，不可再摇动，否则，红色不明显。吲哚试验（Indol test）与前述的甲基红试验（Methylred test，MR试验）、乙酰甲基甲醇试验（Vogesprokauer test，V－P试验）和柠檬酸盐试验（Citrate test）合称为IMViC试验，是四个主要用来鉴别大肠杆菌和产气肠杆菌等肠道杆菌的试验。典型的大肠杆菌IMViC试验的结果依次是"＋＋－－"，不典型的也可以是"＋－－－"，而产气肠杆菌是"－－＋＋"。

（二）硫化氢产生试验

1. 原理

有些细菌能分解蛋白质中含硫的氨基酸（如胱氨酸、半胱氨酸、甲硫氨酸）产生硫化氢，硫化氢遇到培养基中的铅盐或铁盐，可产生黑色硫化铅或硫化铁沉淀，从而可以确定硫化氢的产生。

2. 试验方法

（1）取供试菌接种于H_2S微量发酵管，空白对照管不接菌，做好标记，置37℃恒温箱中培养24h。

（2）观察结果。培养液出现黑色为阳性反应，以"＋"表示；无色为阴性，以"－"表示。

（三）产氨试验

1. 原理

某些细菌能使蛋白质中的氨基酸在各种条件下脱去氨基，生成各种有机酸和氨，氨的产生可通过与氨试剂（如奈氏试剂）起反应而加以鉴定。

2. 试验方法

（1）以无菌操作分别接种供试菌至牛肉膏蛋白胨培养液试管中，空白对照管不接菌，做好标记，置37℃恒温箱中，培养24h。

（2）观察记录。取出以上试管，向培养液内各加入3～5滴氨试剂。若培养液中出现黄色（或棕红色）沉淀者为阳性反应（用"＋"表示）；不出现上述沉淀的为阴性反应（用"－"表示）。

（四）硝酸盐还原试验

1. 原理

有些细菌能将硝酸盐还原为亚硝酸盐（另一些细菌还能进一步将亚硝酸盐还原为一氧

化氮、二氧化氮和氮等）。如果向培养基中加入对氨基苯磺酸和 α–萘胺（格氏亚硝酸试剂的主要成分），会形成红色的重氮染料对磺胺苯基偶氮 α–萘胺。

2. 试验方法

（1）接种供试菌于硝酸盐还原试验培养基中，空白对照管不接菌，做好标记，置 37℃ 恒温箱中，培养 18～24h。

（2）结果观察。把对照管培养液分成两半，一半直接加入格里斯氏试剂，应不显红色；另一半加入少量锌粉，加热，再加入格里斯氏试剂，出现红色，说明培养基中存在着硝酸盐。

把接种过的培养液也各分成两半，其中一半加入格里斯氏试剂，如出现红色，则为硝酸盐还原阳性反应（用 "＋" 表示）。如不出现红色，则在另一半中加入少量锌粉，加热，再加入格里斯氏试剂，这时如果出现红色，则证明硝酸盐仍然存在，应为硝酸盐还原阴性反应（用 "－" 表示）；如仍不出现红色，则说明硝酸盐已被还原，应为硝酸盐还原阳性反应（用 "＋" 表示）。

（五）苯丙氨酸脱氢酶试验

1. 原理

有些细菌能分解苯丙氨酸，苯丙氨酸脱氨后产生苯丙酮酸，苯丙酮酸与 $FeCl_3$ 反应形成绿色化合物。

2. 试验方法

（1）将供试菌分别接种到苯丙氨酸斜面培养基上（接种量要大），置 37℃ 恒温箱中，培养 18～24h。

（2）在培养好了的菌种斜面上滴加 2～3 滴 10% 的 $FeCl_3$ 溶液，从培养物上方流到下方，呈现绿色的为阳性反应（用 "＋" 表示），否则为阴性反应（用 "－" 表示）。

四、酶类试验

（一）氧化酶试验

氧化酶（细胞色素氧化酶）是细胞色素呼吸酶系统的最终呼吸酶。具有氧化酶的细菌，首先使细胞色素 C 氧化，再由氧化的细胞色素 C 使对苯二胺氧化，生成有色的醌类化合物。

常用方法有 3 种：①菌落法：直接滴加试剂于被检菌菌落上。②滤纸法：取洁净滤纸一小块，沾取菌少许，然后加试剂。③试剂纸片法：将滤纸片浸泡于试剂中制成试剂纸片，取菌涂于试剂纸上。

细菌在与试剂接触 10s 内呈深紫色，为阳性。为保证结果的准确性，分别以铜绿假单胞菌和大肠埃希菌作为阳性和阴性对照。

主要用于肠杆菌科细菌与假单胞菌的鉴别，前者为阴性，后者为阳性。奈瑟菌属、莫拉菌属细菌也呈阳性反应。

（二）过氧化氢酶试验（触酶试验）

具有过氧化氢酶的细菌，能催化过氧化氢生成水和新生态氧，继而形成分子氧出现气泡。取菌置于洁净的试管内或玻片上，然后滴加3%过氧化氢数滴；或直接滴加3%过氧化氢于不含血液的细菌培养物中，立即观察结果。有大量气泡产生者为阳性，不产生气泡者为阴性。革兰阳性球菌中，葡萄球菌和微球菌均产生过氧化氢酶，而链球菌属为阴性，故此试验常用于革兰氏阳性球菌的初步分群。

（三）硝酸盐还原试验

被检菌接种于硝酸盐培养基中，于35℃培养1~4d，将甲液（对氨基苯磺酸0.8g+5mol/L醋酸100ml）、乙液（α-萘胺0.5g+5mol/L醋酸100ml）等量混合后（约0.1ml）加入培养基内，立即观察结果。出现红色为阳性。若加入试剂后无颜色反应，可能是硝酸盐没有被还原，试验阴性；或者硝酸盐被还原为氨和氮等其他产物而导致假阴性结果，这时应在试管内加入少许锌粉，如出现红色则表明试验确实为阴性。若仍不产生红色，表示试验为假阴性。若要检查是否有氮气产生，可在培养基管内加一小倒管，如有气泡产生，表示有氮气生成。本试验在细菌鉴定中广泛应用。肠杆菌科细菌均能还原硝酸盐为亚硝酸盐；铜绿假单胞菌、嗜麦芽窄食单胞菌等假单胞菌可产生氮气；有些厌氧菌如韦荣球菌等试验结果也为阳性。

（四）脂酶试验

将被检菌接种于上述培养基中，于37℃培养24h。培养基变为蓝色为阳性，阴性为粉红色或无色。主要用于厌氧菌的鉴别。类杆菌属中的中间类杆菌产生脂酶，其他类杆菌则为阴性；芽孢梭菌属中产芽孢梭菌、肉毒梭菌和诺维梭菌也有此酶，而其他梭菌为阴性。

（五）卵磷脂酶试验

将被检菌划线接种或点种于卵黄琼脂平板上，于35℃培养3~6h。若3h后在菌落周围形成乳白色混浊环，即为阳性，6h后混浊环可扩展至5~6mm。主要用于厌氧菌的鉴定。产气荚膜梭菌、诺维梭菌产生此酶，其他梭菌为阴性。

（六）DNA酶试验

将被检菌点种于上述平板上，于35℃培养18~24h，然后用1mol/L盐酸覆盖平板，观察结果。在菌落周围出现透明环为阳性，无透明环为阴性。在革兰氏阳性球菌中只有金黄色葡萄球菌产生DNA酶，在肠杆菌科中沙雷菌和变形杆菌产生此酶，故本试验可用于细菌的鉴别。

（七）凝固酶试验

致病性葡萄球菌可产生两种凝固酶。一种是结合凝固酶，结合在细胞壁上，使血浆中的纤维蛋白原变成纤维蛋白而附着于细菌表面，发生凝集，可用玻片法测出。另一种是分泌至菌体外的游离凝固酶，作用类似凝血酶原物质，可被血浆中的协同因子激活变为凝血酶样物质，而使纤维蛋白原变成纤维蛋白，从而使血浆凝固，可用试管法测出。

（1）玻片法。兔血浆和盐水各一滴，分别置于洁净的玻片上，挑取被检菌分别与血浆和盐水混合。

（2）试管法。取试管2支，各加0.5ml人或兔血浆，挑取被检菌和阳性对照菌分别加入血浆中并混匀，于37℃水浴3~4h。

玻片法以血浆中有明显的颗粒出现而盐水中无自凝现象判为阳性；试管法以血浆凝固判为阳性。作为鉴定葡萄球菌致病性的重要指标，也是葡萄球菌鉴别时常用的一个试验。

（八）CAMP 试验

先以产 β-溶血素的金黄色葡萄球菌划一横线接种于血琼脂平板上，再将被检菌与前一划线作垂直划线接种，两线不能相交，相距0.5~1cm，于37℃培养18~24h，观察结果。每次试验都应设阴性和阳性对照。在两划线交界处出现箭头样的溶血区为阳性。在链球菌中，只有B群链球菌CAMP试验阳性，故可作为特异性鉴定。

（九）胆汁溶菌试验

胆汁或胆盐可溶解肺炎链球菌，可能是由于胆汁降低细胞膜表面的张力，使细胞膜破损或使菌体裂解；或者是由于胆汁加速了肺炎链球菌本身自溶过程，促使细菌发生自溶。

（1）平板法。取10%去氧胆酸钠溶液于接种环，滴加于被测菌的菌落上，置35℃条件下30min后观察结果。

（2）试管法。被检菌培养物2支，各0.9ml，分别加入10%去氧胆酸钠溶液和生理盐水（对照管）0.1ml，摇匀后置35℃水浴10~30min，观察结果。

平板法以"菌落消失"判为阳性；试管法以"加胆盐的培养物变透明，而对照管仍混浊"判为阳性。主要用于肺炎链球菌与甲型链球菌的鉴别，前者阳性，后者阴性。

第四节　血清学试验

一、抗原

抗原（Antigen，Ag）是指能与T细胞、B淋巴细胞的TCR（T细胞抗原识别受体）或BCR（B细胞抗原识别受体）结合，促使其增殖、分化，产生抗体或致敏淋巴细胞，并与之结合，进而发挥免疫效应的物质。抗原一般具备两个重要特性：一是免疫原性，即抗原刺激机体产生免疫应答，诱导产生抗体或致敏淋巴细胞的能力；二是抗原性，即抗原与其所诱导产生的抗体或致敏淋巴细胞特异性结合的能力。同时具有免疫原性和抗原性的物质称免疫原，又称完全抗原，即通常所称的抗原；仅具备抗原性的物质，称为不完全抗原，又称半抗原。

一般而言，具有免疫原性的物质均同时具备抗原性，即均属完全抗原。半抗原若与大分子蛋白质或非抗原性的多聚赖氨酸等载体（Carrier）交联或结合也可成为完全抗原。例如，许多小分子化合物及药物属半抗原，与血清蛋白结合可成为完全抗原，并介导超敏反应（如青霉素过敏）。能诱导变态反应的抗原又称为变应原；可诱导机体产生免疫耐受的抗原又称为耐受原。

二、抗体

免疫球蛋白（Immunoglobulin，Ig）是指存在于人和动物血液（血清）、组织液及其他外分泌液中的一类具有相似结构的球蛋白。过去曾称为 γ 球蛋白，在 1968 年和 1972 年两次国际会议上决定以 Ig 表示。依据化学结构和抗原性差异，免疫球蛋白可分为 IgG、IgM、IgA、IgE 和 IgD。

动物机体受到抗原物质刺激后，由 B 淋巴细胞转化为浆细胞产生的、能与相应抗原发生特异性结合反应的免疫球蛋白，称为抗体。抗体的本质是免疫球蛋白，它是机体对抗原物质产生免疫应答的重要产物，具有各种免疫功能，主要存在于动物的血液（血清）、淋巴液、组织液及其他外分泌液中，因此将抗体介导的免疫称为体液免疫。有的抗体可与细胞结合，如 IgG 可与 T、B 淋巴细胞，K 细胞，巨噬细胞等结合，IgE 可与肥大细胞和嗜碱性粒细胞结合，这类抗体称为亲细胞性抗体。此外，在成熟的 B 细胞表面具有抗原受体，其本质也是免疫球蛋白，称为膜表面免疫球蛋白。

免疫球蛋白的分子结构如下。

（一）单体分子结构

所有种类免疫球蛋白的单体分子结构都是相似的，即是由两条相同的重链和两条相同的轻链四条肽链构成的 "Y" 字形的分子（图 3 - 4）。IgG、IgE、血清型 IgA、IgD 均是以单体分子形式存在的，IgM 是以 5 个单体分子构成的五聚体，分泌型的 IgA 是以二个单体构成的二聚体。

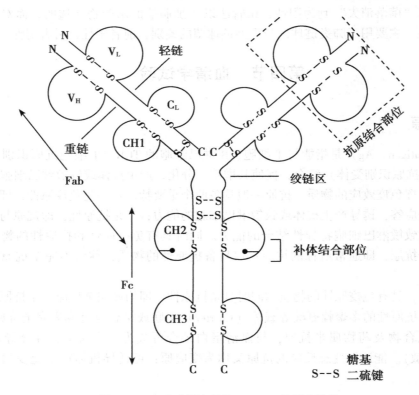

图 3 - 4　免疫球蛋白单体（IgG）的基本结构

（1）重链（Heavy chain）。又称 H 链，由 420 ~ 440 个氨基酸组成，相对分子质量为

50 000～77 000，两条重链之间由一对或一对以上的二硫键互相连接。

重链从氨基端（N 端）开始最初的 110 个氨基酸的排列顺序以及结构随抗体分子的特异性不同而有所变化，这一区域称为重链的可变区（Variable region，VH），其余的氨基酸比较稳定，称为恒定区（Constant region，CH）。在重链的可变区内，有 4 个区域（氨基酸残基位置分别位于 31～37、51～58、84～91、101～110）的氨基酸变异度最大，称为高变区（Hypervariable region），其余的氨基酸变化较小，称为骨架区（Framework region）。

免疫球蛋白的重链有 γ、μ、α、ε、δ 五种类型，由此决定了免疫球蛋白的类型，IgG、IgM、IgA、IgE 和 IgD 分别具有上述的重链。因此，同一种动物，不同免疫球蛋白的差别就是由重链所决定的。

（2）轻链（Light chain）。又称 L 链，由 213～214 个氨基酸组成，相对分子质量约为 22 500。两条相同的轻链其羧基端（C 端）靠二硫键分别与两条重链连接。轻链从 N 端开始最初的 109 个氨基酸的排列顺序及结构随抗体分子的特异性变化而有差异，称为轻链的可变区（VL）与重链的可变区相对应，构成抗体分子的抗原结合部位，其余的氨基酸比较稳定，称为恒定区（CL）。在轻链的可变区内部有三个高变区（氨基酸残基位置位于 26～32、48～55、90～95），其氨基酸变化特别大，其余的氨基酸变化较小，称为骨架区。免疫球蛋白的轻链根据其结构和抗原性的不同可分为 κ（Kappa）型和 λ（Lambda）型，各类免疫球蛋白的轻链都是相同的，而各类免疫球蛋白都有 κ 型和 λ 型两型轻链分子。

（二）免疫球蛋白的功能区

免疫球蛋白的多肽链分子可折叠形成几个由链内二硫键连接成的环状球形结构，这些球形结构称为免疫球蛋白的功能区（Domain）。IgG、IgA、IgD 的重链有 4 个功能区，其中有一个功能区在可变区，其余的在恒定区，分别称为 VH、CH1、CH2、CH3；IgM 和 IgE 有 5 个功能区，即多了一个 CH4。轻链有两个功能区，即 VL 和 CL，分别位于可变区和恒定区。免疫球蛋白的每一个功能区都是由约 110 个氨基酸组成，虽功能不同但结构上具有明显的相似性，表明这些功能区最初可能是由单一基因编码的，通过基因复制和突变衍生而成。此外，在两条重链之间二硫键连接处附近的重链恒定区，即 CH1 与 CH2 之间大约 30 个氨基酸残基的区域为免疫球蛋白的铰链区（Hinge region），此部位含较多的脯氨酸，与抗体分子的构型变化有关。

（三）免疫球蛋白的特殊分子结构

免疫球蛋白还具有一些特殊分子结构，如连接链、分泌成分、糖类等为个别免疫球蛋白所具有。

（1）连接链（Joining chain）。又称 J 链，在免疫球蛋白中，IgM 是由 5 个单体分子聚合而成的五聚体（Pentamer），分泌型的 IgA 是由二个单体分子聚合而成的二聚体（Dieter），这些单体之间就是依靠 J 链连接起来的。J 链是一条相对分子质量为 20 000 的多肽链，内含 10% 糖成分，富含半胱氨酸残基，它是由产生 IgM、IgA 的同一浆细胞所合成的，可能在 IgM、IgA 释放之前即与之结合，因此 J 链起稳定多聚体的作用，它以二硫键的形式与免疫球蛋白的 Fc 片段共价结合。

（2）分泌成分（Secretory component，SC）。分泌成分是分泌型 IgA 所特有的一种特殊结构，相对分子质量为 60 000 ~ 70 000 的多肽链，含 6% 糖成分。它是由局部黏膜的上皮细胞所合成的，在 IgA 通过黏膜上皮细胞的过程中 SC 与之结合形成分泌型的二聚体。SC 的作用为促进上皮细胞从组织中吸收分泌型 IgA，并将其释放于胃肠道和呼吸道内；同时 SC 可防止 IgA 在消化道内被蛋白酶所降解，从而使 IgA 能发挥免疫作用。

（3）糖类（Carbohydrate）。免疫球蛋白是含糖量相当高的蛋白，特别是 IgM 和 IgA。糖的结合部位因免疫球蛋白种类而有差异，如 IgG 在 CH2 区，IgM、IgA、IgE、IgD 在 C 区和铰链区。糖类可能在 Ig 的分泌过程中起着重要作用，并可使免疫球蛋白分子易溶和具有防止其分解的作用。

三、血清学反应

抗原与抗体的特异性结合既会在体内发生，也可以在体外进行，体外进行的抗原抗体反应习惯上称作血清学反应（Serological reaction）。这是由于传统免疫学技术多采用人或动物的血清作为抗体的标本来源，但现代的抗原抗体反应早已突破了血清学时代的概念。抗原和抗体的体外反应是应用最为广泛的一种免疫学技术，为疾病的诊断、抗原和抗体的鉴定及定量提供了良好的方法。

（一）血清学反应的一般规律

1. 抗原抗体结合的胶体形状变化

抗体是球蛋白，大多数抗原亦为蛋白质，它们溶解在水中皆为胶体溶液，不会发生自然沉淀。这种亲水胶体的形成是因蛋白质含有大量的氨基和羧基残基，在溶液中带有电荷，由于静电作用，在蛋白质分子周围出现了带电荷的电子云。如在 pH 值为 7.4 时，某蛋白质带负电荷，其周围出现极化的水分子和阳离子，这样就形成了水化层，再加上电荷的相斥，蛋白质不会自行聚合而产生沉淀。

2. 抗原抗体作用的结合力

抗原抗体的结合实质上是抗原表位与抗体超变区中抗原结合位点之间的结合。由于两者在化学结构和空间构型上呈互补关系，所以抗原与抗体的结合具有高度的特异性。例如白喉抗毒素只能与其相应的外毒素结合，而不能与破伤风外毒素结合。但较大分子的蛋白质常含有多种抗原表位。如果两种不同的抗原分子上有相同的抗原表位，或抗原、抗体间构型部分相同，皆可出现交叉反应。抗原的特异性取决于抗原决定簇的数目、性质和空间构型。而抗体的特异性则取决于 Fab 片段的可变区与相应抗原决定簇的结合能力。抗原与抗体不是通过共价键，而是通过很弱的短距引力而结合，如范德华引力、静电引力、氢键及疏水性作用等。

3. 抗原抗体结合的比例

在抗原抗体特异性反应时，生成结合物的量与反应物的浓度有关。无论是在一定量的抗体中加入不同量的抗原，还是在一定量的抗原中加入不同量的抗体，只有在两者分子比例合适时才出现最强的反应。以沉淀反应为例，若向一排试管中加入一定量的抗体，然后依次向各管中加入递增量的相应可溶性抗原，根据所形成的沉淀物及抗原抗体的比例关系可绘制出反应曲线，曲线的高峰部分就是抗原抗体分子比例合适的范围，称为抗原抗体反应的等价带（Zone of equivalence）。

在此范围内，抗原抗体充分结合，沉淀物形成快而多。反应最快，沉淀物形成最多，上清液中几乎无游离抗原或抗体存在，表明抗原与抗体浓度的比例最为合适，称为最适比。当抗原或抗体过量时，由于其结合价不能相互饱和，就只能形成较小的沉淀物或可溶性抗原抗体复合物，无沉淀物形成，称为带现象（Zone phenomenon）。抗体过量时，称为前带（Prezone）；抗原过剩时，称为后带（Postzone）。

4. 抗原与抗体结合的可逆性

抗原与抗体结合有高度特异性，这种结合虽相当稳定，但为可逆反应。因抗原与抗体两者为非共价键结合，不形成稳定的共价键，因此在一定条件下可以解离。两者结合的强度，在很大程度上取决于特异性抗体 Fab 段与其抗原决定簇立体构型吻合的程度。任何抗血清中总会含有比较适合的、结合力强的抗体和一些不很适合的、结合力弱的抗体。若抗原抗体两者适合性良好，则结合十分紧密，解离的可能性就小，这种抗体称为高亲和力抗体。反之，适合性较差，就容易解离，称为低亲和力抗体。如毒素与抗毒素结合后，毒性被中和，若稀释或冻融，使两者分离，其毒性又重现。

抗原抗体复合物的解离取决于两方面的因素：一是抗体对相应抗原的亲和力；二是环境因素对复合物的影响。解离后的抗原或抗体均能保持未结合前的结构、活性及特异性。在环境因素中，凡是减弱或消除抗原抗体亲和力的因素都会使逆向反应加快，复合物解离增加。如 pH 值改变，过高或过低的 pH 值均可使离子间静电引力消失。对亲和力本身较弱的反应体系而言，仅增加离子强度即可解离抗原抗体复合物。

5. 抗原抗体反应的阶段性

第一阶段为抗原抗体特异性结合，需时短，仅几秒到几分钟的时间。第二阶段为可见反应阶段，需时较长，数分钟到数日，表现为凝集、沉淀、细胞溶解等。

（二）血清抗体

用抗原反复多次注射同一动物体，能够产生含有高效价的血清抗体，含有抗体的血清被称为免疫血清（Immune serum）或抗血清（Antiserum）。由于抗原分子具有多种抗原决定簇，每一种决定簇可激活具有相应抗原受体的 B 细胞产生针对某一抗原决定簇的抗体。因此，将抗原注入机体所产生的抗体是针对多种抗原决定簇的混合抗体，故称之为多克隆抗体（Polyclonal antibodies）。

血清的保存方法：

做免疫学试验时，虽然血清不需要无菌，但应该避免污染，因为试验往往是在适于细菌繁殖的温度下进行的。细菌繁殖会干扰试验，甚至破坏抗体。

若条件许可，血清应在 −20℃ 的冰箱中保存。如果适当地避免细菌污染，血清可在普通冰箱中或在工作台上保存数天。为防止细菌污染，血清中最好加入少量防腐剂，如 0.1% 叠氮钠、0.01% 硫柳汞、0.25% 石炭酸或等量的中性甘油，但需注明血清样品已加入的防腐剂名称，因为有些防腐剂可以干扰要进行的试验。亦可将抗血清冷冻干燥后保存。

（三）影响血清学反应的因素

影响抗原抗体反应的因素很多，既有反应物自身的因素，亦有环境条件因素。

1. 抗体

抗体是血清学反应中的关键因素，它对反应的影响可来自以下几个方面：

（1）抗体的来源。不同动物的免疫血清，其反应性也存在差异。家兔等多数实验动物的免疫血清具有较宽的等价带，通常在抗原过量时才易出现可溶性免疫复合物；人和马免疫血清的等价带较窄，抗原或抗体的少量过剩便易形成可溶性免疫复合物；家禽的免疫血清不能结合哺乳动物的补体，并且在高盐浓度（NaCl 50g/L）溶液中沉淀现象才表现明显。

（2）抗体的浓度。血清学反应中，抗体的浓度往往是与抗原相对而言。为了得到合适的浓度，在许多实验之前必须认真滴定抗体的水平，以求得最佳实验结果。

（3）抗体的特异性与亲和力。抗体的特异性与亲和力是血清学反应中的两个关键因素，但这两个因素往往难以两全其美。例如，早期获得的动物免疫血清特异性较好，但亲和力偏低；后期获得的免疫血清一般亲和力较高，但长期免疫易使免疫血清中抗体的类型和反应性变得复杂；单克隆抗体的特异性毋庸置疑，但其亲和力较低，一般不适用于低灵敏度的沉淀反应或凝集反应。

2. 抗原

抗原的理化性状、抗原决定簇的数目和种类等均可影响血清学反应的结果。例如可溶性抗原与相应抗体可产生沉淀反应，而颗粒性抗原的反应类型是凝集；单价抗原与抗体结合不出现可见反应；粗糙型细菌在生理盐水中易发生自凝，这些都需要在实验中加以注意。

3. 电解质

抗原与抗体发生特异性结合后，虽由亲水胶体变为疏水胶体，若溶液中无电解质参加，仍不出现可见反应。电解质是抗原抗体反应系统中不可缺少的成分，它可使免疫复合物出现可见的沉淀或凝集现象。为了促使沉淀物或凝集物的形成，一般用浓度 8.5g/L 的 NaCl 溶液作为抗原和抗体的稀释剂与反应溶液。特殊需要时也可选用较为复杂的缓冲液，例如在补体参与的溶细胞反应中，除需要等渗 NaCl 溶液外，适量的 Mg^{2+} 和 Ca^{2+} 的存在可得到更好的反应结果。如果反应系统中电解质浓度低甚至无，抗原抗体不易出现可见反应，尤其是沉淀反应。但如果电解质浓度过高，则会出现非特异性蛋白质沉淀，即盐析。

4. 酸碱度

适当的 pH 值是血清学反应取得正确结果的另一影响因素。抗原抗体反应必须在合适的 pH 值环境中进行。蛋白质具有两性电离性质，因此每种蛋白质都有固定的等电点。血清学反应一般在 pH 值 6~9 的范围内进行，超出这个范围，不管过高还是过低，均可直接影响抗原或抗体的反应性，导致假阳性或假阴性结果。但是不同类型的抗原抗体反应又有不同的 pH 值合适范围，这是许多因素造成的。

5. 温度

抗原抗体反应的温度适应范围比较宽，一般在 15~40℃ 的范围内均可以正常进行。但若温度高于 56℃ 时，可导致已结合的抗原抗体再解离，甚至变性或破坏。在 40℃ 时，结合速度慢，但结合牢固，更易于观察。常用的抗原抗体反应温度为 37℃。但每种试验都可能有其独特的最适反应温度，例如，冷凝集素在 4℃ 左右与红细胞结合最好，20℃ 以上反而解离。

6. 时间

时间本身不会对抗原抗体反应主动施加影响，但是实验过程中观察结果的时间不同可能会看到不同的结果，这一点往往被忽略。时间因素主要由反应速度来体现，反应速度取决于抗原抗体亲和力、反应类型、反应介质、反应温度等因素。例如，在液相中抗原抗体反应很快达到平衡，但在琼脂中就慢得多。另外，所有免疫试验的结果都应在规定的时间内观察。

（四）血清学反应的应用

血清学检查是一种特异性的诊断方法。根据抗原抗体结合形成免疫复合物的性状与活性特点，对样品中的抗原或抗体进行定性、定位或定量的检测，广泛用于临床检查，以进行疾病诊断和流行病学调查。

1. 抗原抗体的定性检测

（1）检测抗体。抗体检测可用于评价人和动物免疫功能的指标。抗体用于临床治疗或实验研究时也需做纯度测定。临床上检测抗病原生物的抗体、抗过敏原的抗体、抗 HLA 抗原的抗体、血型抗体及各种自身抗体，对有关疾病的诊断有重要意义。

用于研究动物免疫状态的技术，都是以检查和测定血清中和其他体液中的抗体为基础的。其中的大多数是在体外进行的，而且用肉眼可见其结果的免疫反应，如沉淀、凝集或溶解等。被检出的免疫球蛋白，可能是在免疫应答中所产生的全部或其中一部分，这要看所用的检验方法如何而定。

动物血清中存在抗体，说明该动物曾经与同源抗原接触过。抗体的出现意味着动物现在正患病或过去患过病，或意味着动物接种疫苗已经产生效力。如果在一个时期内测定抗体几次，就有可能判明出现的抗体是由哪种情况产生的。如果抗体水平迅速升高，表明感染正在被克服。如果抗体水平下降，表示这些抗体可能是传染病或接种疫苗的残余抗体。接种疫苗后测定抗体，可以明确人工免疫疗效的程度，而作为以后是否需要再接种疫苗的参考。

（2）检测抗原。可作为抗原进行检测的物质分为以下 4 类。

①各种微生物及其大分子产物。用于传染病诊断、微生物的分类及鉴定，以及对菌苗、疫苗的研究。

②生物体内各种大分子物质。包括各种血清蛋白（如各类免疫球蛋白、补体的各种成分）、可溶性血型物质、多肽类激素、细胞因子及癌胚抗原等均可作为抗原进行检测，在对这些成分的生物学作用的研究以及各种疾病的诊断有重要意义。

③人和动物细胞的表面分子。包括细胞表面各种分化抗原（如 CD 抗原）、同种异型抗原（血型抗原或 MHC 抗原）、病毒相关抗原和肿瘤相关抗原等。检测这些抗原对各种细胞的分类、分化过程及功能研究，对各种与免疫有关的疾病的诊断及发病机制的研究，均有重要意义。

④各种半抗原物质。某些药物、激素和炎症介质等属于小分子的半抗原，可以分别将它们偶联到大分子的载体上，组成人工结合的完全抗原。用其免疫动物，制备出各种半抗原的抗体，应用于各种半抗原物质的检测，例如对血液中药物浓度的监测，或对违禁药品的检测，都是应用半抗原检测的方法。

2. 抗原的定位检测

利用免疫组织化学技术，采用已知的抗体对相应抗原定位测定。它把抗原抗体反应的特异性和组织化学的可见性巧妙地结合起来，借助显微镜（包括荧光显微镜、电子显微镜）的显像和放大作用，在细胞、亚细胞水平检测各种抗原物质，如蛋白质、多糖、酶、激素、病原体以及受体等，并可在原位显示相应的基因和基因表达产物。

3. 抗原或抗体的定量检测

对抗原或抗体进行定量检测时，反应中加入抗原和抗体的浓度与形成免疫复合物的浓度呈函数关系。

（1）根据免疫复合物产生的多少来推算样品中抗原（或抗体）的含量。在一定的反应条件下，加入一定量的已知抗体（或抗原），反应产生的免疫复合物多少与待检样品中含有相应抗原（或抗体）的量成正比。也就是抗体浓度一定时，免疫复合物越多则样品中的抗原量也越多。可用实验性标准曲线推算出样品中抗原（或抗体）的含量。如免疫单向扩散试验、免疫比浊试验和酶联免疫检测等都属于这类方法。

（2）抗原或抗体效价滴定。当抗原抗体复合物形成的多少不能反映抗原抗体反应强弱时，就不能以检测反应强度来对抗原或抗体进行定量。在实际工作中，把浓度低的反应成分（抗原或抗体）的浓度固定，把浓度高的另一种反应成分做一系列稀释。

（3）免疫组化技术对抗原检测。免疫组化技术近年来得到迅速发展。20世纪50年代还仅限于免疫荧光技术，60年代以后逐渐发展建立起高度敏感，且更为实用的免疫酶技术。特别是过氧化物酶—抗过氧化物酶技术，这是一种具有较高敏感性的新方法。胶体金（银）技术、胶体铁技术也逐渐受到人们的重视。与此同时，亲合细胞化学在免疫组化中占有重要位置，特别是与基因探针、核酸分子杂交、原位 PCR 等技术相结合，使免疫组织化学进入一个新的发展阶段。图像分析、流式细胞仪的应用，使免疫细胞化学定量分析技术提高到了更精确的水平。

四、常用的血清学检验方法

（一）凝集反应

细菌、螺旋体、红细胞等颗粒性抗原与相应抗体结合后，在有适量电解质存在的情况下，抗原颗粒相互凝集成肉眼可见的凝集块，称为凝集反应。参加反应的抗原称凝集原，抗体称凝集素。按照试验中采用的方法、使用材料及检测目的的不同，凝集试验有以下各种类型。

1. 直接凝集试验

直接凝集试验（Direct agglutination test）是将颗粒性抗原直接与相应抗体反应出现肉眼可见凝集块的反应。按操作方法分为平板凝集试验、试管凝集试验和生长凝集试验 3 种。

（1）平板凝集试验。该试验用于待测抗原或待测抗体的定性测定。将含已知抗体的诊断血清与待测菌悬液各一滴滴在玻片上混合，倾斜摇摆玻片 1～3min 后即可观察结果，凡呈现细小或粗大颗粒的即为阳性，用于血型鉴定、沙门氏菌分型等。也可用已知的抗原与待检血清各一滴滴在玻片上混合，几分钟后，出现颗粒性或絮状凝集，即为阳性反应，用于布氏杆菌病检疫、鸡白痢检疫等。此法简便快速，但只能进行定性测定（图 3-5）。

（2）试管凝集试验。本试验用于抗体的定性和定量测定，多用已知抗原检测待检血清中是否存在相应抗体和测定抗体的效价。

用生理盐水将待检血清做倍比稀释，加入等量抗原，37℃水浴数小时，视抗原被凝集的程度记录为：＋＋＋＋（100%）、＋＋＋（75%）、＋＋（50%）、＋（25%）、－（不凝

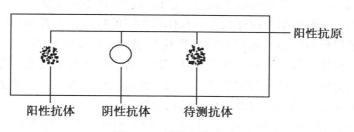

图 3 - 5　玻片凝集试验

集）。能使 50% 抗原凝集的血清最高稀释度称为该血清凝集价（或称滴度）。由于某些细菌常发生自身凝集或酸凝集，试验时必须设阳性抗体对照、阴性抗体对照、生理盐水对照。反应中最初几管常由于抗体过剩而不凝集，为前带现象。有些细菌与其他细菌含共同抗原，发生交叉凝集，出现假阳性反应，应注意区别，但交叉凝集的凝集价一般比特异性凝集价低。

试管凝集试验亦可改用 96 孔微量凝集板进行，以节省抗原和抗体的用量，特别适于大规模的流行病学调查。

（3）生长凝集试验。抗体与活的细菌（或霉形体）结合，在没有补体存在时，就不能杀死或抑制细菌生长，但能使细菌呈凝集生长，借显微镜观察培养物是否凝集成团，以检测加入培养基中的血清是否含相应抗体。如猪喘气病的微粒凝集试验。

2. 间接凝集试验

将可溶性抗原（或抗体）吸附于与免疫无关的小颗粒载体表面，此吸附抗原（或抗体）的载体颗粒与相应抗体（或抗原）结合，在有电解质存在的适宜条件下发生凝集反应，称为间接凝集试验（Indirect agglutination test）。常用的载体有动物红细胞（常用绵羊红细胞或正常人 "O" 型红细胞）、聚苯乙烯乳胶微球、活性炭等。根据试验时所用的载体颗粒不同分别称为间接血凝试验、乳胶凝集试验、碳凝集试验等。间接凝集试验的灵敏度比直接凝集试验高 2~8 倍，适用于抗体和各种可溶性抗原的检测。其特点是微量、快速、操作简便、无需特殊设备，应用范围广泛。

根据载体致敏时所用试剂及反应方式，间接凝集试验有以下几种方法。

（1）正向间接凝集试验。以可溶性抗原致敏载体颗粒，用于检测相应抗体。上述的间接血凝试验、乳胶凝集试验、碳凝集试验均可进行正向间接凝集试验。

（2）反向间接凝集试验。以特异性抗体致敏载体颗粒，用于检测相应抗原。试验方法与正向间接凝集试验基本相同，只是在试验时稀释待测抗原标本，加特异性抗体致敏的载体悬液进行测定。

（3）间接凝集抑制试验。此法是由间接凝集试验衍生的一种试验方法。其原理是将待测抗原（或抗体）与特异性抗体（或抗原）先行混合，作用一定时间后，再加入相应的致敏载体悬液，如待测抗原与抗体对应，即发生中和，随后加入的致敏载体颗粒不再被凝集，即原来本应出现的凝集现象被抑制，故而得名。此试验的灵敏度高于正向间接凝集试验和反向间接凝集试验。检测方法有以下两种。

①检测抗原法。诊断试剂为抗原致敏的载体和相应的抗体，二者混合后应出现凝集。将待测抗原系列递进稀释后，加入定量的特异性抗体混合，37℃ 作用 2h，使其充分结合，然后加入抗原致敏的载体悬液，再在 37℃ 作用 1~2h。若不出现凝集现象，说明待测标本中存

在与致敏载体相同的抗原，已先与抗体结合，因此致敏载体不再凝集。

②检测抗体法。诊断试剂为抗体致敏的载体和相应的抗原，二者混合后应出现凝集。将待测抗体系列递进稀释后，加入定量的特异性抗原混合，37℃作用2h，使其充分结合。然后加入抗体致敏的载体悬液，再在37℃作用1~2h，若不出现凝集现象，说明待测标本中存在与致敏载体相同的抗体，已先与抗原结合，因此致敏载体不再凝集。此法亦称为反向间接凝集抑制试验，主要用于检测间接凝集试验的特异性。

（4）协同凝集试验（Coagglutination，CoA）。利用SPA（即葡萄球菌A蛋白，是大多数金黄色葡萄球菌细胞壁上所含有的一种主要成分）能与IgG的Fc片段结合而制成吸附了特异性抗体的致敏SPA菌悬液，与待检抗原（细菌、病毒、毒素等）在平板上混合，互相联结，凝集作用增强，称协同凝集试验。本试验方法简便、快速、结果易于观察，广泛用于传染病的快速诊断。

3. Coombs 试验

又称为抗球蛋白试验（Antiglobulin test）。本试验主要用于检测单价的不完全抗体（封闭抗体），在正常血凝试验时，应用本法亦可提高其灵敏度。单价抗体与颗粒状抗原结合后，不引起可见的凝集反应，是由于抗原表面决定簇被单价抗体所封闭，故不能再与相应的完全抗体结合发生凝集反应。但抗体本身是一种良好的抗原，用其免疫异种动物即可获得抗球蛋白抗体（抗抗体）。抗抗体与抗原颗粒上吸附的单价抗体结合，即可使其凝集，其实质也是一种间接凝集试验。该试验因首先由Coombs创立，故又称为Coombs试验。

4. 血球凝集试验（SPISHA）

用新鲜红细胞及抗原或抗体致敏的红细胞作为指示系统，通过肉眼观察（亦可用分光光度计测定）红细胞出现的凝集现象来判定试验结果。

该方法特异性强，敏感性高，简便易行。根据试验中使用的红细胞性质不同，有以下三种主要的试验类型。

（1）直接血凝试验（HA）。此法由血凝试验与固相免疫吸附技术结合而成，用新鲜红细胞作为指示剂，多用于检测抗体。HA主要用于某些具有血凝素的病毒，如鸡新城疫病毒、禽流感病毒的诊断。

（2）间接血凝试验。此法是使用抗原致敏的红细胞作为指示系统，用于检测特异性抗体。

（3）反向间接血凝试验。使用特异性抗体致敏的红细胞作为指示系统，用于检测抗原，亦可用于抗体检测。

（二）沉淀反应

可溶性抗原（细菌的外毒素、内毒素、菌体裂解液、病毒、血清、组织浸出液等）与相应抗体结合，在适量电解质存在下，形成肉眼可见的沉淀物，称为沉淀反应。所用抗原称为沉淀原，抗体称为沉淀素。沉淀反应的抗原可以是多糖、蛋白质、类脂等，抗原分子较小，单位体积内所含的量多，与抗体结合的面积大，故在做定性试验时，常出现抗原过剩，形成后带现象，所以通常稀释抗原，并以抗原稀释度为沉淀反应效价。

根据试验中使用的介质和检测方法的不同，沉淀试验可分为液体内沉淀试验和凝胶内沉淀试验两种类型。

1. 絮状沉淀试验

抗原、抗体在试管内混合，有电解质存在时，抗原－抗体复合物可形成浑浊沉淀或絮状沉淀物。抗原抗体比例最适时，沉淀物出现最快，浑浊度最大，抗原过剩或抗体过剩，则反应出现时间延迟，沉淀减少，甚至不出现沉淀，形成前带或后带现象，故将抗原抗体同时稀释，以方阵法测定抗原、抗体反应最适比例。

2. 环状沉淀试验

在小口径试管内加入已知抗血清，然后小心加入待检抗原于血清表面，使之成为分界明显的两层。数分钟后，两层液面交界处出现白色环状沉淀，即为阳性反应。主要用于抗原定性测定，如炭疽 Ascoli 氏反应，也可用于沉淀素效价滴定，出现白色沉淀带的最高抗原稀释倍数，即为血清的沉淀价。

3. 免疫浊度测定（Immunoturbidimetry）

该试验是将现代光学测量仪器与自动分析检测系统相结合应用于沉淀试验，可对微量的抗原、抗体及其他生物活性物质进行定量测定，已逐步取代操作烦琐、敏感性低、耗时较长的传统手工检测方法。现已建立以下几种不同类型的测定方法。

（1）透射比浊法（Transmission turbidimetry）。此法的基本原理是：当一定波长的光线通过反应混合液时，被其中抗原抗体反应形成的免疫复合物（IC）吸收而减弱。在一定范围内，透射光被吸收的量（吸光度）与 IC 量呈正相关，而 IC 的量则与相应抗原和抗体的量呈函数关系。因此当抗体的量固定时，根据 IC 的吸光度值，即可推算出待测抗原含量。但此法要求抗原抗体反应形成的 IC 需达到一定的数量，而且粒子较大，否则难以精确测定，故而敏感性相对较低。

（2）散射比浊法（Nephelometry）。此法的基本原理是：根据光线通过检测溶液时，被其中所含的免疫复合物（IC）折射而产生散射光。散射光的强度与 IC 的含量和散射夹角成正比，与光的波长成反比。此法的敏感性高于透射比蚀法。通过计算机对测量数据自动分析处理，即可得知待测抗原的含量。此法的优点是快速、敏感、精密度高，最小检出值可达纳克（ng）水平，检测应用范围广。但仪器价格较昂贵，所用抗体质量要求较高。

（3）免疫胶乳浊度测定法（Immunolatex turbidimetry）。此法是以适当大小、均匀一致的胶乳颗粒（一般直径 0.2μm）吸附抗体，当与抗原结合时，胶乳颗粒发生凝集，使透过光减少。吸光度值与胶乳凝聚物形成量呈正相关。根据标准曲线即可得知待测标本抗原含量。

（4）速率抑制免疫比浊法（Rate inhibition immunoturbidimetry）。此法用于测定半抗原和药物等小分子物质。方法是用化学交联剂使半抗原与载体偶联，再用免疫动物制备其抗血清。然后将一定量的半抗原—载体（大分子）与限量的抗体发生反应，形成的免疫复合物可产生一定的速率散射峰值。当反应系统内加入待测标本时，其中所含的半抗原（小分子）竞争与抗体结合，使大分子的半抗原－载体－抗体复合物的形成受到抑制，从而使速率散射峰值降低。根据标准曲线即可计算出标本中待测半抗原（或药物）的含量。

4. 免疫扩散试验（Immunodiffusion test）

（1）原理。以琼脂凝胶作为载体，在 1% 以下的琼脂凝胶中可形成大于 85nm 的微孔，可溶性抗原或抗体能在其中自由扩散，并由近及远形成浓度梯度。抗原和抗体在比例适当处相遇，形成颗粒较大的抗原—抗体复合物而不再扩散，出现肉眼可见的白色沉淀线。一种抗原抗体系统只出现一条沉淀线，复合抗原中的多种抗原抗体系统均可根据自己的浓度、扩散系数、最适比等因素，形成自己的沉淀线。

本试验的主要优点是能将复合的抗原成分加以区分，根据出现沉淀线的数目、位置以及相邻两条沉淀线之间的融合交叉、分支等情况，即可了解该复合抗原的组成，并可将所得沉淀线用特异染色方法（蛋白质、多糖、脂类的鉴别染色）、生物活性（酶活性）和同位素标记方法，鉴定抗原的成分。

（2）试验的方法类型（图 3 - 6）。

①单向单扩散（Simple diffusion in one dimension）。在 0.3% ～ 0.5% 琼脂（用 pH 值 7.2PBS 配制，内含 0.01% 硫柳汞）熔化冷却至 45℃时，加入阳性抗体，趁热用毛细滴管分装于内径 3mm 的小管，高 35 ～ 45mm。血清浓度不宜过大，以 1∶（10 ～ 20）为宜。凝固后在其上滴加待检抗原，高约 30mm，置密闭湿盒中，恒温下扩散。

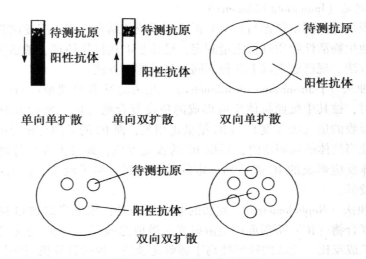

图 3 - 6　免疫扩散方法图示

抗原在含阳性血清的琼脂凝胶中扩散，形成浓度梯度，在抗原抗体比例最适处出现沉淀线。此沉淀线随着抗原扩散而向下移动，直至平衡。最初形成的沉淀线，因抗原抗体浓度逐渐增高造成抗原过剩而重新溶解，故沉淀线前缘模糊。沉淀的距离与抗原的浓度呈正比。

②单向双扩散（Double diffusion in one dimension）。用内径 8mm 的试管，先将含有阳性血清的琼脂加于管底，高约 6mm，中间加一层同样浓度的琼脂。凝固后加待测抗原 0.25ml，37℃或室温扩散数日。抗原抗体在中间层相向扩散，在平衡点上形成沉淀线。此法目前较少应用。

③双向单扩散（Simple diffusion in two dimension）。试验在玻璃板或平皿上进行，用 1.6% ～ 2.0% 琼脂加一定浓度的等量抗体浇成凝胶板，厚度为 2 ～ 3mm，在其上打直径为 2mm 的小孔，孔内滴加抗原液。抗原在孔内向四周辐射扩散，与凝胶中的抗体接触形成白环。此白环随扩散时间而增大，直至平衡为止。沉淀环面积与抗原浓度成正比，因此可用已知浓度的抗原制成标准曲线，即可用以测定抗原的量。

此法在兽医临床已用于传染病的诊断，如马立克氏病的诊断，可将马立克氏病高免血清制成血清琼脂平板，拔取病鸡新换的、有髓质的羽毛数根，将毛根剪下，插于此血清平板上，阳性者毛囊中病毒向四周扩散，形成白色沉淀环。

④双向双扩散（Double diffusion in two dimension）。又称琼脂扩散沉淀试验，简称琼扩。

原理：用生理盐水（测定禽类抗原抗体时，一般要用 8% NaCl 液，以利沉淀线的形成）制成 1% 琼脂液，倒于平板内制成凝胶。该凝胶孔径约 85nm，能允许抗原抗体在其中自由扩散，并由近及远形成浓度梯度。当二者在比例适当处相遇，发生沉淀反应，形成的沉淀颗粒较大，在凝胶中不再扩散，从而形成白色沉淀带。沉淀带一经形成，就像特异性屏障，继续扩散来的相同抗原、抗体，只能使沉淀带加浓加厚，而不再向外扩散，但对其他抗原抗体系统无屏障作用。一种抗原抗体系统只出现一条沉淀带，多种抗原抗体系统则形成多条沉淀带。

应用：a. 用已知抗原（或抗体）定性测定未知的抗体（或抗原）。b. 用已知的抗体分析和鉴定抗原成分。c. 检查抗原或抗体的纯度。d. 定量测定抗体的效价，能与相应抗原形成白色沉淀线的抗原最高稀释度，称为该抗体的沉淀价。

5. 免疫电泳试验（Immuno – electrophoresis，IEP）

不同带电颗粒在同一电场中，其泳动的速度不同，通常用迁移率表示。如其他因素恒定，则迁移率主要决定于分子的大小和所带净电荷的多少。蛋白质为两性电解质，每种蛋白质都有它自己的等电点，在 pH 值大于其等电点的溶液中，羧基解离多，此时蛋白质带负电，向正极泳动；反之，在 pH 值小于其等电点的溶液中，氨基解离多，此时蛋白质带正电，向负极泳动。pH 值离等电点越远，所带净电荷越多，泳动速度也越快。因此可通过电泳将复合的蛋白质分开。

免疫电泳试验是将区带电泳与双向免疫扩散相结合的一种免疫化学分析技术。一般用琼脂凝胶作为电泳支持物。在琼脂凝胶中电泳时，因琼脂带 SO_4^{2-} 使溶液因静电感应产生正电，因而形成一种向负极的推力，称为电渗作用力。带正电的颗粒，在电渗力作用下，加速了向负极的泳动速度；而带负电的颗粒则需克服电渗力的作用，才能逆流而上泳向正极。

该试验可用于提纯抗原、抗体的纯度鉴定、血清蛋白组分分析等。

6. 对流免疫电泳（Counter – immuno – electrophoresis，CIEP）

是用电泳来加速抗原抗体定向扩散的双向免疫电泳扩散技术。在 pH 值 8.6 的琼脂电泳中，琼脂中含琼脂果胶，有一种从阳极向阴极的电渗作用力。大部分抗原带较强的负电荷，克服电渗作用力，向阳极泳动。而大多数 IgG 带微弱负电，向阳极泳动的速度很慢，在电渗力作用下，反向阴极倒退。故将抗原加在阴极，抗体加在阳极，二者相向泳动，在相遇处形成沉淀线。由于电泳使抗原抗体定向移动，使反应敏感性增加，所以特异性更高，得出结果快，方法简便（图 3 – 7）。

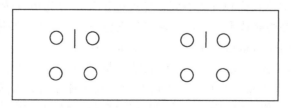

图 3 – 7　对流免疫电泳示意图

一般电泳 30min 至 2h，观察结果。在相对应的抗原抗体孔之间任何部位出现沉淀线均可判为阳性。如抗原浓度大于抗体，沉淀线靠近抗体孔，抗原浓度过大时，沉淀线出现在抗体孔边缘呈"八字胡"状，甚至可超越抗体孔或出现在上下两抗体孔之间。有时抗原过剩，不出现沉淀线，造成假阴性，或产生特殊沉淀线，可稀释抗原，或在湿盒中自由扩散一段时间。

7. 火箭免疫电泳（Rocket immuno – electrophoresis, RIEP）

在 pH 值 8.2 进行电泳时，IgG 基本不泳动。在琼脂中混入抗血清，浇板后在电泳阴极侧打孔，加入抗原。电泳时，抗原在含定量抗体的琼脂中向阳极泳动，形成梯度浓度，在适当区域形成状如火箭的沉淀峰（图 3 – 8）。因峰的高度与抗原含量成正比，故用于样品中抗原含量测定。

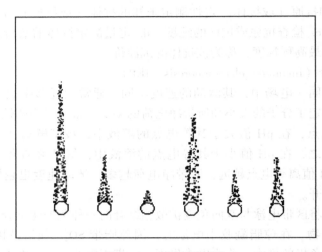

图 3 – 8　火箭免疫电泳

（三）免疫标记技术

免疫标记技术（Immunolabelling techniques）是指用荧光素、酶、放射性同位素、SPA、生物素 – 亲和素、胶体金等作为示踪物，对抗体或抗原标记后进行的抗原抗体反应，并借助于荧光显微镜、射线测定仪、酶标检测仪等精密仪器，对试验结果直接镜检观察或进行自动化测定。该法可以在细胞、亚细胞或分子水平上，对抗原抗体反应进行定性和定位研究；或应用各种液相和固相免疫分析方法，对体液中的半抗原、抗原或抗体进行定性和定量测定。因此，免疫标记技术在敏感性、特异性、精确性及应用范围等方面远远超过一般血清学方法。

根据试验中所用标记物和检测方法不同，免疫标记技术分为免疫荧光技术、免疫酶技术、放射免疫技术、SPA 免疫检测技术、生物素—亲和素免疫检测技术、胶体金免疫检测技术等。

1. 免疫荧光技术（Immunofluorescence technique, IFT）

（1）原理。将具有荧光特性的荧光材料联结到提纯的抗体分子上，制成荧光抗体，荧光抗体同样保持特异性结合抗原的能力。当抗原与荧光抗体结合，在荧光显微镜下观察，即可对待检的抗原进行定性和定位测定。常用的荧光材料是异硫氰酸荧光素（FITC）。

（2）荧光抗体染色方法（图 3 – 9）。

①直接法。常用于检测病变组织中细菌、病毒抗原。即将荧光素直接标记在待检抗原的抗体上。此法的优点是简单、特异，缺点是检查每种抗原均需制备相应的特异性荧光抗体，

且敏感性低于间接法。

②间接法。用荧光素标记抗球蛋白抗体（简称标记抗抗体）。试验分两步，首先将阳性抗体（第一抗体）加在待测抗原标本片上，作用一定时间后，洗去未结合的抗体；然后滴加标记抗抗体，如果第一步中的抗原抗体已发生结合，此时加入的标记抗抗体就和已固定在抗原上的抗体分子结合，形成抗原—抗体—标记抗抗体复合物，并显示特异性荧光。此法的优点是敏感性高于直接法，而且只需制备一种荧光素标记的抗球蛋白抗体，就可用于检测同种动物对多种不同抗原的抗体系统。但缺点是间接法有时会产生非特异性荧光。

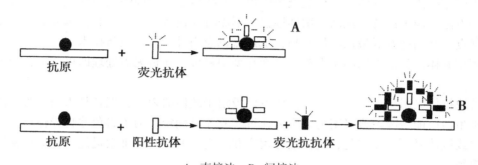

A. 直接法；B. 间接法

图 3-9　荧光抗体染色法原理示意图

2. 免疫酶技术（Immuno-enzymatic technique, IET）

免疫酶技术是将抗原抗体反应的特异性和酶的高效催化作用相结合。

该法的原理是将特定的酶联结于抗体分子上。制成酶标抗体，抗原抗体特异性结合，并通过酶对底物的高效催化作用而显色，从而对抗原（或抗体）进行定性、定位、定量测定。常用酶有辣根过氧化物酶、碱性磷酸酶等。常见的免疫酶技术有以下几种。

（1）免疫酶组化染色技术。免疫酶组化染色技术与荧光抗体染色法基本相同，但每加一层，均需于 37℃ 作用 30min，然后以 PBS 反复洗涤 3 次，以除去未结合物。该法主要用于抗原的定性、定位测定。

①直接法。与荧光抗体的直接法相似。病理组织经冰冻切片或石蜡切片后，加酶标抗体染色标本，PBS 冲洗，然后浸于含有相应底物和显色剂的反应液中，通过显色反应检测抗原抗体复合物的存在。本法优点是不需特殊的荧光显微镜设备，且标本可长期保存。

②间接法。同荧光抗体的间接法。标本用相应的阳性抗体染色后，PBS 冲洗，再加入酶标记的抗球蛋白抗体，然后经显色显示抗原—抗体—抗抗体的存在。

③抗抗体搭桥法。本法不需事先制备标记抗体，是利用抗抗体既能与反应系统的抗体结合，又能与抗酶抗体结合（这两种抗体必须是同源的）的特性，以抗抗体做桥连接抗体和抗酶抗体。先加抗体（如兔抗血清）使之与标本上的抗原发生特异性结合，然后加抗抗体（羊抗兔血清）与抗体结合，再加既能与抗抗体结合又能与酶结合的兔抗酶抗体，随后加入酶，最后用底物显色。此法的优点是克服了因与抗体交联引起的抗体失活和标记抗体与非标记抗体对抗原的竞争，从而提高了敏感性；但抗酶抗体与酶之间的结合多为低亲和性，冲洗标本时易被洗脱，使敏感性降低。

④杂交抗体法。将特异性抗体分子与抗酶抗体分子经胰酶消化，使成双价 F（ab）2 片

段，将这两种抗体的 F（ab）2 片段按适当的比例混合，在低浓度的乙酰乙胺和充氮条件下，使之进一步裂解为单价 Fab 片，再在含氧条件下使其还原复合。经分子筛层析后，即可获得 25% ～50% 的杂交抗体。这种杂交抗体分子含有两个抗原决定簇，一边能与特异性抗原结合，另一边能与酶结合。因此，不需事先准备标记抗体。试验时含抗原的标本直接用杂交抗体和酶处理，即可浸入底物溶液中，进行染色反应。本法步骤少，操作简便，但杂交抗体不易制备。

（2）酶联免疫吸附试验（Enzyme linked – immunosorbent assay, ELISA）。是将抗原或抗体吸附于固相载体，在载体上进行免疫酶染色，底物显色后用肉眼或酶联免疫测定仪判定结果的一种方法。因本法特异性高，敏感性强，不需特殊设备，一次可检测大批标品，48h 出结果等优点，是当前发展最快、最容易，试剂盒也应用最广的一项新技术。

①固相载体。目前常用的是聚苯乙烯微孔型塑料板。新板无需处理即可应用，一般一次性使用。

②抗原抗体吸附特性。大多数蛋白质可以吸附于载体的表面，但各种蛋白质吸附能力不同。一种蛋白质能否吸附或吸附力大小需通过实验才能确定。为了避免非特异性反应，包被用的抗原或抗体必须高度纯化，抗体最好用亲和层析或 DEAE 纤维素提纯，抗原用密度梯度离心法提纯。

③实验方法（图 3 – 10）。

A. 间接法。用于测定未知抗体。将阳性抗原吸附于固相载体并封闭残存孔隙，加入待检血清，固相载体表面的抗原与抗体形成复合物。洗涤除去未结合的成分，再加入酶标抗抗体，最后加入底物，在酶的催化作用下底物发生反应，产生有色物质，判定结果。颜色的深浅与被测样品中抗体浓度成正比。样品中含抗体越多，出现颜色越快越深。

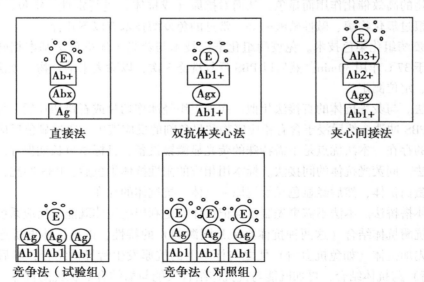

图 3 – 10 酶联免疫吸附试验反应示意图

B. 双抗体夹心法。用于测定大分子抗原。将纯化的阳性抗体吸附于固相载体上，加入待测抗原，作用一定时间后，洗涤除去未结合物，再加入酶标记的特异性抗体，使之与固相载体表面的抗原结合，再洗涤除去多余的酶标抗体，最后加入底物显色而判定结果。

C. 竞争法。用于测定小分子抗原及半抗原。用特异性抗体吸附于固相载体上，加入含待测抗原的溶液和一定的酶标记抗原，共同作用一定时间，对照组仅加酶标抗原，洗涤后加底物溶液，被结合的酶标记抗原的量由酶催化底物反应产生有色物质的量来确定。如待测溶液中抗原越多，被结合的酶标记抗原的量越少，有色产物越少。根据有色产物的变化求出未知抗原的量。此法相当于典型的放射免疫测定。缺点是每种抗原都需进行酶标记，而且因抗原结构不同，还需应用不同的结合方法。此外，试验中应用酶标抗原的量较多。此法的优点是出结果快，且可用于检测小分子抗原或半抗原。

D. 夹心间接法。用于测定多种大分子抗原。将阳性抗体（Abl，如豚鼠免疫血清）吸附于固相载体上，洗涤除去未吸附的抗体；加入待测抗原（Ag），使之与固相载体上的抗体结合，洗涤除去未结合的抗原；再加入不同种动物制出的特异性相同的抗体（Ab2，如兔免疫血清），使之与固相载体上的抗原结合，洗涤后加入酶标抗 Ab2 抗体（如羊抗兔球蛋白抗体），使之结合在 Ab2 上，最后形成 Abl – Ag – Ab2 – 酶标抗 Ab2 抗体的复合物，洗涤后加底物显色而判定结果。本法的优点是只需制备一种酶标抗体即可检测各种抗原抗体系统。

④结果判定方法。

A. 肉眼观察。阳性者呈棕褐色，阴性淡黄色或无色。颜色的深浅还反应检测样品中抗原或抗体的浓度。

B. 酶联免疫吸附测定仪测定。采用的分光光度计原理，专门用于 ELISA 测定。如果样品的 OD 值大于（阴性标本均值 + 两个标准差 + 0.2 ~ 0.4）则判为阳性；或以 P/N 值判定结果：P 为待测标本 OD 值，N 为阴性标本平均 OD 值。如果 P/N≥1.5 则样品判为阳性。

⑤应用。

A. 抗原测定，用于传染病诊断。

B. 抗体测定，用于传染病诊断及疫病普查。

C. 抗原抗体效价测定。

D. 抗原抗体含量测定。

（3）Dot – ELISA 技术（Dot – enzyme linked immunosorbent assay）。以吸附蛋白质能力很强的硝酸纤维素膜（NC 膜）为载体，将少量抗原（1 ~ 2μl）点加于膜上，干燥后经过封闭液处理，滴加待检血清和酶标抗抗体（间接法），或是先在 NC 膜上滴加待检血清（2 ~ 5μl）后滴加能形成不溶性有色沉淀的底物溶液（辣根过氧化物酶常用二氨基联苯胺、4 – 氯乙萘酚）。阳性反应在膜上出现肉眼可见的着色斑点。Dot – ELISA 在各种病毒性疾病、寄生虫病的临床诊断和血清流行病学调查中广泛应用，还可用于单克隆抗体杂交瘤细胞技术。该法具有以下优点：①特异性强，假阳性较少。②敏感性高，NC 膜对蛋白质的吸附性能优于聚苯乙烯，可检出 1ng 抗病毒 IgG；检出抗原的敏感性较常规 ELISA 高 6 ~ 8 倍。③试剂用量少，节约 90% 以上。④操作简便快速，不需要特殊设备条件，适合基层单位使用。⑤抗原膜保存时间长，– 20℃ 可保存半年，不影响其活性。⑥检测结果可长期保存，便于复查。

<h1 style="text-align:center">第五节　动物试验</h1>

一、概述

动物试验是利用指定的试验动物为载体进行病原性微生物免疫学研究的一类试验方法的统称。常常应用于对一些病原性微生物致病力的测定、病原微生物分离、免疫血清的制备和病原菌种鉴定等方面。最常用的实验动物有小白鼠、大白鼠、豚鼠和家兔等。

二、接种前的准备

（一）接种材料的准备

应根据材料的不同而做不同的准备（表3-1）。怀疑为病原菌的被检材料，如果是液体材料不需做进一步的处理，否则在动物试验前我们需要得到该病原菌的纯培养。这时，常利用某些动物对一些病原菌具有易感性的特点，进行病原菌的分离。

以鼠疫杆菌的分离为例，首先将鼠疫杆菌制成悬液，以腹腔或皮下注射接种于豚鼠，经3~6d死亡。在其死后剖检脾脏、肝脏、心血管等脏器，存在大量鼠疫杆菌，取脏器组织液接种赫氏溶血琼脂平板，在（36±1）℃培养24~48h，可得典型的纯种鼠疫杆菌。

表3-1　不同病原微生物接种的易感动物与接种部位

微生物名称	接种材料	易感动物	接种部位与途径
结核分枝杆菌	痰液、尿液、脑脊液几种渗出液	豚鼠、地鼠	皮下、腹股沟
葡萄球菌（食物中毒）	食物悬液、肉汤培养物	幼猫	口饲
肉毒梭菌	食物悬液、培养物滤液	小白鼠、豚鼠	皮下、口饲
甲型肝炎病毒	污染食物或粪便洗液	小白鼠、大白鼠	脑内、静脉

（二）实验动物的选择

实验动物种类繁多，常需要根据具体实验要求和目的选择合适的实验动物，才能保证实验结果的可靠性；其次，还要考虑实验动物的来源是否易得、是否经济、是否易饲养和管理等情况。在实验动物的选择上要注意动物的种类、品系、质量和健康状态。

1. 实验动物微生物学等级分类

（1）普通动物（Conventional animal，CV）。不携带所规定的人兽共患病和动物烈性传染病的病原体。只用于教学和一般实验，不适用于研究性实验。

（2）清洁动物（Clean animal，CL）。除普通动物应排除的病原外，不携带对动物危害大和对科学研究干扰大的病原。此类动物的微生物控制标准基本同SPF级动物，但不允许出现临床症状和脏器的病理变化和自然死亡。

（3）无特定病原体动物（Specific pathogen free animal，SPF）。除清洁动物应排除的病原外，不携带主要潜在感染或条件致病和对科学实验干扰大的病原。SPF级动物是病毒学研究中最常用的动物。

（4）无菌动物（Germ free animal，GF）。无可检出的一切生命体。这种动物在自然界并不存在，须人工培育。

2. 选择原则

（1）选择易感动物。这是实验动物选择中的首要问题。在进行病原微生物的检验过程中，必须考虑所选动物对该病原体的易感性。不同病原微生物的易感动物种类不同，例如，小白鼠对肺炎链球菌易感；豚鼠对结合分枝杆菌易感；幼猫常用于金黄色葡萄球菌肠毒素的检测；家兔对体温变化敏感，适于发热、解热和检查致热源等实验。

（2）选择合适品系的动物。根据实验的要求和性质不同，选择纯系动物、无菌动物或无特定病原动物等。如进行细菌感染性的测定，最好选用无菌动物；进行细菌学检验的一般动物实验时，选择敏感的普通动物即可。

（3）选择健康的动物。在选择实验动物时，应挑选身体健康、发育良好、体重及各项生理指标达到标准的动物。若没有特殊实验要求，不宜选用处于孕期、经期、哺乳期雌性动物。同一实验应选用年龄和体重相对一致的动物，且应选用性别一致的动物。

（三）试验动物的标记

进行接种的试验动物应预先做好明显的标记，可用人工染色、耳号、腿号等方法标记。如家兔、豚鼠等较大动物可用金属牌固定于耳部；小鼠和大鼠等较小动物可用苦味酸涂于身体各部，以作为标记。

三、接种方法

根据实验研究的目的不同，实验动物的接种方法和途径也不尽相同。

（一）皮下注射

注射部位选择在皮下组织疏松部位。接种部位在腹部中线两侧、腹股沟、尾根等处。小鼠一般在腹部两侧；豚鼠在腹部或大腿内侧；家兔取背部、大腿内侧或耳根部皮下注射。将注射部位皮肤消毒后，左手提起皮肤，右手持注射器将针头水平刺入皮下，针头摆动无阻力，说明已进入皮下，缓慢注入，注射部位随即隆起。拔针时，用手指捏住针刺部位，以防止注射药液外漏。注射量因动物而异，小白鼠注入量一般为 0.2 ~ 0.5ml，豚鼠、家兔为 0.5 ~ 1.0ml。

（二）肌肉注射

应选择肌肉发达、无大血管通过的部位。一般多选臀部、大腿内侧或外侧。注射部位消毒后，将针头直接刺入肌肉，回抽针如无回血即可注射。注射量一般为 0.2 ~ 1.0ml，家兔等大动物注射量一般不超过 2ml。

（三）腹腔注射

为避免伤及内脏，仰卧固定动物，使腹部朝上，头部朝下，使动物身躯前低后高，使内脏移向上腹。消毒腹部皮肤后，先将针头刺入皮下，沿皮下朝头部方向进针 0.5 ~ 1.0cm 平穿入腹腔皮下，再将针头立起，以45°角刺入腹腔，此时有落空感，回抽无肠液、尿液或血液，即可缓缓注入。家兔等较大动物注射，应先固定，于腹部腹中线旁侧1cm处进针。小鼠注射量一般为0.5~1.0ml；豚鼠、家兔注射量一般为1.0~3.0ml。

（四）静脉注射

小鼠的注射部位为尾静脉，豚鼠为后腿下部外侧静脉（一般少用），家兔为耳静脉。

1. 小鼠

常选用尾部两侧静脉注射。固定小鼠使尾巴露出，置45~50℃温水浸泡1~2min或用酒精擦拭，使尾部静脉扩张。取出尾巴，擦干消毒，在末端1/3或1/4处用镊子将尾根夹紧（或左手捏住），右手持注射器，针头与静脉平行缓慢进针，试注入少许注射液，如无阻力，皮下不发白，表示针头刺入静脉，否则应更换部位重扎。注射完毕后，把尾部向注射侧弯曲以止血。如需反复注射，应尽可能从末端开始，以后向尾根部方向移动注射。注射量一般为0.1~1.0ml。

2. 家兔

家兔耳部血管分布清晰，外缘静脉表浅易固定，常用于静脉注射。首先将家兔固定，用浸有二甲苯或酒精的棉球涂擦耳静脉处，并按压耳翼压迫耳根部静脉，使血管扩张。助手用手指压紧耳根部，固定好头部，注射者用左手拇指与中、食指抓住耳尖部，从耳尖部边缘静脉平行进针，试推进少量注射液，如觉得没有阻力，局部也没有隆起，表示已进入静脉，助手将耳根的手指松开，将注射液缓缓注入。若失败，再逐步向耳根部位重新注射。注射完毕，用棉球压住针眼处，拔出针头。注射量一般为1.0~3.0ml。

（五）皮内注射

注射部位常选择在背部向毛处。将实验动物固定，局部剪毛消毒，然后左手绷紧皮肤，针头斜面向上，紧贴皮肤表层刺入，再向上挑起再稍刺入，慢慢注射。若注入皮内，注射部位立刻隆起小皮丘，否则可能注入皮下。注射完毕后，将针头斜面向下旋转一周再拔出，以免注射液外漏。一般注射量为0.1~0.2ml。

四、实验动物观察和剖检

（一）接种后的观察

实验动物经接种后，应注意隔离，严防散毒，由专人负责饲养管理，编号并做详细记录。应每日观察1~2次，观察的项目有食欲、排泄物、精神状态、被毛、运动情况、体温、呼吸、心跳、脉搏、体重、接种局部有无异常及鼻眼有无分泌物等。

（二）实验动物的剖检

1. 实验动物剖检时间

动物接种后，如有发病或死亡时，应及时解剖，以免尸体腐败，影响病原体分离及病变观察。对观察期已满但未死亡的动物，应人工处死后进行解剖。

2. 解剖前准备

解剖前，可将实验动物尸体浸于消毒水中片刻（3% 来苏儿水或 5% 苯酚中消毒 5 ~ 10min），再将尸体腹部向上，固定在解剖台上。若为小白鼠，可用大头针将四肢钉于木板上；若为豚鼠、家兔，可用绳子将四肢固定于解剖板四周的钉子上，再将解剖板放于搪瓷盘中。此时，可检查外部，观察接种部位有无病变，如红肿、水肿、坏死、溃疡等，并做记录。

3. 实验动物剖检

（1）用酒精消毒皮肤，然后自耻骨结合部开始，向前沿腹中线剪开皮肤和肌肉（或从下顿沿线垂直行至趾骨结合部），并向两侧剥离。

（2）观察注射部位及皮下组织、淋巴结（腋下、腹壁及腹股沟）的变化。

（3）另用一把灭菌剪子，由剑状软骨开始一直到肛门，切开腹肌和腹膜（防止损伤肠管），露出内脏器官，观察肝、脾、肾、肠等脏器的病理变化及胃肠内容物的性状。

（4）剪开膈，并沿肋骨两侧剪断肋骨，露出胸腔脏器，观察病变。

（5）最后取病变组织，涂片后染色镜检或进行细菌的分离培养、病毒学检查及病理组织学检查。对检查结果做详细记录。

4. 剖检后的尸体处理

剖检完毕后，应将尸体烧毁或在消毒液中浸泡后深埋，所用器材应彻底消毒处理，实验人员也应进行严格的消毒。

思考题

1. 简述革兰氏染色的基本原理及操作步骤。

2. 微生物的接种方法有哪些？微生物的培养方法又有哪些？

3. 涂片在染色前为什么要先进行固定？固定时应注意什么问题？

4. 芽孢染色为什么要加热或延长染色时间？

5. 说明芽孢染色用自来水冲洗的作用。

6. 荚膜染色涂片时为什么不加热固定？

7. 说明荚膜染色（TyLer 法）中硫酸铜的作用。

8. 鞭毛染色为什么用培养 12 ~ 18h 的菌体？为什么要连续多次的传代？

9. 鞭毛染色在制片时能否用加热固定？为什么？

10. 用美蓝染色法对酵母细胞进行死活鉴别时为什么要控制染液的浓度和染色时间？

11. 生化试验的常用方法都有哪些？试各举一例加以说明。

12. 抗原与抗体的定义是什么？两者具有特异性关系说明什么？

13. 选择实验动物时选择原则包括哪些方面？

第四章　常见食品的微生物学检验

学习目标

1. 了解不同食品微生物检验需要进行哪些处理。
2. 熟悉食品微生物检验的范围。
3. 掌握几种主要食品中微生物的采样与检验方法。

第一节　食品微生物学检验总则

一、范围

规定了食品微生物学检验的基本原则和要求。

适用于食品微生物学检验。

二、实验室基本要求

（一）环境与设施

（1）实验室环境不应影响检验结果的准确性。

（2）实验室区域应与办公室区域明显分开。

（3）实验室工作面积和总体布局应能满足检验工作的需要，实验室布局宜采用单方向工作流程，避免交叉污染。

（4）实验室内环境的温度、湿度、洁净度及照度、噪声等应符合工作要求。

（5）食品样品检验应在洁净区域进行，洁净区域应有明显的标识。

（6）病原微生物分离鉴定工作应在二级或以上生物安全实验室（Biosafety level 2，BSL－2）进行。

（二）检验人员

（1）应具有相应的教育或微生物专业培训经历，具备相应的资质，能够理解并正确实施检验。

（2）检验人员应掌握实验室生物检验安全操作知识和消毒知识。

（3）检验人员应在检验过程中保持个人整洁与卫生，防止人为污染样品。

（4）检验人员应在检验过程中遵守相关预防措施的规定，保证自身安全。

（5）有颜色视觉障碍的人员不能执行涉及辨色的实验。

（三）设备

（1）实验设备应满足检验工作的需要。

（2）实验设备应放置于适宜的环境条件下，便于维护、清洁、消毒与校准，并保持整洁与良好的工作状态。

（3）实验设备应定期进行检查、检定（加贴标识）、维护和保养，以确保工作性能和操作安全。

（4）实验设备应有日常性监控记录和使用记录。

（四）检验用品

（1）常规检验用品主要有接种环（针）、酒精灯、镊子、剪刀、药匙、消毒棉球、硅胶（棉）塞、微量移液器、吸管、吸耳球、试管、平皿、微孔板、广口瓶、量筒、玻棒及L形玻棒等。

（2）检验用品在使用前应保持清洁、无菌。常用的灭菌方法包括湿热法、干热法、化学法等。

（3）需要灭菌的检验用品应放置在特定容器内或用合适的材料（如专用包装纸、锡箔纸等）包裹或加塞，应保证灭菌效果。

（4）可选择适用于微生物检验的一次性用品来替代反复使用的物品与材料（如培养皿、吸管、吸头、试管、接种环等）。

（5）检验用品的储存环境应保持干燥和清洁，已灭菌与未灭菌的用品应分开存放并明确标识。

（6）灭菌检验用品应记录灭菌/消毒的温度与持续时间。

（五）培养基和试剂

（1）培养基。培养基的制备和质量控制按照GB/T 4789.28的规定执行。

（2）试剂。检验试剂的质量及配制应适用于相关检验。对检验结果有重要影响的关键试剂应进行适用性验证。

（六）菌株

（1）应使用微生物菌种保藏专门机构或同行认可机构保存的、可溯源的标准或参考菌株。

（2）应对从食品、环境或人体分离、纯化、鉴定的，未在微生物菌种保藏专门机构登记注册的原始分离菌株（野生菌株）进行系统、完整的菌株信息记录，包括分离时间、来源、表型及分子鉴定的主要特征等。

（3）实验室应保存能满足实验需要的标准或参考菌株，在购入和传代保藏过程中应进行验证试验，并进行文件化管理。

79

三、样品的采集

（一）采样原则

（1）根据检验目的、食品特点、批量、检验方法、微生物的危害程度等确定采样方案。

（2）应采用随机原则进行采样，确保所采集的样品具有代表性。

（3）采样过程遵循无菌操作程序，防止一切可能的外来污染。

（4）样品在保存和运输的过程中，应采取必要的措施防止样品中原有微生物的数量变化，保持样品的原有状态。

（二）采样方案

（1）类型。采样方案分为二级和三级采样方案。二级采样方案设有 n、c 和 m 值，三级采样方案设有 n、c、m 和 M 值。

n：同一批次产品应采集的样品件数；

c：最大可允许超出 m 值的样品数；

m：微生物指标可接受水平的限量值；

M：微生物指标的最高安全限量值。

注1：按照二级采样方案设定的指标，在 n 个样品中，允许有 ≤c 个样品其相应微生物指标检验值大于 m 值。

注2：按照三级采样方案设定的指标，在 n 个样品中，允许全部样品中相应微生物指标检验值小于或等于 m 值；允许有 ≤c 个样品其相应微生物指标检验值在 m 值和 M 值之间；不允许有样品相应微生物指标检验值大于 M 值。

例如：n＝5，c＝2，m＝100 CFU/g，M＝1 000 CFU/g。含义是从一批产品中采集 5 个样品，若 5 个样品的检验结果均小于或等于 m 值（≤100 CFU/g），则这种情况是允许的；若 ≤2 个样品的结果（X）位于 m 值和 M 值之间（100 CFU/g＜X≤1 000 CFU/g），则这种情况也是允许的；若有 3 个及以上样品的检验结果位于 m 值和 M 值之间，则这种情况是不允许的；若有任一样品的检验结果大于 M 值（＞1 000 CFU/g），则这种情况也是不允许的。

（2）各类食品的采样方案按相应产品标准中的规定执行。

（3）食源性疾病及食品安全事件中食品样品的采集。

①由工业化批量生产加工的食品污染导致的食源性疾病或食品安全事件，食品样品的采集和判定原则按上述采样方案中（1）、（2）执行。同时，确保采集现场剩余食品样品。

②由餐饮单位或家庭烹调加工的食品导致的食源性疾病或食品安全事件，食品样品的采集按 GB 14938 中卫生学检验的要求，以满足食源性疾病或食品安全事件病因判定和病原确证的要求。

（三）各类食品的采样方法

采样应遵循无菌操作程序，采样工具和容器应无菌、干燥、防漏，形状及大小适宜。

（1）即食类预包装食品。取相同批次的最小零售原包装，检验前要保持包装的完整，避免污染。

（2）非即食类预包装食品。原包装小于 500g 的固态食品或小于 500ml 的液态食品，取相同批次的最小零售原包装；大于 500ml 的液态食品，应在采样前摇动或用无菌棒搅拌液体，使其达到均质后分别从相同批次的 n 个容器中采集 5 个或以上检验单位的样品；大于500g 的固态食品，应用无菌采样器从同一包装的几个不同部位分别采取适量样品，放入同一个无菌采样容器内，采样总量应满足微生物指标检验的要求。

（3）散装食品或现场制作食品。根据不同食品的种类和状态及相应检验方法中规定的检验单位，用无菌采样器现场采集 5 个或以上检验单位的样品，放入无菌采样容器内，采样总量应满足微生物指标检验的要求。

（4）食源性疾病及食品安全事件的食品样品。采样量应满足食源性疾病诊断和食品安全事件病因判定的检验要求。

（四）采集样品的标记

应对采集的样品进行及时、准确的记录和标记，采样人应清晰填写采样单（包括采样人、采样地点、时间、样品名称、来源、批号、数量、保存条件等信息）。

（五）采集样品的贮存和运输

采样后，应将样品在接近原有贮存温度条件下尽快送往实验室检验。运输时应保持样品完整。如不能及时运送，应在接近原有贮存温度条件下贮存。

四、样品检验

（一）样品处理

（1）实验室接到送检样品后应认真核对登记，确保样品的相关信息完整并符合检验要求。

（2）实验室应按要求尽快检验。若不能及时检验，应采取必要的措施保持样品的原有状态，防止样品中目标微生物因客观条件的干扰而发生变化。

（3）冷冻食品应在 45℃ 以下不超过 15min，或 2～5℃ 不超过 18h 解冻后进行检验。

（二）检验方法的选择

（1）应选择现行有效的国家标准方法。

（2）食品微生物检验方法标准中对同一检验项目有两个及两个以上定性检验方法时，应以常规培养方法为基准方法。

（3）食品微些物检验方法标准中对同一检验项目有两个及两个以上定量检验方法时，应以平板计数法为基准方法。

五、生物安全与质量控制

（一）实验室生物安全要求

应符合 GB 19489 的规定。

（二）质量控制

（1）实验室应定期对实验用菌株、培养基、试剂等设置阳性对照、阴性对照和空白对照。

（2）实验室应对重要的检验设备（特别是自动化检验仪器）设置仪器比对。

（3）实验室应定期对实验人员进行技术考核和人员比对。

六、记录与报告

（一）记录

检验过程中应即时、准确地记录观察到的现象、结果和数据等信息。

（二）报告

实验室应按照检验方法中规定的要求，准确、客观地报告每一项检验结果。

七、检验后样品的处理

（1）检验结果报告后，被检样品方能处理。检出致病菌的样品要经过无害化处理。

（2）检验结果报告后，剩余样品或同批样品不进行微生物项目的复检。

第二节　空气和食品接触面微生物污染的检验

一、目的

检测生产车间空气、操作人员手部、与食品有直接接触面的机械设备的微生物指标，监控生产区域环境当中病原微生物，以控制食品成品的质量。

二、采样与检测方法

（一）空气的采样与测试方法

1. 样品采集

（1）取样频率。

①车间转换不同卫生要求的产品时，在加工前进行采样，以便了解车间卫生清扫消毒情况。

②全厂统一放长假后，车间生产前，进行采样。

③产品检验结果超内控标准时，应及时对车间进行采样，如有检验不合格点，整改后再进行采样检验。

④实验性新产品，按客户规定频率采样检验。

⑤正常生产状态的采样，每周一次。

（2）采样方法。在动态下进行，室内面积不超过 $30m^2$，在对角线上设里、中、外三点，里、外点位置距墙 1m；室内面积超过 30m²，设东、西、南、北、中五点，周围 4 点距墙 1m。采样时，将含平板计数琼脂培养基的平板（直径 9cm）置采样点（约桌面高度），并避开空调、门窗等空气流通处，打开平皿盖，使平板在空气中暴露 5min。采样后必须尽快对样品进行相应指标的检测，送检时间不得超过 6h，若样品保存于 0～4℃条件时，送检时间不得超过 24h。

2. 菌落培养

（1）在采样前将准备好的平板计数琼脂培养基平板置（37±1）℃培养 24h，取出检查有无污染，将污染培养基剔除。

（2）将已采集样品的培养基在 6h 内送实验室，细菌总数于（37±1）℃培养 48h 观察结果，计数平板上细菌菌落数。

（3）菌落计算。

①记录平均菌落数，用"个/皿"来报告结果。用肉眼直接计数，标记或在菌落计数器上点计，然后用 5～10 倍放大镜检查，不可遗漏。

②若培养皿上有 2 个或 2 个以上的菌落重叠，可分辨时仍以 2 个或 2 个以上菌落计数。

（二）工作台（机械器具）表面与工人手表面采样与测试方法

1. 样品采集

（1）取样频率。

①车间转换不同卫生要求的产品时，在加工前进行擦拭检验，以便了解车间卫生清扫消毒情况。

②全厂统一放长假后，车间生产前，进行全面擦拭检验。

③产品检验结果超内控标准时，应及时对车间可疑处进行擦拭，如有检验不合格点，整改后再进行擦拭检验。

④实验新产品，按客户规定擦拭频率擦拭检验。

⑤对工作表面消毒产生怀疑时，进行擦拭检验。

⑥正常生产状态的擦拭，每周一次。

（2）采样方法。

①工作台（机械器具）。用浸有灭菌生理盐水的棉签在被检物体表面（取与食品直接接触或有一定影响的表面）取 25cm² 的面积，在其内涂抹 10 次，然后剪去手接触部分棉棒，将棉签放入含 10ml 灭菌生理盐水的采样管内送检。

②工人手。被检人五指并拢，用浸湿生理盐水的棉签在右手指曲面，从指尖到指端来回涂擦 10 次，然后剪去手接触部分棉棒，将棉签放入含 10ml 灭菌生理盐水的采样管内送检。

（3）采样注意事项。擦拭时棉签要随时转动，保证擦拭的准确性。对每个擦拭点应详细记录所在分场的具体位置、擦拭时间及所擦拭环节的消毒时间

2. 细菌

样液稀释：将放有棉棒的试管充分振摇。此液为 1∶10 稀释液。如污染严重，可 10 倍递增稀释，吸取 1ml 1∶10 样液加 9ml 无菌生理盐水中，混匀，此液为 1∶100 稀释液。

（1）细菌总数。

①以无菌操作，选择 1～2 个稀释度各取 1ml 样液分别注入到无菌平皿内，每个稀释度

做两个平皿（平行样），将已融化冷至45℃左右的平板计数琼脂培养基倾入平皿，每皿约15ml，充分混合。

②待琼脂凝固后，将平皿翻转，置（36±1）℃培养48h后计数。

③结果报告：报告每25cm²食品接触面中或每只手的菌落数。

（2）大肠菌群。

①平板法。

A. 以无菌操作，选择1~2个稀释度各取1ml样液分别注入到无菌平皿内，每个稀释度做两个平皿（平行样），将已融化冷至45℃左右的去氧胆酸盐琼脂培养基倾入平皿，每皿约15ml，充分混合。待琼脂凝固后，再覆盖一层培养基，3~5ml。

B. 待琼脂凝固后，将平皿翻转，置（36±1）℃培养24h后计数。

C. 以平板上出现紫红色菌落的个数乘以稀释倍数得出菌数。

D. 报告每25cm²食品接触面中或每只手的菌落数。

②试管法。

A. 以无菌操作，选择3个稀释度各取1ml样液分别接种到BGLB肉汤培养基中，每个稀释度接种3管。

B. 置BGLB肉汤管于（36±1）℃培养（48±2）h。记录所有BGLB肉汤管的产气管数。

C. 结果报告：按BGLB肉汤管产气管数，查MPN表报告每25cm²食品接触面中或每只手的大肠菌群值。

3. 金黄色葡萄球菌检测

（1）定性检测。

①取1ml稀释液注入灭菌的平皿内，倾注15~20ml的B–P培养基，（或是吸取0.1稀释液，用L棒涂布于表面干燥的B–P琼脂平板），放进（36±1）℃的恒温箱内培养（48±2）h。

②从每个平板上至少挑取1个可疑金黄色葡萄球菌的菌落作血浆凝固酶实验。

③结果报告。B–P琼脂平板的可疑菌落作血浆凝固酶实验，为阳性，即报告手（工器具）上有金黄色葡萄球菌存在。

（2）定量检测。

①以无菌操作，选择3个稀释度各取1ml样液分别接种到含10%氯化钠胰蛋白胨大豆肉汤培养基中，每个稀释度接种三管。

②置肉汤管于（36±1）℃的恒温箱内培养48h。划线接种于表面干燥的B–P琼脂平板，置（36±1）℃培养45~48h。

③从B–P琼脂平板上，挑取典型或可疑金黄色葡萄球菌菌落接种肉汤培养基，（36±1）℃培养20~24h。

④取肉汤培养物做血浆凝固酶试验，记录试验结果。

⑤报告结果。根据凝固酶试验结果，查MPN表报告每25cm²食品接触面中或每只手的金黄色葡萄球菌值。

（三）工厂环境中病原体的检测计划与方法

为了保证食品安全，工厂应该对生产环境中的病原微生物进行检测和评估，检测项目包括李斯特菌、沙门氏菌等病原微生物，化验室应该按照一定的计划对生产场所环境中的病原体进行检测，其中包括地面、下水道、排水沟、墙壁、天花板、设备框架、运输的支架、冷藏装置、速冻机、传送带、设备的螺丝、维修工具等部位。当某个点检测到病原微生物时，应该对环境中的相似点加大检测频率；在把所有的预定点检测完后，应该对环境中的病原微生物的存在状况进行全面评估，在下一次环境检测循环过程中加强检测容易出现病原体的环境点，达到持续改进的目的。检测频率：每月两次，每次每个区域至少选取 5 个检测点，分别进行检测。

环境李斯特菌的检测方法（3MTM Petrifilm™环境李斯特菌的测试片）：用涂抹棒、海绵或者其他采样设备收集环境样本。将收集的样本添加 10ml 灭菌的缓冲蛋白胨水，将样本与缓冲蛋白胨混合 1min，将样品置于室温（20～30℃）1h，最久不超过 1.5h，以修复损伤的李斯特菌。将测试片放在平坦处，掀起上层膜。用移液器垂直滴加 3ml 样品到下层膜中央，将上层膜缓慢盖下，以免产生气泡。轻轻将塑料压板放在位于接种区上层膜上，不要压，扭转或者滑动压板。提起压板等至少 10min，以使胶体凝固。将测试片透明面朝上，可叠放至十片，在（37±1）℃培养 26～30h，可以用标准菌落计数器或者其他光学放大器判读，不要记数圆形轮廓上的菌落，因为它们不受选择性培养基的影响。对于定性检测，根据紫红色菌落是否存在，结果记为检出或者未检出。

第三节　生活饮用水微生物检验

一、范围

规定了用平皿计数法测定生活饮用水及其水源水中的菌落总数。

适用于生活饮用水及其水源水中菌落总数的测定。

二、步骤

（一）生活饮用水

以无菌操作方法用灭菌吸管吸取 1ml 充分混匀的水样，注入灭菌平皿中，倾注约 15ml 已融化并冷却到 37℃左右的营养琼脂培养基，并立即旋摇平皿，使水样与培养基充分混匀，每次检验时应做一平行接种，同时另用一个平皿只倾注营养琼脂培养基作为空白对照。待冷却凝固后，翻转平皿，使底面向上，置于（36±1）℃培养箱内培养 48h，进行菌落计数，即为水样 1ml 中的菌落总数。

（二）水源水

（1）以无菌操作方法吸取 1ml 充分混匀的水样，注入盛有 9ml 灭菌生理盐水的试管中，混匀成 1：10 稀释液。

（2）吸取 1：10 的稀释液 1ml 注入盛有 9ml 灭菌生理盐水的试管中，混匀成 1：100 稀释液。按同法依次稀释成 1：1 000、1：10 000稀释液等备用。如此递增稀释一次，必须更换一支 1ml 灭菌吸管。

（3）用灭菌吸管取未稀释的水样和 2～3 个适宜稀释度的水样 1ml，分别注入灭菌平皿内。以下操作同生活饮用水的检验步骤。

（三） 菌落计数及报告方法

作平皿菌落计数时，可用眼睛直接观察，必要时用放大镜检查，以防遗漏。在记下各平皿的菌落数后，应求出同稀释度的平均菌落数，供下一步计算时应用。在求同稀释度的平均数时，若其中一个平皿有较大片状菌落生长时，则不宜采用，而应以无片状菌落生长的平皿作为该稀释度的平均菌落数。若片状菌落不到平皿的一半，而其余一半中菌落数分布又很均匀，则可将此半皿计数后乘 2 以代表全皿菌落数。然后再求该稀释度的平均菌落数。

（四） 不同稀释度的选择及报告方法

（1）首先选择平均菌落数在 30～300 者进行计算，若只有一个稀释度的平均菌落数符合此范围时，则将该菌落数乘以稀释倍数报告之。

（2）若有两个稀释度，其生长的菌落数均在 30～300，则视二者之比值来决定，若其比值小于 2 应报告两者的平均数。若大于 2 则报告其中稀释度较小的菌落总数。若等于 2 亦报告其中稀释度较小的菌落数。

（3）若所有稀释度的平均菌落数均大于 300，则应按稀释度最高的平均菌落数乘以稀释倍数报告。

（4）若所有稀释度的平均菌落数均小于 30，则应按稀释度最低的平均菌落数乘以稀释倍数报告。

（5）若所有稀释度的平均菌落数均不在 30～300，则应以最接近 30 或 300 的平均菌落数乘以稀释倍数报告。

（6）若所有稀释度的平板上均无菌落生长，则以未检出报告。

（7）如果所有平板上都菌落密布，不要用"多不可计"报告，而应在稀释度最大的平板上，任意数其中 2 个平板 $1cm^2$ 中的菌落数，除 2 求出每平方厘米内平均菌落数，乘以皿底面积 $63.6cm^2$，再乘其稀释倍数作报告。

（8）菌落计数的报告。菌落数在 100 以内时按实有数报告，大于 100 时，采用两位有效数字，在两位有效数字后面的数值，以四舍五入方法计算，为了缩短数字后面的零数也可用 10 的指数来表示。

第四节 肉与肉制品中微生物检验

一、范围

规定了肉制品检验的基本要求和检验方法。

适用于鲜（冻）的畜禽肉、熟肉制品及熟肉干制品的检验。

二、设备和材料

采样箱、灭菌塑料袋、带盖搪瓷盘、灭菌刀、剪子、锤子、灭菌带塞广口瓶、灭菌棉签、温度计、编号牌或蜡笔、培养基和试剂（见 GB/T 4789.2、GB/T 4789.3、GB/T 4789.4、GB/T 4789.5、GB/T 4789.10）。

三、操作步骤

（一）样品的采取和送检

见 GB/T 4789.1。

（1）生肉及脏器检样。如系屠宰场宰后的畜肉，可于开腔后，用无菌刀取两腿内侧肌肉各 150g（或劈半后采取两侧背最长肌各 150g），如系冷藏或售卖的生肉，可用无菌刀取腿肉或其他部位的肌肉 250g，检样采取后，放入灭菌容器内，立即送检。如条件不许可，最好不超过 3h，送检时应注意冷藏，不得加入任何防腐剂。检样送往检验室应立即检验或放置冰箱暂存。

（2）禽类（包括家禽和野禽）。鲜、陈家禽采取整只，放灭菌容器内。带毛野禽可放清洁容器内，立即送检。以下处理同步骤（1）。

（3）各类熟肉制品（包括酱卤肉、肴肉、肉灌肠、黑烤肉、肉松、肉脯、肉干等）。一般采取 250g。熟禽采取整只，均放入灭菌容器内，立即送检，以下处理同步骤（1）。

（4）腊肠、香肚等生灌肠。采取整根、整只、小型的可采数根数只，其总量不少于 250g。

（二）检样的处理

（1）生肉及脏器检样的处理。先将检样进行表面消毒（沸水内 3～5s，或烧灼消毒）。再用无菌剪子剪取检样深层肌肉 25g。放入灭菌乳钵内，用灭菌剪子剪碎后，用灭菌海砂或玻璃砂研磨，磨碎后加入灭菌水 225ml，混匀，即为 1:10 稀释液。

（2）鲜、冻家禽检样的处理。先将检样进行表面消毒，用灭菌剪或刀去皮，剪取肌肉 25g（一般可从胸部或腿部剪取），以下处理同（一）中步骤（1）。带毛野禽去毛后，同家禽检样处理。

（3）各类熟肉制品检样的处理。直接切取或称取 25g，以下处理同（二）中的步骤（1）。

注：以上样品的采集和检样的处理均以检验肉禽及其制品内的细菌含量来判断其质量鲜度为目的。如须检验肉禽及其制品受外界环境污染的程度或检验其是否带有某种致病菌，应用棉拭采样法。

（三）棉拭采样法和检样处理

检验肉禽及其制品受污染的程度，一般可用极孔 5cm² 的金属制规板压在受检物上，将灭菌棉拭稍沾湿，在板孔 5cm² 的范围内揩抹多次，然后将板孔规板移压另一点，用另一棉拭揩抹，如此共移压揩抹 10 次，总面积为 50cm²，共用 10 只棉拭。每支棉拭在揩抹完毕后应立即剪断或烧断后投入盛有 50ml 灭菌水的三角烧瓶或大试管中，立即送检。检验时先充分振摇，吸取瓶或管中的液体作为原液，再按要求作 10 倍递增稀释。检验致病菌时，不必用规板，在可疑部位用棉拭揩抹即可。

（四）检验方法

菌落总数测定：按 GB/T 4789.2 执行；
大肠菌群测定：按 GB/T 4789.3 执行；
沙门氏菌检验：按 GB/T 4789.4 执行；
志贺氏菌检验：按 GB/T 4789.5 执行；
金黄色葡萄球菌检验：按 GB/T 4789.10 执行。

第五节　乳及乳制品检验

一、范围

适用于乳与乳制品的微生物学检验。

二、设备和材料

搅拌器具、采样勺、匙、切割丝、刀具（小刀或抹刀）、采样钻、采样袋、采样管、采样瓶、温度计、铝箔、封口膜、记号笔、采样登记表等。

三、采样方案

样品应当具有代表性。采样过程采用无菌操作，采样方法和采样数量应根据具体产品的特点和产品标准要求执行。样品在保存和运输的过程中，应采取必要的措施防止样品中原有微生物的数量变化，保持样品的原有状态。

（一）生乳的采样

（1）样品应充分搅拌混匀，混匀后应立即取样，用无菌采样工具分别从相同批次（此处特指单体的贮奶罐或贮奶车）中采集 n 个样品，采样量应满足微生物指标检验的要求。

（2）具有分隔区域的贮奶装置，应根据每个分隔区域内贮奶量的不同，按比例从中采集一定量经混合均匀的代表性样品，将上述奶样混合均匀采样。

（二）液态乳制品的采样

适用于巴氏杀菌乳、发酵乳、灭菌乳、调制乳等。取相同批次最小零售原包装，每批至少取 n 件。

（三）半固态乳制品的采样

1. 炼乳的采样
适用于淡炼乳、加糖炼乳、调制炼乳等。
（1）原包装小于或等于 500g（ml）的制品。取相同批次的最小零售原包装，每批至少取 n 件。采样量不小于 5 倍或以上检验单位的样品。

（2）原包装大于 500g（ml）的制品（再加工产品，进出口）。采样前应摇动或使用搅拌器搅拌，使其达到均匀后采样。如果样品无法进行均匀混合，就从样品容器中的各个部位取代表性样。采样量不小于5倍或以上检验单位的样品。

2. 奶油及其制品的采样

适用于稀奶油、奶油、无水奶油等。

（1）原包装小于或等于1 000g（ml）的制品。取相同批次的最小零售原包装，采样量不小于5倍或以上检验单位的样品。

（2）原包装大于1 000g（ml）的制品。采样前应摇动或使用搅拌器搅拌，使其达到均匀后采样。对于固态制品，用无菌抹刀除去表层产品，厚度不少于5mm。将洁净、干燥的采样钻沿包装容器切口方向往下，匀速穿入底部。当采样钻到达容器底部时，将采样钻旋转180°，抽出采样钻并将采集的样品转入样品容器。采样量不小于5倍或以上检验单位的样品。

（四）固态乳制品采样

适用于干酪、再制干酪、乳粉、乳清粉、乳糖和酪乳粉等。

1. 干酪与再制干酪的采样

（1）原包装小于或等于500g的制品：取相同批次的最小零售原包装，采样量不小于5倍或以上检验单位的样品。

（2）原包装大于500g的制品。根据干酪的形状和类型，可分别使用下列方法：①在距边缘不小于10cm处，把取样器向干酪中心斜插到一个平表面，进行一次或几次。②把取样器垂直插入一个面，并穿过干酪中心至对面。③从两个平面之间，将取样器水平插入干酪的竖直面，插向干酪中心。④若干酪是装在桶、箱或其他大容器中，或是将干酪制成压紧的大块时，将取样器从容器顶斜穿到底进行采样。采样量不小于5倍或以上检验单位的样品。

2. 乳粉、乳清粉、乳糖、酪乳粉的采样

适用于乳粉、乳清粉、乳糖、酪乳粉等。

（1）原包装小于或等于500g的制品。取相同批次的最小零售原包装，采样量不小于5倍或以上检验单位的样品。

（2）原包装大于500g的制品。将洁净、干燥的采样钻沿包装容器切口方向往下，匀速穿入底部。当采样钻到达容器底部时，将采样钻旋转180°，抽出采样钻并将采集的样品转入样品容器。采样量不小于5倍或以上检验单位的样品。

四、检样的处理

（一）乳及液态乳制品的处理

将检样摇匀，以无菌操作开启包装。塑料或纸盒（袋）装，用75%酒精棉球消毒盒盖或袋口，用灭菌剪刀切开；玻璃瓶装，以无菌操作去掉瓶口的纸罩或瓶盖，瓶口经火焰消毒。用灭菌吸管吸取25ml（液态乳中添加固体颗粒状物的，应均质后取样）检样，放入装有225ml灭菌生理盐水的锥形瓶内，振摇均匀。

（二）半固态乳制品的处理

1. 炼乳

清洁瓶或罐的表面，再用点燃的酒精棉球消毒瓶或罐口周围，然后用灭菌的开罐器打开瓶或罐，以无菌操作称取 25g 检样，放入预热至 45℃的装有 225ml 灭菌生理盐水（或其他增菌液）的锥形瓶中，振摇均匀。

2. 稀奶油、奶油、无水奶油等

无菌操作打开包装，称取 25g 检样，放入预热至 45℃的装有 225ml 灭菌生理盐水（或其他增菌液）的锥形瓶中，振摇均匀。从检样融化到接种完毕的时间不应超过 30min。

（三）固态乳制品的处理

1. 干酪及其制品

以无菌操作打开外包装，对有涂层的样品削去部分表面封蜡，对无涂层的样品直接经无菌程序用灭菌刀切开干酪，用灭菌刀（勺）从表层和深层分别取出有代表性的适量样品，磨碎混匀，称取 25g 检样，放入预热到 45℃的装有 225ml 灭菌生理盐水（或其他稀释液）的锥形瓶中，振摇均匀。充分混合使样品均匀散开（1～3min），分散过程时温度不超过 40℃。尽可能避免泡沫产生。

2. 乳粉、乳清粉、乳糖、酪乳粉

取样前将样品充分混匀。罐装乳粉的开罐取样法同炼乳处理，袋装奶粉应用 75% 酒精的棉球涂擦消毒袋口，以无菌手续开封取样。称取检样 25g，加入预热到 45℃盛有 225ml 灭菌生理盐水等稀释液或增菌液的锥形瓶内（可使用玻璃珠助溶），振摇使充分溶解和混匀。对于经酸化工艺生产的乳清粉，应使用 pH 值 8.4±0.2 的磷酸氢二钾缓冲液稀释。对于含较高淀粉的特殊配方乳粉，可使用 α – 淀粉酶降低溶液黏度，或将稀释液加倍以降低溶液黏度。

3. 酪蛋白和酪蛋白酸盐

以无菌操作，称取 25g 检样，按照产品不同，分别加入 225ml 灭菌生理盐水等稀释液或增菌液。在对黏稠的样品溶液进行梯度稀释时，应在无菌条件反复多次吹打吸管，尽量将黏附在吸管内壁的样品转移到溶液中。

（1）酸法工艺生产的酪蛋白。使用磷酸氢二钾缓冲液并加入消泡剂，在 pH 值 8.4±0.2 的条件下溶解样品

（2）凝乳酶法工艺生产的酪蛋白。使用磷酸氢二钾缓冲液并加入消泡剂，在 pH 值 7.5±0.2 的条件下溶解样品，室温静置 15min。必要时在灭菌的匀浆袋中均质 2min，再静置 5min 后检测。

（3）酪蛋白酸盐。使用磷酸氢二钾缓冲液在 pH 值 7.5±0.2 的条件下溶解样品。

五、检验方法

菌落总数：按 GB 4789.2 检验。

大肠菌群：按 GB 4789.3 中的直接计数法计数。

沙门氏菌：按 GB 4789.4 检验。

金黄色葡萄球菌：按 GB 4789.10 检验。

霉菌和酵母：按 GB4789.15 检验。

单核细胞增生李斯特氏菌：按 GB 4789.30 检验。

双歧杆菌：按 GB/T 4789.34 检验。

乳酸菌：按 GB 4789.35 检验。

阪崎肠杆菌：按 GB 4789.40 检验。

第六节　蛋与蛋制品中微生物的检验

一、范围

规定了蛋与蛋制品检验的基本要求和检验方法。

适用于鲜蛋及蛋制品的检验。

二、设备和材料

采样箱、带盖搪瓷盘、灭菌塑料袋、灭菌带塞广口瓶、灭菌电钻和钻头、灭菌搅拌棒、灭菌金属制双层旋转式套管采样器、灭菌铝铲、勺子、灭菌玻璃漏斗、酒精棉球、乙醇、培养基和试剂（见 GB/T 4789.2、GB/T 4789.3、GB/T 4789.4、GB/T 4789.5）。

三、操作步骤

（一）样品的采取和送检

（1）鲜蛋、糟蛋、皮蛋。用流水冲洗外壳，再用75%酒精棉涂擦消毒后放入灭菌袋内，加封做好标记后送检。

（2）巴氏杀菌冰全蛋、冰蛋黄、冰蛋白。先将铁听开处用75%酒精棉球消毒，再将盖开启，用灭菌电钻由顶到底斜角钻入，徐徐钻取检样，然后抽出电钻，从中取出250g。检样装入灭菌广口瓶中，标明后送检。

（3）巴氏杀菌全蛋粉、蛋黄粉、蛋白片。将包装铁箱上开口处用75%酒精棉球消毒，然后将盖开启，用灭菌的金属制双层旋转式套管采样器斜角插入箱底，使套管旋转收取检样，再将采样器提出箱外，用灭菌小匙自上、中、下部收取检样，装入灭菌广口瓶中，每个检样质量不少于100g，标明后送检。

（4）对成批产品进行质量鉴定时的采样数量。巴氏杀菌全蛋粉、蛋黄粉、蛋白片等产品以生产一日或一班生产量为一批检验沙门氏菌时，按每批总量的5抽样（即每100箱中抽验五箱，每箱一个检样）。但每批最少不得少于3个检样。测定菌落总数和大肠菌群时，每批按装听过程前、中、后取样3次，每次取样100g，每批合为一个检样。

巴氏杀菌冰全蛋、冰蛋黄、冰蛋白等产品按生产批号在装听时流动取样。检验沙门氏菌时，冰蛋黄及冰蛋白按每250kg取样一件，巴氏消毒冰全蛋按每500kg取样一件。菌落总数测定和大肠菌群测定时，在每批装听过程前、中、后取样3次，每次取样100g合为一个检样。

（二）检样的处理

（1）鲜蛋、糟蛋、皮蛋。用灭菌生理盐水浸湿的棉拭子充分擦拭蛋壳，然后将棉拭子直接放入培养基内增菌培养，也可将整只蛋放入灭菌小烧杯或平皿中，按检样要求加入定量灭菌生理盐水或液体培养基，用灭菌棉拭子将蛋壳表面充分擦洗后，以擦洗液作为检样检验。

（2）鲜蛋蛋液。将鲜蛋在流水下洗净，待干后再用75%酒精棉消毒蛋壳，然后根据检验要求，打开蛋壳取出蛋白、蛋黄或全蛋液，放入带有玻璃珠的灭菌瓶内，充分摇匀待检。

（3）巴氏杀菌全蛋粉、蛋白片、蛋黄粉。将检样放入带有玻璃珠的灭菌瓶内，按比例加入灭菌生理盐水充分摇匀待检。

（4）巴氏杀菌冰全蛋、冰蛋白、冰蛋黄。将装有冰蛋检样的瓶浸泡于流动冷水中，使检样融化后取出，放入带有玻璃珠的灭菌瓶中充分摇匀待检。

（5）各种蛋制品沙门氏菌增菌培养。以无菌手续称取检样，接种于亚硒酸盐煌绿或煌绿肉汤等增菌培养基中（此培养基预先置于盛有适量玻璃珠的灭菌瓶内）。盖紧瓶盖，充分摇匀，然后放入（36±1）℃温箱中，培养（20±2）h。

（6）接种以上各种蛋与蛋制品的数量及培养基的数量和成分。凡用亚硒酸盐煌绿增菌培养时，各种蛋与蛋制品的检样接种数量都为30g。培养基数量都为150ml。凡用煌绿肉汤进行增菌培养时，检样接种数量、培养基数量和浓度见表4-1。

表4-1　检样接种数量、培养基数量和南度

检样种类	检样接种数量	培养基数量（ml）	煌绿浓度（g/ml）
巴氏杀菌全蛋粉	6g（加24ml灭菌水）	120	1/6 000～1/4 000
蛋黄粉	6g（加24ml灭菌水）	120	1/6 000～1/4 000
鲜蛋液	6ml（加24ml灭菌水）	120	1/6 000～1/4 000
蛋白片	6g（加24ml灭菌水）	150	1/1 000 000
巴氏杀菌冰全蛋	30g	150	1/6 000～1/4 000
冰蛋黄	30g	150	1/6 000～1/4 000
冰蛋白	30g	150	1/60 000～1/50 000
鲜蛋、糟蛋、皮蛋	30g	150	1/6 000～1/4 000

注：煌绿应在临用时加入肉汤中，煌绿浓度系以检样和肉汤的总量计算

（三）检验方法

菌落总数测定：按 CB/T 4789.2 执行；
大肠菌群测定：按 CB/T 4789.3 执行；
沙门氏菌检验：按 GB/T 4789.4 执行；
志贺氏菌检验：按 GB/T 4789.5 执行。

第七节 水产食品中微生物检验

一、范围

规定了水产食品检验的基本要求和检验方法。

适用于即食动物性水产干制品，即食藻类食品，腌、醉制生食动物性水产品及其糜制品和熟制品的检验。

二、设备和材料

采样箱、篮、灭菌塑料袋、带盖搪瓷盘、灭菌带塞广口瓶、灭菌刀、镊子、剪子、灭菌棉签、带绳编号牌、培养基和试剂（见 GB/T 4789.2、GB/T 4789.3、GB/T 4789.4、GB/T 4789.5、GB/T 4789.7、GB/T 4789.10、GB/T 4789.15）。

三、操作步骤

（一）样品的采取和送检

现场采取水产食品样品时，应按检验目的和水产品的种类确定采样量。除个别大型鱼类和海兽只能割取其局部作为样品外，一般都采用完整的个体，待检验时再按要求在一定部位采取检样。在以判断质量鲜度为目的时，鱼类和体型较大的贝甲类虽然应以一个个体为一件样品，单独采取一个检样。但当对一批水产品作质量判断时，仍须采取多个个体做多件检样以反映全面质量。而一般小型鱼类如对虾、小蟹，因个体过小在检验时只能混合采取检样，在采样时须采数量更多的个体，鱼糜制品（如灌肠、鱼丸等）和熟制品采样 250g，放灭菌容器内。水产食品含水较多，体内酶的活力也较旺盛，易于变质。因此，在采好样品后应在最短时间内送检，在送检过程中应加冰保养。

（二）检样的处理

（1）鱼类。采取检样的部位为背肌。先用流水将鱼体体表冲净，去鳞，再用 75% 酒精棉球擦净鱼背，待干后用灭菌刀在鱼背部沿脊椎切开 5cm，再切开两端使两块背肌分别向两侧翻开，然后用无菌剪子剪取肉 25g，放入灭菌乳钵内，用灭菌剪子剪碎，加灭菌海砂或玻璃砂研磨（有条件情况下可用均质器），检样磨碎后加入 225ml 灭菌生理盐水，混匀成稀释液。

注：剪取肉样时，勿触破及沾上鱼皮。鱼糜制品和熟制品应放乳钵内进一步捣碎后，再加生理盐水混匀成稀释液。

（2）虾类。采取检样的部位为腹节内的肌肉。将虾体在流水下冲净，摘去头胸节，用灭菌剪子剪除腹节与头胸节连接处的肌肉，然后挤出腹节内的肌肉，称取 25g 放入灭菌乳钵内，以后操作同鱼类检样处理。

（3）蟹类。采取检样的部位为胸部肌肉。将蟹体在流水下冲净，剥去壳盖和腹脐，再去除鳃条，复置流水下冲净。用 75% 酒精棉球擦拭前后外壁，置灭菌搪瓷盘上待干。然后用灭菌剪子剪开成左右两片，再用双手将一片蟹体的胸部肌肉挤出（用手指从足根一端向剪开的一端挤压），称取 25g，置灭菌乳钵内。以下操作同鱼类检样处理。

（4）贝壳类。缝中徐徐切入，撬开壳盖，再用灭菌镊子取出整个内容物，称取 25g 置灭菌乳钵内，以下操作同鱼类检样处理。

（三）检验方法

菌落总数测定：按 GB/T 4789.2 执行；

大肠菌群测定：按 GB/T 4789.3 执行；

沙门氏菌检验：按 GB/T 4789.4 执行；

志贺氏菌检验：按 GB/T 4789.5 执行；

副溶血性弧菌检验：按 GB/T 4789.7 执行；

金黄色葡萄球菌检验：按 GB/T 4789.10 执行；

霉菌和酵母计数：按 GB/T 4789.15 执行。

注：水产食品兼受海洋细菌和陆上细菌的污染，检验时细菌培养温度应为 30℃。以上检样的方法和检验部位均以检验水产食品肌肉内细菌含量从而判断其鲜度质量为目的。如须检索水产食品是否带有某种致病菌时，其检样部位应采胃肠消化道和鳃等呼吸器官，鱼类检取肠管和鳃；虾类检取头胸节内的内脏和腹节外沿处的肠管；蟹类检取胃和鳃条；贝类中的螺类检取腹足肌肉以下的部分；贝类中的双壳类检取覆盖在斧足肌肉外层的内脏和瓣鳃。

第八节 饮料及冷冻饮品检验

一、范围

规定了冷冻饮品、饮料的检验方法。

适用于冷冻饮品（冰激凌、冰棍、雪糕和食用冰块）及饮料：果蔬汁饮料、含乳饮料、碳酸饮料、植物蛋白饮料、碳酸型茶饮料、固体饮料、可可粉固体饮料、乳酸菌饮料、罐装茶饮料、罐装型植物蛋白饮料（以罐头工艺生产）、瓶（桶）装饮用纯净水、低温复原果汁等的检验。

二、设备和材料

现场采样用品：按实际需要准备（见 GB/T 4789.2、GB/T 4789.3、GB/T 4789.4、GB/T 4789.5、GB/T 4789.10、GR/T 4789.15、GB/T 16347）。

三、培养基和试剂

见 GB/T 4789.2、GB/T 4789.3、GB/T 4789.4、GB/T 4789.5、GB/T 4789.10、GB/T 4789.15、GB/T 16347。

四、操作步骤

（一）样品的采取和送检

见 GB/T 4789.1。
（1）果蔬汁饮料、碳酸饮料、茶饮料、固体饮料、应采取原瓶、袋和盒装样品。
（2）冷冻饮品。采取原包装样品。
（3）样品采取后，应立即送检。如不能立即检验，应置冰箱保存。

（二）样品采取数量

按 GB/T 4789.1 执行。

（三）检样的处理

（1）瓶装饮料。用点燃的酒精棉球烧灼瓶口灭菌，用石碳酸纱布盖好，塑料瓶口可用75%酒精棉球擦拭灭菌，用灭菌开瓶器将盖启开，含有 CO_2 的饮料可倒入另一灭菌容器内，口勿盖紧，覆盖灭菌纱布，轻轻摇荡。待气体全部逸出后，进行检验。
（2）冰棍。用灭菌镊子除去包装纸，将冰棍部分放入灭菌广口瓶内，木棒留在瓶外，盖上瓶盖，用力抽出木棒，或用灭菌剪子剪掉木棒，置45℃水浴30min，溶化后立即进行检验。
（3）冰激凌。放在灭菌容器内，待其溶化，立即进行检验。

（四）检验方法

菌落总数测定：按 GB/T 4789.2 执行；
大肠菌群测定：按 GB/T 4789.3 执行；
沙门氏菌检验：按 GB/T 4789.4 执行；
志贺氏菌检验：按 GB/T 4789.5 执行；
金黄色葡萄球菌检验：按 GB/T 4789.10 执行；
霉菌和酵母计数：按 GB/T 4789.15 执行；
乳酸菌检验：按 GB/T 16347 执行。

第九节　保健食品微生物检验

一、范围

适用于各类保健食品。

二、保健食品

声称并具有特定保健功能或者以补充维生素、矿物质为目的的食品。即适用于特定人群食用，具有调节机体功能，不以治疗疾病为目的，并且对人体不产生任何急性、亚急性或慢性危害的食品。

三、微生物限量

微生物限量应符合 GB 29921 中相应类属食品和相应类属食品的食品安全国家标准的规定，无相应类属食品规定的应符合表 4 - 2 的规定。

表 4 - 2　微生物限量

项目	采样方案[a]及限量		检验方法
	液态产品	固态或半固态产品	
菌落总数[b]［CFU/（g 或 ml）］ ≤	10^3	3×10^4	GB 4789.2
大肠菌群［MPN/（g 或 ml）］ ≤	0.43	0.92	GB 4789.3 MPN 计数法
霉菌和酵母［CFU/（g 或 ml）］ ≤		50	GB 4789.15
金黄色葡萄球菌 ≤		0/25g	GB 4789.10
沙门氏菌 ≤		0/25g	GB 4789.4

[a]样品的采样及处理按 GB 4789.1 执行；
[b]不适用于终产品含有活性菌种（好氧和兼性厌氧益生菌）的产品。

第十节　酒类检验

一、范围

规定了酒精度低的发酵酒的检验方法。
适用于发酵酒中的啤酒（鲜啤酒和熟啤酒）、果酒、黄酒、葡萄酒的检验。

二、设备和材料

采样箱、记号笔、记录纸及实验室检验用品（见 GB/T 4789.2、GB/T 4789.3、GB/T 4789.4、GB/T 4789.5、GB/T 4789.10）。

三、操作步骤

（一）样品的采取和送检

发酵酒样品的采样按 GB/T 4789.1 执行。

（二）检样的处理

用点燃的酒精棉球烧灼瓶口灭菌，用石碳酸纱布盖好，再用灭菌开瓶器将盖启开，含有 CO_2 的酒类可倒入另一灭菌容器内，口勿盖紧，覆盖一灭菌纱布，轻轻摇荡。待气体全部逸出后，进行检验。

（三）检验方法

菌落总数测定：按 GB/T 4789.2 执行；

大肠菌群测定：按 GB/T 4789.3 执行；

沙门氏菌检验：按 GB/T 4789.4 执行；

志贺氏菌检验：按 GB/T 4789.5 执行；

金黄色葡萄球菌检验：按 GB/T 4789.10 执行。

第十一节　冷食菜、豆制品微生物检验

一、范围

规定了冷食菜、非发酵豆制品及面筋、发酵豆制品的检验方法。

适用于冷食菜、非发酵豆制品及面筋、发酵豆制品的检验。

二、设备和材料

（一）现场采样用品

采样箱、灭菌塑料袋、500ml 灭菌带塞广口瓶、灭菌刀、剪。

（二）实验室检验用品

见 GB/T 4789.2、GB/T 4789.3、GB/T 4789.4、GB/T 4789.5、GB/T 4789.10。

（三）培养基和试剂

见 GB/T 4789.2、GB/T 4789.3、GB/T 4789.4、GB/T 4789.5、GB/T 4789.10。

三、操作步骤

（一）样品的采取和送检

（1）采样时应注意样品代表性，采取接触盛器边缘、底部及上面不同部位样品，放入灭菌容器内。样品送往化验室应立即检验或放置冰箱暂存，不得加入任何防腐剂，定型包装样品则随机采取。

（2）采样数量：按 GB/T 4789.1 要求。

（二）检样的处理

以无菌操作称取 25g 检样，放入 225ml 灭菌蒸馏水，用均质器打碎 1min，制成混悬液。定型包装样品，先用 75% 酒精棉球消毒包装袋口，用灭菌剪刀剪开后以无菌操作称取 25g 检样，放入 225ml 无菌蒸馏水，用均质器打碎 1min，制成混悬液。

（三）检验方法

菌落总数测定：按 GB/T 4789.2 执行；

大肠菌群测定：按 GB/T 4789.3 执行；

沙门氏菌检验：按 GB/T 4789.4 执行；

志贺氏菌检验：按 GB/T 4789.5 执行；

金黄色葡萄球菌检验：按 GB/T 4789.10 执行。

第十二节　食（饮）具消毒卫生标准

一、范围

规定了食（饮）具消毒的感官指标、理化指标、细菌指标、采样方法及卫生管理规范。适用于宾馆、饭店、餐厅、食堂等饮食企业的食（饮）具，也适用于个体摊点的食（饮）具。

二、引用标准

GB 4789.1～4789.28 食品卫生微生物学检验。

GB 5749 生活饮用水卫生标准。

GB 5750 生活饮用水标准检验法。

三、感官指标

（1）物理消毒（包括蒸汽、煮沸等热消毒）。食（饮）具必须表面光洁、无油渍、无水渍、无异味。

（2）化学（药物）消毒。食（饮）具表面必须无泡沫、无洗消剂的味道，无不溶性附着物。

四、细菌指标

采用物理或化学消毒的食（饮）具均必须达到表 4－3 的要求。

表 4－3　食（饮）具消毒后的细菌指标

	项目	指标
大肠杆菌	发酵法，个/100cm	3
	纸片法，个/50cm	不得检出
	致病菌	不得检出

注：发酵法与纸片法任何一法的检验结果均可作为判定依据。

五、采样与检验方法

（一）发酵法采样与检验

1. 采样方法

食（饮）具抽检碗、盘、口杯，将 2.0cm × 2.5cm（5cm^2）灭菌滤纸片紧贴内面各 10

张（总面积50cm²）、碟、匙、酒杯以每5件为1份，每件内面紧贴灭菌滤纸片各2张（总面积50cm²/份），经1min，按序取置入50ml灭菌盐水试管中，充分振荡后，制成原液。

筷：取每双的下段12cm处，表面积共约50cm²（12cm×2cm×2），置入50ml灭菌盐水试管中，充分振荡20次，制成原液。

2. 检验方法

按GB 4789.1～4789.28执行。

（二）纸片法采样与检验

食（饮）具消毒采用专用的大肠菌群快速检验纸片。

1. 采样方法

随机抽取消毒后准备使用的各类食具（碗、盘、杯等），取样量可根据大、中、小不同饮食行业，每次采样6～10件，每件贴纸片两张，每张纸片面积25cm²（5cm×5cm）用无菌生理盐水湿润大肠菌群检测用纸片后，立即贴于食具内侧表面，30s后取下，置于无菌塑料袋内。

筷子以5只为一件样品，用毛细吸管吸取无菌生理盐水湿润纸片后，立即将筷子进口端（约5cm）抹拭纸片，每件样品抹拭两张，放入无菌塑料袋内。

2. 检验方法

将已采样的纸片置37℃培养16～18h，若纸片保持紫蓝色不变为大肠菌群阴性，纸片变黄并在黄色背景上呈现红色斑点或片状红晕为阳性。

思考题

1. 食品微生物检验的范围包括哪些方面？
2. 怎样进行食品微生物检验样品的采集？
3. 对生活饮用水进行微生物检验的步骤是什么？
4. 乳制品在进行微生物检验前需要进行哪些处理？
5. 冷食菜、豆制品微生物检验步骤是什么？
6. 食（饮）具消毒达到的标准是什么？

第五章 食品卫生细菌学检验技术

学习目标

1. 了解大肠菌群、粪大肠菌群、大肠杆菌、大肠埃希氏菌之间的关系。
2. 熟悉菌落总数检验的意义、程序和操作要点。
3. 掌握大肠菌群检验的意义、程序和操作要点。

第一节 菌落总数检验技术

菌落总数（Colonies number），就是指在一定条件下（如需氧情况、营养条件、pH 值、培养温度和时间等）每克（每毫升）检样所生长出来的细菌菌落总数。用来判定食品被细菌污染的程度及卫生质量，它反映食品在生产过程中是否符合卫生要求，以便对被检样品做出适当的卫生学评价。菌落总数的多少在一定程度上标志着食品卫生质量的优劣。

目前，相关的食品中菌落总数的测定方法有：GB 4789.2—2010《食品安全国家标准 食品微生物学检验菌落总数测定》、SN/T 0168—2015《进出口食品中菌落总数计数方法》、SN/T 1607—2005《进出口饮料中菌落总数、大肠菌群、粪大肠菌群、大肠杆菌计数方法 疏水栅格滤膜法》、SN/T 3466—2013《出口食品平板菌落计数 滤膜法》、SN/T 1800—2006《食品和动物饲料微生物学 30℃菌落计数方法》、SN/T 2098—2008《食品和化妆品中的菌落计数检测方法 螺旋平板法》等，其中，最有代表性的，就是 GB 4789.2—2010《食品安全国家标准 食品微生物学检验菌落总数测定》。

GB 4789 系列标准，是通用型的食品微生物学检验的方法标准，其中菌落总数使用的方法标准是 GB 4789.2—2010《食品安全国家标准 食品微生物学检验菌落总数测定》，所代替标准的历次版本发布情况有：GB 4789.2—1984、GB 4789.2—1994、GB/T 4789.2—2003、GB/T 4789.2—2008、GB 4789.2—2010。下面以 GB 4789.2—2016 为蓝本介绍食品中菌落总数检验技术。

一、范围

本方法适用于食品中菌落总数（Aerobic plate count）的测定。

二、术语和定义

菌落总数：食品检样经过处理，在一定条件下（如培养基、培养温度和培养时间等）培养后，所得每 g（ml）检样中形成的微生物菌落总数。

三、设备和材料

除微生物实验室常规灭菌及培养设备外，还需要下列设备和材料。恒温培养箱：[（36±1）℃，（30±1）℃]；冰箱（2～5℃）；恒温水浴箱：（46±1）℃；天平（感量为

0.1g）；均质器；振荡器；无菌吸管［1ml（具0.01ml刻度）、10ml（具0.1ml刻度）］或微量移液器及吸头；无菌锥形瓶（容量250ml、500ml）；无菌培养皿（直径90mm）；pH计或pH比色管或精密pH试纸；放大镜或菌落计数器。

四、培养基和试剂

（一）平板计数琼脂（Plate count agar，PCA）培养基

（1）成分：胰蛋白胨5.0g；酵母浸膏2.5g；葡萄糖1.0g；琼脂15.0g；蒸馏水1 000ml；pH值7.0±0.2。

（2）制法：将上述成分加于蒸馏水中，煮沸溶解，调节pH值。分装试管或锥形瓶，121℃高压灭菌15min。

（二）磷酸盐缓冲液

（1）成分：磷酸二氢钾（KH_2PO_4）34.0g；蒸馏水500ml；pH值7.2。

（2）制法：贮存液——称取34.0g的KH_2PO_4溶于500ml蒸馏水中，用大约175ml的1mol/L NaOH溶液调节pH值，用蒸馏水稀释至1 000ml后贮存于冰箱；稀释液——取贮存液1.25ml，用蒸馏水稀释至1 000ml，分装于适宜容器中，121℃高压灭菌15min。

（三）无菌生理盐水

（1）成分：氯化钠（NaCl）8.5g；蒸馏水1 000ml。

（2）制法：称取8.5g NaCl溶于1 000ml蒸馏水中，121℃高压灭菌15min。

（四）无菌1mol/L氢氧化钠（NaOH）

（1）成分：NaOH 40.0g；蒸馏水1 000ml。

（2）制法：称取40g NaOH溶于1 000ml蒸馏水中，121℃高压灭菌15min。

（五）无菌1mol/L盐酸（HCl）

（1）成分：浓盐酸90ml；蒸馏水1 000ml。

（2）制法：移取浓盐酸90ml，用蒸馏水稀释至1 000ml，121℃高压灭菌15min。

五、检验程序

菌落总数的检验程序见图5-1。

六、操作步骤

（一）样品的稀释

（1）固体和半固体样品：称取25g样品置盛有225ml磷酸盐缓冲液或生理盐水的无菌均质杯内，80 00～10 000r/min均质1～2min，或放入盛有225ml稀释液的无菌均质袋中，用拍击式均质器拍打1～2min，制成1：10的样品匀液。

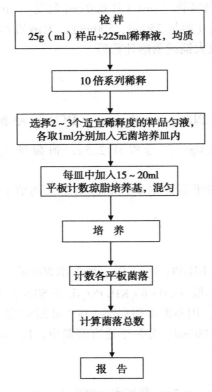

图 5 - 1 菌落总数的检验程序

（2）液体样品：以无菌吸管吸取 25ml 样品置盛有 225ml 磷酸盐缓冲液或生理盐水的无菌锥形瓶（瓶内预置适当数量的无菌玻璃珠）中，充分混匀，制成 1：10 的样品匀液

（3）用 1ml 无菌吸管或微量移液器吸取 1：10 样品匀液 1ml，沿管壁缓慢注于盛有 9ml 稀释液的无菌试管中（注意吸管或吸头尖端不要触及稀释液面），振摇试管或换用 1 支无菌吸管反复吹打使其混合均匀，制成 1：100 的样品匀液。

（4）按 1.3 操作程序，制备 10 倍系列稀释样品匀液。每递增稀释一次，换用 1 次 1ml 无菌吸管或吸头。

（5）根据对样品污染状况的估计，选择 2 ~ 3 个适宜稀释度的样品匀液（液体样品可包括原液），在进行 10 倍递增稀释时，吸取 1ml 样品匀液于无菌平皿内，每个稀释度做两个平皿。同时，分别吸取 1ml 空白稀释液加入两个无菌平皿内作空白对照。

（6）及时将 15 ~ 20ml 冷却至 46℃的平板计数琼脂培养基［可放置于（46 ±1）℃恒温水浴箱中保温］倾注平皿，并转动平皿使其混合均匀。

（二）培养

（1）待琼脂凝固后，将平板翻转，（36 ±1）℃培养（48 ±2）h。水产品（30 ±1）℃培养（72 ±3）h。

（2）如果样品中可能含有在琼脂培养基表面弥漫生长的菌落时，可在凝固后的琼脂表面覆盖一薄层琼脂培养基（约 4ml），凝固后翻转平板，按 2.1 条件进行培养。

（三）菌落计数

可用肉眼观察，必要时用放大镜或菌落计数器，记录稀释倍数和相应的菌落数量。菌落计数以菌落形成单位（Colony – forming units，CFU）表示。

（1）选取菌落数在 30～300CFU 之间、无蔓延菌落生长的平板计数菌落总数。低于 30CFU 的平板记录具体菌落数，大于 300CFU 的可记录为多不可计。每个稀释度的菌落数应采用两个平板的平均数。

（2）其中一个平板有较大片状菌落生长时，则不宜采用，而应以无片状菌落生长的平板作为该稀释度的菌落数；若片状菌落不到平板的一半，而其余一半中菌落分布又很均匀，即可计算半个平板后乘以 2，代表一个平板菌落数。

（3）当平板上出现菌落间无明显界线的链状生长时，则将每条单链作为一个菌落计数。

七、结果与报告

（一）菌落总数的计算方法

（1）若只有一个稀释度平板上的菌落数在适宜计数范围内，计算两个平板菌落数的平均值，再将平均值乘以相应稀释倍数，作为每 g（ml）样品中菌落总数结果（见表 5 – 1 中例次 1）。

（2）若有两个连续稀释度的平板菌落数在适宜计数范围内时，按以下公式计算（见表 5 – 1 中例次 2、例次 3）：

$$N = \sum C \big/ \left[\left(n_1 + 0.1 n_2 \right) \cdot d \right]$$

式中：N——样品中菌落数；

$\qquad C$——平板（含适宜范围菌落数的平板）菌落数之和；

$\qquad n_1$——第一稀释度（低稀释倍数）平板个数；

$\qquad n_2$——第二稀释度（高稀释倍数）平板个数；

$\qquad d$——稀释因子（第一稀释度）。

示例：

稀释度	1：100（第一稀释度）	1：1 000（第二稀释度）
菌落数（CFU）	232，244	33，35

$$N = \frac{\sum C}{\left(n_1 + 0.1 n_2 \right) d} = \frac{232 + 244 + 33 + 35}{\left[2 + \left(0.1 \times 2 \right) \right] \times 10^{-2}} = \frac{544}{0.022} = 24\,727$$

上述数据按下一步（二）中的计数报告规则修改后，表示为 25 000 或 2.5×10^4。

（3）若所有稀释度的平板上菌落数均大于 300CFU，则对稀释度最高的平板进行计数，其他平板可记录为多不可计，结果按平均菌落数乘以最高稀释倍数计算（见表 5 – 1 中例次 4）。

（4）若所有稀释度的平板菌落数均小于 30CFU，则应按稀释度最低的平均菌落数乘以稀释倍数计算（见表 5 – 1 中例次 5）。

（5）若所有稀释度（包括液体样品原液）平板均无菌落生长，则以小于 1 乘以最低稀释倍数计算（见表 5 – 1 中例次 6）。

（6）若所有稀释度的平板菌落数均不在30～300CFU，其中一部分小于30CFU或大于300CFU时，则以最接近30CFU或300CFU的平均菌落数乘以稀释倍数计算（见表5-1中例次7）。

（二）菌落总数的报告

（1）菌落数小于100CFU时，按"四舍五入"原则修约，以整数报告。

（2）菌落数大于或等于100CFU时，第3位数字采用"四舍五入"原则修约后，取前2位数字，后面用0代替位数；也可用10的指数形式来表示，按"四舍五入"原则修约后，采用两位有效数字（表5-1）。

（3）若所有平板上为蔓延菌落而无法计数，则报告菌落蔓延。

（4）若空白对照上有菌落生长，则此次检测结果无效。

（5）称重取样以CFU/g为单位报告，体积取样以CFU/ml为单位报告。

表5-1 稀释度选择及菌落数报告方式

例次	稀释液及菌落数						菌落总数 [CFU/g（ml）]	报告 [CFU/g（ml）]
	10^{-1}		10^{-2}		10^{-3}			
	平皿1	平皿2	平皿1	平皿2	平皿1	平皿2		
1	多不可计	多不可计	160	168	22	18	$164 \times 10^2 = 16\,400$	16 000 或 1.6×10^4
	平均：多不可计		平均：164		平均：20			
2	多不可计	多不可计	232	244	33	35	$\dfrac{232+244+33+35}{(2+0.1\times2)} \times 10^{-2}$ $= 24\,727$	25 000 或 2.5×10^4
	平均：多不可计		平均：238		平均：34			
3	多不可计	多不可计	232	244	33	25	$\dfrac{232+244+33}{(2+0.1\times1)} \times 10^{-2}$ $= 24\,238$	24 000 或 2.4×10^4
	平均：多不可计		平均：238		平均：29			
4	多不可计	多不可计	多不可计	多不可计	320	306	$313 \times 10^3 = 313\,000$	310 000 或 3.1×10^5
	平均：多不可计		平均：多不可计		平均：313			
5	29	25	13	9	6	4	$27 \times 10 = 270$	270 或 2.7×10^2
	平均：27		平均：11		平均：5			
6	0	0	0	0	0	0	$<1 \times 10 = <10$	<10
	平均：0		平均：0		平均：0			
7	多不可计	多不可计	302	308	10	14	$305 \times 10^2 = 30\,500$	31 000 或 3.1×10^4
	平均：多不可计		平均：305		平均：12			

第二节　大肠菌群检验技术

大肠菌群并非细菌学分类命名，而是卫生细菌领域的用语，它不代表某一个或某一属细菌，而指的是具有某些特性的一组与粪便污染有关的细菌，这些细菌在生化及血清学方面并非完全一致。其定义为需氧及兼性厌氧、在37℃能分解乳糖产酸产气的革兰氏阴性无芽孢杆菌,一般认为该菌群细菌可包括大肠埃希氏菌、柠檬酸杆菌、产气克雷伯氏菌和阴沟肠杆菌等。大肠菌群是评价食品卫生质量的重要指标之一,目前已被国内外广泛应用于食品卫生工作中。大肠菌群一方面作为食品粪便污染的指示菌,表示食品曾受到人与温血动物粪便的污染,因为大肠菌群都直接来自人与温血动物粪便;另一方面作为肠道致病菌污染食品的指示菌,因为大肠菌群与肠道致病菌来源相同,且在一般条件下大肠菌群在外界生存时间与主要肠道致病菌是一致的。

目前,相关的食品中大肠菌群的测定方法有:GB 4789.3—2010《食品安全国家标准　食品微生物学检验　大肠菌群计数》、GB/T 4789.32—2002《食品卫生微生物学检验　大肠菌群的快速检测》、GB 4789.39—2013《食品安全国家标准　食品微生物学检验　粪大肠菌群计数》、SN/T 1607—2005《进出口饮料中菌落总数、大肠菌群、粪大肠菌群、大肠杆菌计数方法　疏水栅格滤膜法》等。其中,使用范围最广、最有代表性的是 GB 4789.3—2010《食品安全国家标准　食品微生物学检验　大肠菌群计数》所代替标准的历次版本发布情况有:GB 4789.3—1984、GB 4789.3—1994、GB/T 4789.3—2003、GB/T 4789.3—2008、GB 4789.3—2010。下面以 GB 4789.3—2016 为蓝本介绍大肠菌群检验技术。

一、范围

规定了食品中大肠菌群计数的方法。本标准适用于食品中大肠菌群的计数。

二、术语和定义

(1) 大肠菌群 (Coliforms):在一定培养条件下能发酵乳糖、产酸产气的需氧和兼性厌氧革兰氏阴性无芽孢杆菌。

(2) 最可能数 (Most probable number,MPN):基于泊松分布的一种间接计数方法。

三、设备和材料

除微生物实验室常规灭菌及培养设备外,其他设备和材料有:恒温培养箱 [(36 ± 1)℃];冰箱 (2~5℃);恒温水浴箱 [(46 ± 1)℃];天平 (感量为 0.1g);均质器;振荡器;无菌吸管 [1ml (具 0.01ml 刻度)、10ml (具 0.1ml 刻度)] 或微量移液器及吸头;无菌锥形瓶 (容量 500ml);无菌培养皿 (直径 90mm);pH 计或 pH 比色管或精密 pH 试纸;菌落计数器。

四、培养基和试剂

1. 月桂基硫酸盐胰蛋白胨 (Lauryl sulfate tryptose,LST) 肉汤

(1) 成分:胰蛋白胨或胰蛋白胨 20.0g;氯化钠 5.0g;乳糖 5.0g;磷酸氢二钾 2.75g;磷酸二氢钾 2.75g;月桂基硫酸钠 0.1g;蒸馏水 1 000ml;pH 值 6.8 ±0.2。

(2) 制法:将含上述成分的固体培养基溶解于蒸馏水中,调节 pH 值分装到有玻璃小倒管的试管中,每管 10ml,121℃高压灭菌 15min,备用。

2. 煌绿乳糖胆盐 (Brilliant green lactose bile,BGLB) 肉汤

(1) 成分:蛋白胨 10.0g;乳糖 10.0g;牛胆粉 (Oxgall 或 Oxbile) 溶液 200ml;0.1% 煌绿水溶液 13.3ml;蒸馏水 1 000ml;pH 值 7.2 ±0.1。

（2）制法：将含上述成分的固体培养基溶解于蒸馏水中，调节 pH 值分装到有玻璃小倒管的试管中，每管 10ml，121℃高压灭菌 15min，备用。

3. 结晶紫中性红胆盐琼脂（Violet red bile agar，VRBA）

（1）成分：蛋白胨 7.0g；酵母膏 3.0g；氯化钠 5.0g；乳糖 10.0g；胆盐或 3 号胆盐 1.5g；结晶紫 0.002g；中性红 0.03g；琼脂 15～18g；蒸馏水 1 000ml；pH 值 7.4±0.1。

（2）用法：称取本品 41.5g，加热溶解于 1 000ml 蒸馏水中，静置，充分搅拌，调节 pH 值。煮沸 2min，将培养基冷却至 45～50℃倾注平板。使用前临时制备，不得超过 3h。

4. 无菌磷酸盐缓冲液（见菌落总数检验方法中介绍）

5. 无菌生理盐水（见菌落总数检验方法中介绍）

6. 无菌 1mol/L NaOH（见菌落总数检验方法中介绍）

7. 无菌 1mol/L HCl（见菌落总数检验方法中介绍）

五、检验方法

（一）大肠菌群 MPN 计数法检验程序

大肠菌群 MPN 计数法检验程序见图 5－2。

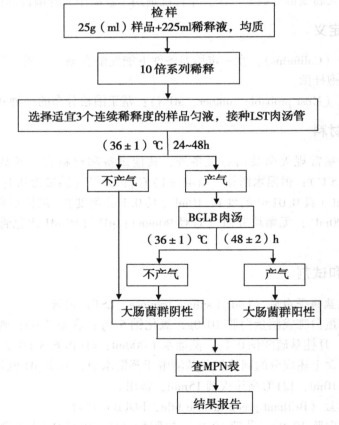

图 5－2　大肠菌群 MPN 计数法检验程序

（二）大肠菌群 MPN 计数法操作步骤

1. 样品的稀释

（1）固体和半固体样品：称取 25g 样品，放入盛有 225ml 磷酸盐缓冲液或生理盐水的无菌均质杯内，8 000～10 000r/min 均质 1～2min，或放入盛有 225ml 磷酸盐缓冲液或生理盐水的无菌均质袋中，用拍击式均质器拍打 1～2min，制成 1∶10 的样品匀液。

（2）液体样品：以无菌吸管吸取 25ml 样品置盛有 225ml 磷酸盐缓冲液或生理盐水的无菌锥形瓶（瓶内预置适当数量的无菌玻璃珠）或其他无菌容器中充分振摇或置于机械振荡器中振摇，充分混匀，制成 1∶10 的样品匀液。

（3）样品匀液的 pH 值应在 6.5～7.5，必要时分别用 1mol/L NaOH 或 1mol/L HCl 调节。

（4）用 1ml 无菌吸管或微量移液器吸取 1∶10 样品匀液 1ml，沿管壁缓缓注入 9ml 磷酸盐缓冲液或生理盐水的无菌试管中（注意吸管或吸头尖端不要触及稀释液面），振摇试管或换用 1 支 1ml 无菌吸管反复吹打，使其混合均匀，制成 1∶100 的样品匀液。

（5）根据对样品污染状况的估计，按上述操作，依次制成十倍递增系列稀释样品匀液。每递增稀释 1 次，换用 1 支 1ml 无菌吸管或吸头。从制备样品匀液至样品接种完毕，全过程不得超过 15min。

2. 初发酵试验

每个样品，选择 3 个适宜的连续稀释度的样品匀液（液体样品可以选择原液），每个稀释度接种 3 管月桂基硫酸盐胰蛋白胨（LST）肉汤，每管接种 1ml（如接种量超过 1ml，则用双料 LST 肉汤），（36±1）℃培养（24±2）h，观察倒管内是否有气泡产生，（24±2）h 产气者进行复发酵试验证实试验，如未产气则继续培养至（48±2）h，产气者进行复发酵试验。未产气者为大肠菌群阴性。

3. 复发酵试验

用接种环从产气的 LST 肉汤管中分别取培养物 1 环，移种于煌绿乳糖胆盐肉汤（BGLB）管中，（36±1）℃培养（48±2）h，观察产气情况。产气者，计为大肠菌群阳性管。

4. 大肠菌群最可能数（MPN）的报告

按"3. 复发酵试验"确证的大肠菌群 LST 阳性管数，检索 MPN 表（表 5-2），报告每 g（ml）样品中大肠菌群的 MPN 值。

说明：MPN 为最大可能数（Most probable number）的简称。这种方法，对样品进行连续系列进行稀释，加入培养基进行培养，从规定的反应呈阳性管数的出现率，用概率论来推算样品中菌数最相近似的数值。MPN 检索表只给了 3 个稀释度，如改用不同的稀释度，则表内数字应相应降低或增加 10 倍。注意国家标准和行业标准中所附 MPN 表所用稀释度是不同的，而且结果报告的单位也不相同。

表 5-2　大肠菌群最可能数（MPN）检索表

阳性管数			MPN	95%可信限		阳性管数			MPN	95%可信限	
0.1	0.01	0.001		下限	上限	0.1	0.01	0.001		下限	上限
0	0	0	<3.0	—	9.5	2	2	0	21	4.5	42
0	0	1	3.0	0.15	9.6	2	2	1	28	8.7	94
0	1	0	3.0	0.15	11	2	2	2	35	8.7	94
0	1	1	6.1	1.2	18	2	3	0	29	8.7	94
0	2	0	6.2	1.2	18	2	3	1	36	8.7	94
0	3	0	9.4	3.6	38	3	0	0	23	4.6	94
1	0	0	3.6	0.17	18	3	0	1	38	8.7	110
1	0	1	7.2	1.3	18	3	0	2	64	17	180
1	0	2	11	3.6	38	3	1	0	43	9	180
1	1	0	7.4	1.3	20	3	1	1	75	17	200
1	1	1	11	3.6	38	3	1	2	120	37	420
1	2	0	11	3.6	42	3	1	3	160	40	420
1	2	1	15	4.5	42	3	2	0	93	18	420
1	3	0	16	4.5	42	3	2	1	150	37	420
2	0	0	9.2	1.4	38	3	2	2	210	40	430
2	0	1	14	3.6	42	3	2	3	290	90	1 000
2	0	2	20	4.5	42	3	3	0	240	42	1 000
2	1	0	15	3.7	42	3	3	1	460	90	2 000
2	1	1	20	4.5	42	3	3	2	1 100	180	4 100
2	1	2	27	8.7	94	3	3	3	>1 100	420	—

注：1. 本表采用 3 个稀释度 [0.1g（ml）、0.01g（ml）和 0.001g（ml）]，每个稀释度接种 3 管。

2. 表内所列检样量如改用 1g（ml）、0.1g（ml）和 0.01g（ml）时，表内数字应相应降低 10 倍；如改用 0.01g（ml）、0.001g（ml）0.0001g（ml）时，则表内数字应相应提高 10 倍，其余类推。

（三）大肠菌群平板计数法检验程序

大肠菌群平板计数法的检验程序见图 5-3。

（四）大肠菌群平板计数法操作步骤

1. 样品的稀释

按"大肠菌群 MPN 计数法操作步骤"中"样品的稀释"方法进行。

2. 平板计数

（1）选取 2~3 个适宜的连续稀释度，每个稀释度接种 2 个无菌平皿，每皿 1ml。同时取 1ml 生理盐水加入无菌平皿作空白对照。

（2）及时将 15~20ml 融化并恒温至 46℃ 的结晶紫中性红胆盐琼脂（VRBA）倾注于每个平皿中。小心旋转平皿，将培养基与样液充分混匀，待琼脂凝固后，再加 3~4ml VRBA

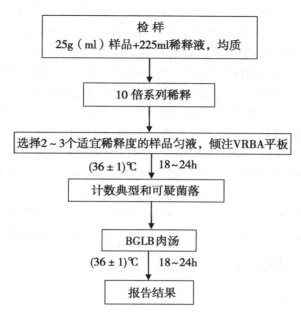

图 5 – 3　大肠菌群平板计数法检验程序

覆盖平板表层。翻转平板，置于（36 ± 1）℃培养 18 ~ 24h。

3. 平板菌落数的选择

选取菌落数在 15 ~ 150CFU 的平板，分别计数平板上出现的典型和可疑大肠菌群菌落（如菌落直径较典型菌落小）。典型菌落为紫红色，菌落周围有红色的胆盐沉淀环，菌落直径为 0.5mm 或更大，最低稀释度平板低于 15CFU 的记录具体菌落数。

4. 证实试验

从 VRBA 平板上挑取 10 个不同类型的典型和可疑菌落，少于 10 个菌落的挑取全部典型和可疑菌落，分别移种于 BGLB 肉汤管内，（36 ± 1）℃培养 24 ~ 48h，观察产气情况。凡 BGLB 肉汤管产气，即可报告为大肠菌群阳性。

5. 大肠菌群平板计数的报告

经最后证实为大肠菌群阳性的试管比例乘以计数的平板菌落数，再乘以稀释倍数，即为每 g（ml）样品中大肠菌群数。例：10^{-4} 样品稀释液 1ml，在 VRBA 平板上有 100 个典型和可疑菌落，挑取其中 10 个接种 BGLB 肉汤管，证实有 6 个阳性管，则该样品的大肠菌群数为：$100 \times 6/10 \times 10^4/g$（ml） $= 6.0 \times 10^5 CFU/g$（ml）。若所有稀释度（包括液体样品原液）平板均无菌落生长，则以小于 1 乘以最低稀释倍数计算。

第三节　食品生产环境菌落总数检验技术

食品的物料在加工成型前，一般要经过高温熟化处理，从理论上讲绝大多数食品经高温杀菌后，其中的微生物基本被杀灭，能达到商业无菌的要求，这样的食品在适宜的条件下贮藏，在承诺的保存期内基本不会变质。可是现实中，食品在冷却至内包（灌装）的工序中，还会与车间内的空气直接接触，如车间空气含有较多的微生物，则这些微生物会附着在食品表面，再次污染食品，为食品的日后变质留下隐患。在消毒设施不良的车间里，细菌的迅速繁衍及人身上的发菌（新陈代谢），使得空气环境中积累了大量的污染物，食品安全得不到有效保障。所以，需要对食品生产环境进行检查，以确保食品质量不受这些环境因素的影响。一般对环境微生物的监测包括对实验室表面和空气中微生物的分析。菌落总数是食品卫生检测中的一项很重要的指标，是判定食品被细菌污染程度的标记。

食品生产环境菌落总数的检验目前没有出台合适的国家标准，参考使用的标准有：GB 15979—2002《一次性使用卫生用品卫生标准》、GB/T 18204.3—2013《公共场所卫生检验方法第 3 部分：空气微生物》、GB/T 18204.4—2013《公共场所卫生检验方法第 4 部分：公共用品用具微生物》、SN/T 0169—2010《进出口食品中大肠菌群、粪大肠菌群和大肠杆菌检测方法》、等。

GB 15979—2002《一次性使用卫生用品卫生标准》对于生产环境采样与测试方法的描述比较清楚明白，在此我们以此为蓝本讲述食品生产环境菌落总数的检验技术。

一、空气采样与测试方法

其程序与方法见第四章第二节。

菌落计算：

空气中细菌菌落总数（cfu/m³）$= \dfrac{N \times 50\,000}{A \times T}$

式中：N——平板上平均菌落数；

      A——平板面积（cm²）；

      T——暴露时间（min）；

      50 000——换算到 100cm² 时的平板暴露在空气中 5min 相当于 10L 空气的细菌数的换算系数。

二、工作台（机械器具）表面与工人手表面采样及测试方法

其程序与方法见第四章第二节。

菌落总数计算：

工作台表面菌落总数（CFU/cm²）＝平板上平均菌落数×稀释倍数/采样面积（cm²）

工人手表面菌落总数（CFU/只手）＝平板上平均菌落数×稀释倍数。

思考题

1. 菌落总数如果 3 个稀释度都在 30～300 范围内时该怎么计算？

2. 大肠菌群、粪大肠菌群、大肠杆菌、大肠埃希氏菌之间有什么关系？

第六章　常见致病菌检验

学习目标

1. 掌握各种常见致病菌的生物学特性（形态特性、生化特性等），并能利用这些生物学特性，在食品检验中进行病原微生物的鉴别。
2. 熟悉各种常见病原微生物的检验程序。
3. 掌握各种常见病原微生物的检验方法，并能正确、熟练地进行操作。
4. 熟练掌握各种检验仪器的使用。

第一节　沙门氏菌检验

一、生物学特性

沙门氏菌是肠杆菌中的一个大菌属，广泛存在于水和土壤中，在工厂和厨房设施的表面上都发现有该类细菌。到目前为止，已发现有近 2 000 个血清型和生化型。它们主要寄生在人和动物的肠道内，可使其发生疾病。沙门氏菌为革兰氏阴性的短杆菌，不产芽孢及荚膜，周生鞭毛，能运动，兼性厌氧。嗜温性，最适生长温度 37℃，但在 18~20℃ 时也能生长繁殖，且具有相当的抗寒性，如在 0℃ 以下的冰雪中能存活 3~4 个月。在自然环境的粪便中可存活 1~2 个月。沙门氏菌的耐盐性很强，在含盐 10%~15% 的腌鱼、腌肉中能存活 2~3 个月。高水分活度下生长良好，当水分活度低于 0.94 生长受抑。抗热性差，在 60℃ 经 20~30min 就可被杀死。因此，蒸煮、巴氏消毒、正常家庭烹调、注意个人卫生等均可防止沙门氏菌污染。沙门氏菌不产生尿素酶，不利用丙二酸钠，不液化明胶，在含有氰化钾的培养基上不能生长。能使赖氨酸、精氨酸、鸟氨酸脱羧基，不发酵蔗糖、乳糖、水杨苷等，在 TSI、BS、HE、DHL 等选择性培养基上生长，都产生它们特有的菌落特征。

二、沙门氏菌食物中毒

沙门氏菌很容易通过食品传染给人，发生食物中毒。沙门氏菌食物中毒的主要临床症状为急性肠胃炎症状，如呕吐、腹痛、腹泻，腹泻一天可达数次，甚至十多次，还可引起头痛、发热等。沙门氏菌食品中毒的潜伏期一般为 12~36h，潜伏期的长短与进食菌的数量以及菌的致病力强弱有关。致病力强的沙门氏菌，当每克或每毫升食品中含菌量在 2×10^5 个时，即可导致发病。中毒严重可引起死亡。

沙门氏菌可以通过人和动物的患者或带菌者，以各种途径散布，也可以是被污染的食品、物品，通过人手、老鼠或苍蝇等昆虫作为媒介再传染给其他食品，从而引发食物中毒。

三、检验方法

食品中沙门氏菌的检验是食品卫生和检验工作者所必须掌握的一项基本技术。沙门氏菌检验目前通用的方法分 5 个步骤：前增菌、选择性增菌、选择性平板分离、生物化学筛选和血清学鉴定。

中华人民共和国卫生部 2010 年 3 月 16 日发布了《食品安全国家标准　食品微生物学检验　沙门氏菌检验》（GB 4789.4—2010）。该标准与 GB 4789.4—2008 比较，主要修改了培养基和试剂，修改了设备和材料，并说明了该标准的适用范围是食品中沙门氏菌的检验（GB 4789.4—2010）。下面按 GB 4789.4—2016 要求介绍沙门氏菌检验技术。

（一）设备和材料

检验食品中沙门氏菌所需设备和材料，除微生物实验室常规灭菌及培养设备外，其他设备和材料如下。冰箱：2～5℃；振荡器；恒温培养箱：（36±1）℃、（42±1）℃；均质器；电子天平：感量 0.1g；无菌锥形瓶：容量 500ml、250ml；无菌吸管：1ml（具 0.01ml 刻度）、10ml（具 0.1ml 刻度）或微量移液器及吸头；无菌培养皿：直径 90mm；无菌试管：3mm×50mm、10mm×75mm；无菌毛细管；pH 计或 pH 比色管或精密 pH 试纸；全自动微生物生化鉴定系统。

（二）培养基和试剂

沙门氏菌检验所需培养基和试剂。缓冲蛋白胨水（BPW）；四硫磺酸钠煌绿（TTB）增菌液；亚硒酸盐胱氨酸（SC）增菌液；亚硫酸铋（BS）琼脂；HE 琼脂（Hektoen enteric agar）；木糖赖氨酸脱氧胆盐（XLD）琼脂；沙门氏菌属显色培养基；三糖铁（TSI）琼脂；蛋白胨水、靛基质试剂；尿素琼脂（pH 值 7.2）；氰化钾（KCN）培养基；赖氨酸脱羧酶试验培养基；糖发酵管；邻硝基酚 β－D－半乳糖苷（ONPG）培养基；半固体琼脂；丙二酸钠培养基；沙门氏菌 O、H 和 Vi 诊断血清；生化鉴定试剂盒。

（三）检验程序

沙门氏菌检验程序如图 6-1 所示。

（四）操作步骤

1. 前增菌

称取 25g（ml）样品放入盛有 225ml BPW 的无菌均质杯中，以 8 000～10 000r/min 均质 1～2min，或置于盛有 225ml BPW 的无菌均质袋中，用拍击式均质器拍打 1～2min。若样品为液态，不需要均质，振荡混匀。如需调节 pH 值，用 1mol/ml 无菌 NaOH 或 HCl 调 pH 值至 6.8±0.2。无菌操作将样品转至 500ml 锥形瓶中，或其他合适容器内（如均质杯本身具有无孔盖，可不转移样品），可直接进行培养，于（36±1）℃培养 8～18h。

如为冷冻产品，应在 45℃以下不超过 15min 或 2～5℃不超过 18h 解冻。

2. 增菌

轻轻摇动培养过的样品混合物，移取 1ml，转种于 10ml TTB 内，于（42±1）℃培养

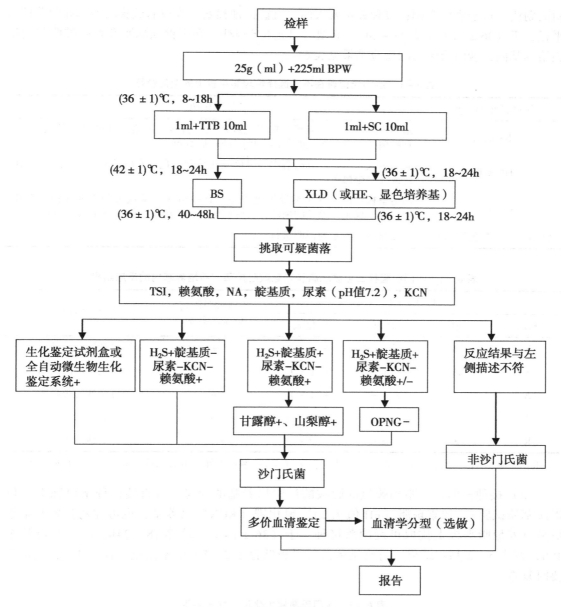

图6－1　沙门氏菌检验程序

18～24h。同时，另取1ml，转种于10ml SC内，于（36±1）℃培养18～24h。

3. 分离

分别用接种环取增菌液1环，划线接种于一个BS琼脂平板和一个XLD琼脂平板（或HE琼脂平板或沙门氏菌属显色培养基平板）。于（36±1）℃分别培养18～24h（XLD琼脂平板、HE琼脂平板、沙门氏菌属显色培养基平板）或40～48h（BS琼脂平板），观察各个平板上生长的菌落，各个平板上的菌落特征见表6－1。

4. 生化试验

（1）自选择性琼脂平板上分别挑取2个以上典型或可疑菌落，接种三糖铁琼脂，先在斜面划线，再于底层穿刺；接种针不要灭菌，直接接种赖氨酸脱羧酶试验培养基和营养琼脂平板，于（36±1）℃培养18~24h，必要时可延长至48h。在三糖铁琼脂和赖氨酸脱羧酶试验培养基内，沙门氏菌属的反应结果见表6-2。

表6-1 沙门氏菌属在不同选择性琼脂平板上的菌落特征

选择性琼脂平板	沙门氏菌
BS 琼脂	菌落为黑色有金属光泽、棕褐色或灰色，菌落周围培养基可呈黑色或棕色；有些菌株形成灰绿色的菌落，周围培养基不变
HE 琼脂	蓝绿色或蓝色，多数菌落中心黑色或几乎全黑色；有些菌株为黄色，中心黑色或几乎全黑色
XLD 琼脂	菌落呈粉红色，带或不带黑色中心，有些菌株可呈现大的带光泽的黑色中心，或呈现全部黑色的菌落；有些菌株为黄色菌落，带或不带黑色中心
沙门氏菌属显色培养基	按照显色培养基的说明进行判定

表6-2 沙门氏菌在三糖铁琼脂和赖氨酸脱羧酶试验培养基内的反应结果

三糖铁琼脂				赖氨酸脱羧酶试验培养基	初步判断
斜面	底层	产气	硫化氢		
K	A	+ (−)	+ (−)	+	可疑沙门氏菌属
K	A	+ (−)	+ (−)	−	可疑沙门氏菌属
A	A	+ (−)	+ (−)	+	可疑沙门氏菌属
A	A	+/−	+/−	−	非沙门氏菌
K	K	+/−	+/−	+/−	非沙门氏菌

K：产碱，A：产酸；+：阳性，−：阴性；+（−）：多数阳性，少数阴性；+/−：阳性或阴性。

（2）接种三糖铁琼脂和赖氨酸脱羧酶试验培养基的同时，可直接接种蛋白胨水（供做靛基质试验）、尿素琼脂（pH值7.2）、氰化钾（KCN）培养基，也可在初步判断结果后从营养琼脂平板上挑取可疑菌落接种。于（36±1）℃：培养18~24h，必要时可长至48h，按表6-3判定结果。将已挑菌落的平板储存于2~5℃或室温至少保留24h，以备必要时复查。

表6-3 沙门氏菌属生化反应初步鉴别

反应序号	硫化氢（H₂S）	靛基质	pH值7.2尿素	氰化钾（KCN）	赖氨酸脱羧酶
A1	+	−	−	−	+
A2	+	+	−	−	+
A3	−	−	−	−	+/−

注：+阳性；−阴性；+/−阳性或阴性。

①反应序号A1。典型反应判定为沙门氏菌属。如尿素、KCN和赖氨酸脱羧酶3项中有1项异常，按表6-4可判定为沙门氏菌。如有2项异常为非沙门氏菌。

表6-4　沙门氏菌属生化反应初步鉴别

pH 7.2 尿素	氰化钾（KCN）	赖氨酸脱羧酶	判定结果
–	–	–	甲型副伤寒沙门氏菌（要求血清学鉴定结果）
–	+	+	沙门氏菌Ⅳ或Ⅴ（要求符合本群生化特性）
+	–	+	沙门氏菌个别变体（要求血清学鉴定结果）

注：+表示阳性；+表示阴性。

②反应序号 A2。补做甘露醇和山梨醇试验，沙门氏菌靛基质阳性变体两项试验结果均为阳性，但需要结合血清学鉴定结果进行判定。

③反应序号 A3。补做 ONPG。ONPG 阴性为沙门氏菌，同时赖氨酸脱羧酶阳性，甲型副伤寒沙门氏菌为赖氨酸脱羧酶阴性。

④必要时按表6-5进行沙门氏菌生化群的鉴别。

表6-5　沙门氏菌属各生化群的鉴别

项　目	Ⅰ	Ⅱ	Ⅲ	Ⅳ	Ⅴ	Ⅵ
卫矛醇	+	+	–	–	+	–
山梨醇	+	+	+	+	+	–
水杨苷	–	–	–	+	–	–
ONPG	–	–	+	–	+	–
丙二酸盐	–	+	+	–	–	–
KCN	–	–	–	+	+	–

注：+表示阳性；–表示阴性。

（3）如选择生化鉴定试剂盒或全自动微生物生化鉴定系统，可根据（1）的初步判断结果，从营养琼脂平板上挑取可疑菌落，用生理盐水制成浊度适当的菌悬液，使用生化鉴定试剂盒或全自动微生物生化鉴定系统进行鉴定。

（五）结果与报告

在实际工作中，常常根据以上试验就可判断检样中沙门氏菌生长情况，并作出报告。

若需要进一步分型鉴定，则还应做血清学反应试验。根据血清学分型鉴定的结果，按照有关沙门氏菌属抗原表判定菌型。如果需要做血清学分型试验，则可查阅相关资料。综合以上生化试验和血清学鉴定的结果作出报告。即报告为：25g（ml）样品中检出或未检出沙门氏菌。

第二节　金黄色葡萄球菌检验

葡萄球菌是引起创伤性化脓的常见致病性球菌。污染食品后，在适宜的条件下生长繁殖，产生肠毒素，而引起食物中毒。

葡萄球菌过去是依据菌落的颜色将其分为金黄色葡萄球菌、白色葡萄球菌、柠檬色葡萄球菌 3 种。1974 年 Bergey 细菌鉴定手册第八版，根据生化性状将其分为金黄色葡萄球菌、表皮葡萄球菌、腐生葡萄球菌 3 种。其中，以金黄色葡萄球菌致病力最强，也是与食物中毒关系最密切的一种。食品中生长金黄色葡萄球菌是食品卫生上的一种潜在危险，因为金黄色葡萄球菌可以产生肠毒素，食用后能引起食物中毒。因此，检查食品中金黄色葡萄球菌有实际意义。

一、生物学特性

（一）形态与染色特性

典型的葡萄球菌菌体呈球形，直径 $0.4 \sim 1.2\mu m$，致病性葡萄球菌一般较非致病菌小，且各个菌体的大小及排列也较整齐。细菌繁殖时呈多个平面的不规则分裂，堆积成葡萄串状。在液体培养基中生长，常呈球状或短链状排列，容易误认为是链球菌。葡萄球菌无鞭毛，无芽孢，一般不形成荚膜。易被一般碱性染料着色，革兰氏染色阳性，但当衰老、死亡或被白细胞吞噬后常转为革兰氏阴性，对青霉素耐药性的菌株也为革兰氏阴性。

（二）培养特性

金黄色葡萄球菌营养要求不高，在普通培养基上生长良好，需氧或兼性厌氧，最适生长温度 37℃，最适生长 pH 值 7.4。金黄色葡萄球菌有高度的耐盐性，可在 10% ~ 15% 氯化钠肉汤中生长。在含 20% ~ 30% CO_2 环境中，可产生大量毒素。

普通肉汤：37℃培养 24h，呈均匀混浊生长。培养 2 ~ 3d 后，能形成菌膜，管底则形成多量黏稠沉淀。

普通琼脂：培养 24 ~ 48h 后，可形成圆形、凸起、边缘不整齐、表面光滑、湿润、有光泽、不透明、直径为 1 ~ 2mm，但也有大至 4 ~ 5mm 的菌落。不同的菌株能产生不同的脂溶性色素（如金黄色、白色及柠檬色），而使菌落呈不同的颜色。

血琼脂平板：菌落较大，多数致病性葡萄球菌可产生溶血毒素，在菌落周围形成明显的溶血环，非致病性球菌则无此溶血现象。

Baird – Parker 平板：菌落圆形、光滑凸起、湿润、直径 2 ~ 3mm，颜色灰色到黑色，边缘为淡色，周围为一混浊带，在其外层有一透明圈。用接种针接触菌落似有奶油至树胶的硬度，偶尔会遇到非脂肪溶解的类似菌落；但无混浊带及透明圈。长期保存的冷冻或干燥食品中所分离的菌落比典型菌落所产生的黑色较淡些，外观可能粗糙并干燥。

（三）生化特性

本属细菌大多数能分解葡萄糖、麦芽糖、乳糖、蔗糖，产酸不产气。甲基红反应阳性，V – P 试验不定，不产生靛基质，能使硝酸盐还原为亚硝酸盐，凝固牛乳（有时被陈化），能产生氨和少量硫化氢。

（四）血清学特性

葡萄球菌经水解后，用沉淀法分析，具有以下两种抗原成分。

（1）蛋白质抗原。蛋白质抗原为完全抗原，有种属特异性，无型特异性。在电镜下可见此种抗原存在于葡萄球菌的表面，是细菌的一种表面成分，称为 A 蛋白。90%以上的金黄色葡萄球菌有此抗原。此抗原能抑制吞噬细胞的吞噬作用，对于 T 细胞、B 细胞是良好的促分裂原。

（2）多糖类抗原。多糖类抗原为半抗原，具有型特异性。可利用此抗原对葡萄球菌进行分型。根据葡萄球菌抗原构造目前分为 9 个型。该血清型对区别有无致病性无意义。

二、葡萄球菌食物中毒

葡萄球菌引起的疾病较多，主要有化脓性感染（如毛囊炎、疖、痈、伤口化脓、气管炎、肺炎、中耳炎、脑膜炎、心包炎等）、全身感染（如败血症、脓毒血症等）、食物中毒等。下面着重介绍葡萄球菌食物中毒的情况。

（一）流行病学

葡萄球菌在自然界分布甚广，空气、土壤、水及物品上，特别是人和家畜的鼻和喉都有本菌存在。据报道，正常人中 30%～80%带菌。曾有人从 5%～40%的人皮肤上分离到本菌，人手也是重要的污染带菌部位。

食物中毒主要是由致病性葡萄球菌产生的肠毒素引起的。在我国是比较常见的食物中毒。其原因是患有化脓性疾病的人接触食品，将葡萄球菌污染到食品上，或是患有葡萄球菌症的畜禽，其产品中含有大量葡萄球菌，在适宜的条件下，这些葡萄球菌即可大量繁殖，并产生肠毒素。试验证明，在 25～30℃条件下，只要 5h 即有毒素产生，一般经过 8～10h 就产生大量的肠毒素。

引起葡萄球菌食物中毒的食品，主要为肉、奶、鱼、蛋类及其制品等动物性食品，剩大米饭、米酒等也曾引起中毒。奶和奶制品以及奶制品做的冷饮（冰激凌、冰棍）和奶油、糕点是常引起中毒的食品。油煎鸡蛋、熏鱼、油浸鱼罐头等含油脂较多的食品，致病性葡萄球菌污染以后也能产生毒素。

葡萄球菌引起的食物中毒常发生于夏秋季节，这是因为气温较高，有利于细菌繁殖。但在冬季，受到本菌污染的食品在温度较高的室温保存，也可造成本菌繁殖并产生毒素。

（二）致病性

葡萄球菌的致病力取决于其所产生的毒素和酶的能力。致病菌毒株产生的毒素和酶主要有以下几种。

（1）溶血毒素。多数致病菌株能产生毒素，使血琼脂平板菌落周围出现溶血环，在试管中出现溶血反应。溶血毒素是一种外毒素，分为 α、β、γ、δ 四种，能损伤血小板，破坏溶酶体，引起机体局部缺血和坏死。

（2）杀白细胞毒素。该毒素能破坏人和兔的白细胞和巨噬细胞，使其失去活性，最后膨胀破裂。

（3）肠毒素。肠毒素是金黄色葡萄球菌的一种毒性蛋白质产物，有 30%～50%的菌株能产生肠毒素。目前已知道至少 6 种不同抗原性的肠毒素，即 A、B、C、D、E、F。其中以 A 型肠毒素引起的食物中毒最多，B、C 型次之。肠毒素用一般加热饭菜的温度不能使污染严重的食品完全无害。

（4）血浆凝固酶。该酶能使含有柠檬酸钠或肝素抗凝剂的兔或人血浆发生凝固。大多数致病性葡萄球菌能产生此酶，而非致病菌一般不产生。因此，凝固酶是鉴别葡萄球菌有无致病性的重要指标。

（5）透明质酸酶。有利于细菌和毒素在机体内扩散，又称为扩散因子。

（6）脱氧核糖核酸酶。有利于细菌在组织中扩散。

（7）溶纤维蛋白酶。该酶可使人、犬、家兔等的已经凝固的纤维蛋白溶解。

致病性葡萄球菌产生的众多的毒素和酶当中，与食物中毒有密切关系的是肠毒素。

（三）临床症状

葡萄球菌肠毒素随食物进入人体后，潜伏期一般 1～5h，最短的为 5min 左右，很少有超过 8h 的，中毒的主要症状为恶心、反复呕吐，多者可达 10 余次，呕吐物初为食物，继为水样物，少数可吐出胆汁或含血物及黏液。中上腹部疼痛，伴有头晕、头痛、腹泻、发冷，体温一般正常或有低热。病情重时，由于剧烈呕吐或腹泻，可引起大量失水而发生外周循环衰竭和虚脱。儿童对肠毒素比成人敏感，因此，儿童发病率高，病情也比成人重。葡萄球菌肠毒素食物中毒一般病程较短，1～2 天即可恢复，预后良好，很少有死亡病例。

三、检验方法

（一）设备和材料

检验金黄色葡萄球菌所需设备和材料除微生物实验室常规灭菌及培养设备外，其他设备和材料如下。恒温培养箱：（36±1）℃；冰箱：2～5℃；恒温水浴箱：36～56℃；天平：感量 0.1g；均质器；振荡器；无菌吸管：1ml（具 0.01ml 刻度）、10ml（具 0.1ml 刻度）或微量移液器及吸头。无菌锥形瓶：容量 100ml、500ml；无菌培养皿：直径 90mm；注射器：0.5ml；涂布棒；pH 计或 pH 比色管或精密 pH 试纸。

（二）培养基和试剂

检验金黄色葡萄球菌所需培养基和试剂如下：10% 氯化钠胰酪胨大豆肉汤；营养琼脂小斜面；血琼脂平板；Baird-Parker 琼脂平板；7.5% 氯化钠肉汤；脑心浸出液肉汤（BHI）；兔血浆；稀释液、磷酸盐缓冲液；革兰氏染色液；0.85% 无菌生理盐水。

（三）金黄色葡萄球菌定性检验（第一法）

1. 检验程序

金黄色葡萄球菌定性检验程序见图 6-2。

2. 操作步骤

（1）样品的处理。称取 25g 样品至盛有 225ml 7.5% 氯化钠肉汤的无菌均质杯内，8 000～10 000r/min 均质 1～2min，或放入盛有 225ml 7.5% 氯化钠肉汤的无菌均质袋中，用拍击式均质器拍打 1～2min。若样品为液态，吸取 25ml 样品至盛有 225ml 7.5% 氯化钠肉汤的无菌锥形瓶（瓶内可预置适当数量的无菌玻璃珠）中，振荡混匀。

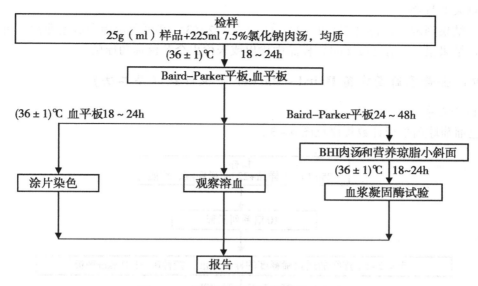

图 6 − 2　金黄色葡萄球菌定性检验程序

（2）增菌和分离培养。

①将上述样品匀液于（36±1）℃培养 18~24h。金黄色葡萄球菌在 7.5% 氯化钠肉汤中呈混浊生长。

②分离。将增菌后的培养物，分别划线接种到 Baird − Parker 平板和血平板，血平板（36±1）℃培养 18~24h。Baird − Parker 平板（36±1）℃培养 24~48h。

③初步鉴定。金黄色葡萄球菌在 Baird − Parker 平板上呈圆形，表面光滑，凸起湿润，菌落直径为 2~3mm，颜色呈灰色到黑色，有光泽，常有浅色（非白色）的边缘，周围绕以不透明圈（沉淀），其外常有一清晰带。用接种针接触菌落有似奶油至树胶样的硬度，偶尔会遇到非脂肪溶解的类似菌落；但无混浊带及透明圈。长期保存的冷冻或干燥食品中所分离的菌落比典型菌落所产生的黑色较淡些，外观可能粗糙并干燥。在血平板上，形成菌落较大，圆形、光滑凸起、湿润、金黄色（有时为白色），菌落周围可见完全透明溶血圈。挑取上述菌落进行革兰氏染色镜检及血浆凝固酶试验。

（3）鉴定。

①染色镜检。金黄色葡萄球菌为革兰氏阳性球菌，排列呈葡萄球状，无芽孢，无荚膜，直径一般为 0.5~1μm。

②血浆凝固酶试验。挑取 Baird − Parker 平板或血平板上可疑菌落 1 个或以上，分别接种到 5ml BHI 和营养琼脂小斜面，（36±1）℃培养 18~24h。

取新鲜配置兔血浆 0.5ml，放入小试管中，再加入 BHI 培养物 0.2~0.3ml，振荡摇匀，置（36±1）℃温箱或水浴箱内，每半小时观察一次，观察 6h，如呈现凝固（即将试管倾斜或倒置时，呈现凝块）或凝固体积大于原体积的一半，被判定为阳性结果。同时以血浆凝固酶试验阳性和阴性葡萄球菌的肉汤培养物作为对照。也可用商品化的试剂，按说明书操作，进行血浆凝固酶试验。结果如可疑，挑取营养琼脂小斜面的菌落到 5ml BHI，（36±1）℃培养（18~48）h，重复试验。

3. 结果与报告

（1）结果判定。符合（三）2（3）①，（三）2（3）②可判定为金黄色葡萄球菌。

（2）结果报告。在25g（ml）样品中检出或未检出金黄色葡萄球菌。

（四）金黄色葡萄球菌 Baird – Parker 平板计数（第二法）

1. 检验程序

黄色葡萄球菌平板计数程序见图6－3。

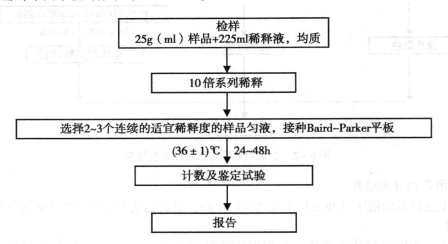

图6－3　金黄色葡萄球菌平板计数法检验程序

2. 操作步骤

（1）样品的稀释。

①固体和半固体样品。称取25g样品置盛有225ml磷酸盐缓冲液或生理盐水的无菌均质杯内，8 000 ~ 1 0000r/min均质1 ~ 2min，或置盛有225ml稀释液的无菌均质袋中，用拍击式均质器拍打1 ~ 2min，制成1：10的样品匀液。

②液体样品。以无菌吸管吸取25ml样品置盛有225ml磷酸盐缓冲液或生理盐水的无菌锥形瓶（瓶内预置适当数量的无菌玻璃珠）中，充分混匀，制成1：10的样品匀液。

③用1ml无菌吸管或微量移液器吸取1：10样品匀液1ml，沿管壁缓慢注于盛有9ml稀释液的无菌试管中（注意吸管或吸头尖端不要触及稀释液面），振摇试管或换用1支1ml无菌吸管反复吹打使其混合均匀，制成1：100的样品匀液。

④按③操作程序，制备10倍系列稀释样品匀液。每递增稀释一次，换用1支1ml无菌吸管或吸头。

（2）样品的接种。根据对样品污染状况的估计，选择2 ~ 3个适宜稀释度的样品匀液（液体样品可包括原液），在进行10倍递增稀释时，每个稀释度分别吸取1ml样品匀液以0.3ml、0.3ml、0.4ml接种量分别加入三块Baird – Parker平板，然后用无菌涂布棒涂布整个平板，注意不要触及平板边缘。使用前，如Baird – Parker平板表面有水珠，可放在25 ~ 50℃的培养箱里干燥，直到平板表面的水珠消失。

（3）培养。在通常情况下，涂布后，将平板静置10min，如样液不易吸收，可将平板放在培养箱（36 ± 1）℃培养1h；等样品匀液吸收后翻转平皿，倒置于培养箱，（36 ± 1）℃培养24～48h。

（4）典型菌落计数和确认。

①金黄色葡萄球菌在 Baird – Parker 平板上呈圆形，表面光滑，凸起，湿润，菌落直径为 2～3mm，颜色呈灰色到黑色，有光泽，常有浅色（非白色）的边缘，周围绕以不透明圈（沉淀），在其外常有一清晰带。用接种针接触菌落有似奶油至树胶样的硬度，偶然会遇到非脂肪溶解的类似菌落；但无混浊带及透明圈。长期保存的冷冻或干燥食品中所分离的菌落比典型菌落所产生的黑色较淡些，外观可能粗糙并干燥。

②选择有典型的金黄色葡萄球菌菌落的平板，且同一稀释度 3 个平板所有菌落数合计在 20～200CFU 的平板，计数典型菌落数。如果：

A. 只有一个稀释度平板的菌落数在 20～200CFU 且有典型菌落，计数该稀释度平板上的典型菌落；

B. 最低稀释度平板的菌落数小于 20CFU 且有典型菌落，计数该稀释度平板上的典型菌落；

C. 某一稀释度平板的菌落数大于 200CFU 且有典型菌落，但下一稀释度平板上没有典型菌落，应计数该稀释度平板上的典型菌落；

D. 某一稀释度平板的菌落数大于 200CFU 且有典型菌落，且下一稀释度平板上有典型菌落，但其平板上的菌落数不在 20～200CFU，应计数该稀释度平板上的典型菌落；

以上按公式（6–1）计算。

E. 2 个连续稀释度的平板菌落数均在 20～200CFU，按公式（6–2）计算。

③从典型菌落中任选 5 个菌落（小于 5 个全选），分别按 2（3）②做血浆凝固酶试验。

3. 结果计算

$$T = \frac{AB}{Cd} \tag{6–1}$$

式中：T——样品中金黄色葡萄球菌菌落数；

A——某一稀释度典型菌落的总数；

B——某一稀释度鉴定为阳性的菌落数；

C——某一稀释度用于鉴定试验的菌落数；

d——稀释因子。

$$T = \frac{A_1 B_1 / C_1 + A_2 B_2 / C_2}{1.1d} \tag{6–2}$$

式中：T——样品中金黄色葡萄球菌菌落数；

A_1——第一稀释度（低稀释倍数）典型菌落的总数；

A_2——第二稀释度（高稀释倍数）典型菌落的总数；

B_1——第一稀释度（低稀释倍数）鉴定为阳性的菌落数；

B_2——第二稀释度（高稀释倍数）鉴定为阳性的菌落数；

C_1——第一稀释度（低稀释倍数）用于鉴定试验的菌落数；

C_2——第二稀释度（高稀释倍数）用于鉴定试验的菌落数；

1.1——计算系数；

d——稀释因子（第一稀释度）。

4. 结果与报告

根据 Baird-Parker 平板上金黄色葡萄球菌的典型菌落数，按"3. 结果计算"中公式计算，报告每 g（ml）样品中金黄色葡萄球菌数，以 CFU/g（ml）表示；如 T 值为 0，则以小于 1 乘以最低稀释倍数报告。

（五）金黄色葡萄球菌 MPN 计数（第三法）

1. 检验程序

金黄色葡萄球菌 MPN 计数程序见图 6-4。

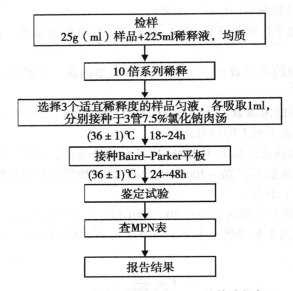

图 6-4　金黄色葡萄球菌 MPN 法检验程序

2. 操作步骤

（1）样品的稀释。按第二法操作步骤（1）样品的稀释进行。

（2）接种和培养。

①根据对样品污染状况的估计，选择 3 个适宜稀释度的样品匀液（液体样品可包括原液），在进行 10 倍递增稀释时，每个稀释度分别吸取 1ml 样品匀液接种到 7.5% 氯化钠肉汤管（如接种超过 1ml，则用双料 7.5% 氯化钠肉汤），每个稀释度接种 3 管，将上述接种物于（36±1）℃培养 18~48h。

②用接种环从培养后的 7.5% 氯化钠肉汤管中分别取培养物 1 环，接种于 Baird-Parker 平板，（36±1）℃培养 24~48h。

（3）典型菌落确认。

①见第二法 2（4）。

②从典型菌落中至少挑取 1 个菌落接种到 BHI 肉汤和营养琼脂斜面，（36±1）℃培养 18~24h。进行血浆凝固酶试验，见第一法 2（3）②。

3. 结果与报告

计算血浆凝固酶试验阳性菌落对应的管数，查 MPN 检索表（表 6-6），报告每 g（ml）

样品中金黄色葡萄球菌的最可能数，以 MPN/g（ml）表示。

表 6-6　金黄色葡萄球菌最可能数（MPN）检索表

阳性管数			MPN	95% 置信区间		阳性管数			MPN	95% 置信区间	
0.10	0.01	0.001		下限	上限	0.10	0.01	0.001		下限	上限
0	0	0	<3.0	—	9.5	2	2	0	21	4.5	42
0	0	1	3.0	0.15	9.6	2	2	1	28	8.7	94
0	1	0	3.0	0.15	11	2	2	2	35	8.7	94
0	1	1	6.1	1.2	18	2	3	0	29	8.7	94
0	2	0	6.2	1.2	18	2	3	1	36	8.7	94
0	3	0	9.4	3.6	38	3	0	0	23	4.6	94
1	0	0	3.6	0.17	18	3	0	1	38	8.7	110
1	0	1	7.2	1.3	18	3	0	2	64	17	180
1	0	2	11	3.6	38	3	1	0	43	9	180
1	1	0	7.4	1.3	20	3	1	1	75	17	200
1	1	1	11	3.6	38	3	1	2	120	37	420
1	2	0	11	3.6	42	3	1	3	160	40	420
1	2	1	15	4.5	42	3	2	0	93	18	420
1	3	0	16	4.5	42	3	2	1	150	37	420
2	0	0	9.2	1.4	38	3	2	2	210	40	430
2	0	1	14	3.6	42	3	2	3	290	90	1 000
2	0	2	20	4.5	42	3	3	0	240	42	1 000
2	1	0	15	3.7	42	3	3	1	460	90	2 000
2	1	1	20	4.5	42	3	3	2	1 100	180	4 100
2	1	2	27	8.7	94	3	3	3	>1 100	420	

注：1. 本表采用 3 个稀释度 [0.1g（ml）、0.01g（ml）和 0.001g（ml）]，每个稀释度接种 3 管。

2. 表内所列检样量如改用 1g（ml）、0.1g（ml）和 0.01g（ml）时，表内数字应相应降低 10 倍；如改用 0.01g（ml）、0.001g（ml）、0.0001g（ml）时，则表内数字应相应增高 10 倍，其余类推。

第三节　致泻性大肠埃希氏菌检验

大肠埃希氏菌俗称大肠杆菌，是人类和动物肠道正常菌群的主要成员，每克粪便中约含有 10^9 个大肠埃希菌。随粪便排出后，广泛分布于自然界，食品中检出大肠埃希氏菌，即意味着直接或间接地被粪便污染，故在卫生学上被称为卫生监督的指示菌。

正常情况下，大肠埃希氏菌不致病，而且还能合成维生素 B 和维生素 K，产生大肠菌素，对机体有利。但当机体抵抗力下降或大肠埃希氏菌侵入肠外组织或器官时，可作为条件性致病菌而引起肠道外感染。有些血清型可引起肠道感染。已知引起腹泻的大肠埃希氏菌有四类，即产肠毒素大肠埃希氏菌（ETEC）、侵袭性大肠埃希氏菌（EIEC）、肠出血性大肠埃希氏菌（EHEC）、肠道致病性大肠埃希氏菌（EPEC）。后者主要引起新生儿的腹泻，带菌的牛和猪是本菌引起食物中毒的重要原因，人的带菌亦可污染食品，引起中毒。

一、生物学特性

（一）形态染色

本属细菌均为革兰氏阴性两端钝圆的中等杆菌，大小为$(2 \sim 3) \mu m \times 0.6 \mu m$，有时近似球形。多数菌株有 $5 \sim 8$ 根鞭毛，运动活泼，周身有菌毛。对一般碱性染料着色良好，有时两端着色较深。

（二）培养特性

本属细菌为需氧或兼性厌氧菌。对营养要求不高，在普通培养基上均能生长良好。最适pH 值为 $7.2 \sim 7.4$，最适温度为 $37\,℃$。

普通肉汤：呈均匀混浊生长，形成菌膜，管底有黏性沉淀，培养物有特殊的臭味。

普通琼脂：培养 24h，形成凸起、光滑、湿润、乳白色、边缘整齐、中等大小菌落。

血液琼脂：部分菌株在菌落周围产生 β 型溶血环。

伊红美蓝琼脂：产生紫黑色带金属光泽的菌落。

远藤琼脂：产生带金属光泽的红色菌落。

SS 琼脂：大肠杆菌多数不生长，少数生长的细菌，因发酵乳糖产酸，使指示剂变红，产生红色菌落。

（三）生化特性

大肠埃希氏菌发酵葡萄糖、麦芽糖、甘露醇等，均产酸产气，大部分菌株可迅速发酵乳糖。

各菌株对蔗糖、水杨苷、卫矛醇及棉籽糖的发酵力不一致；MR 反应阳性；V - P 反应阴性，尿素酶阴性，不形成 H_2S，能产生吲哚，不能在含 KCN 的培养基中生长，不利用柠檬酸盐，可使谷氨酸和赖氨酸脱去羧基，苯丙氨酸反应为阴性。

（四）抵抗力

本属细菌在自然界生存能力较强，在土壤、水中可存活数月，在冷藏条件下存活更久，对热抵抗力不强，$60\,℃30min$ 即可杀死。

对磺胺、链霉素、土霉素、金霉素和氯霉素等敏感，而青霉素对它的作用弱，易产生耐药菌株。

二、致病性大肠埃希氏菌食物中毒

（一）流行病学

致病性大肠埃希氏菌在自然界的分布非常广泛，常污染食品及餐具。人及动物均有健康带菌现象，牛、猪带菌对本菌引起的食物中毒至关重要。人的健康带菌在流行病学上具有重要意义。

本菌引起的食物中毒以动物性食品比较多见，主要为肉类食品。动物生前感染以及带菌，是引起本菌食物中毒的重要原因。

食品加工和饮食行业工作人员带菌，饮用水或食品工业用水遭受污染，也是本菌引起食物中毒不可忽视的原因。

（二）致病性

（1）侵袭力。大肠杆菌具有 K 抗原和菌毛，K 抗原具有抗吞噬作用，有抵抗抗体和补体的作用，菌毛能帮助细菌黏附于肠黏膜表面。有侵袭力的菌株可以侵犯肠道黏膜引起炎症。

（2）内毒素。大肠杆菌细胞壁具有内毒素的活性。

（3）肠毒素。有两种，不耐热肠毒素（LT），其成分可能是蛋白质，加热 65℃ 经 30min 即被破坏，LT 作用是激活小肠上皮细胞内的腺苷酸环化酶，使 ATP 转化为 CAMP，促进肠黏膜细胞的分泌功能，使肠液大量分泌，引起腹泻；耐热性肠毒素（ST），无免疫性，耐热，100℃ 经 10~20min 不被破坏，也可使肠道上皮细胞的 CAMP 水平升高，引起腹泻。

（三）所致疾病

（1）肠外感染。大肠杆菌是引起人类泌尿系统感染最常见的病原菌，也是革兰氏阴性杆菌败血症的常见病因。此外还可引起胆囊炎、肺炎，以及新生儿或婴儿脑膜炎等。

（2）腹泻。能引起腹泻的大肠杆菌有四组

①ETEC。是婴幼儿及旅行者腹泻的主要原因。

②EPEC。是婴儿腹泻的主要原因。

③EIEC。本组细菌主要引起较大儿童和成年人腹泻，有时能形成暴发流行。

④EHEC。20 世纪 80 年代才被微生物学家发现的一种新的肠道病原菌。1982 年在美国西部首次暴发，1984 年日本发现 O157：H7 引起的腹泻，1996 年夏季在日本大规模流行。其主要临床症状是潜伏期长（4~9 天），轻者表现为腹泻、腹痛、呕吐，重者表现为水样腹泻，易引起老幼患者死亡。

中华人民共和国卫生部 2003 年 8 月 11 日发布了《食品卫生微生物学检验　致泻大肠埃希氏菌检验》（GB/T 4789.6—2003）。本标准规定了食品中致泻大肠埃希氏菌的检验方法。本标准适用于食品和食物中毒样品中致泻大肠埃希氏菌的检验。下面以 GB 4789.6—2016 为蓝本介绍食品中致泻性大肠埃希氏菌检验。

三、检验方法

（一）设备和材料

冰箱（2~5℃）；恒温培养箱 [（36±1）℃、（42±1）℃]；恒温水浴锅 [100℃、（50±1）℃]；显微镜（10×~100×）；离心机（3 000r/min）；酶标仪；均质器或灭菌乳钵；架盘药物天平：0~500g，精准至 0.5g；细菌浊度比浊管（MacFarland 3 号）；灭菌广口瓶：

500ml；灭菌锥形瓶：500ml、250ml；灭菌吸管：1ml、5ml；灭菌培养皿；灭菌试管；注射器；灭菌的刀子、剪子、镊子等；小白鼠：1~4 日龄；硝酸纤维素滤膜：150mm×50mm。

（二）培养基和试剂

乳糖胆盐发酵管；营养肉汤；肠道菌增菌肉汤；麦康凯琼脂；伊红美蓝琼脂；三糖铁琼脂；克氏双糖铁琼脂；糖发酵管；赖氨酸脱羧酶试验培养基；尿素琼脂；氰化钾培养基；蛋白胨水；靛基质试剂；半固体琼脂；Honda 氏产毒肉汤；Elek 氏培养基；氧化酶试剂；革兰氏染色液；致病性大肠埃希氏菌诊断血清；侵袭性大肠埃希氏菌诊断血清；产肠毒素大肠埃希氏菌诊断血清；出血性大肠埃希氏菌诊断血清；产肠毒素大肠埃希氏菌 LT 和 ST 酶标诊断试剂盒；产肠毒素 LT 和 ST 大肠埃希氏菌标准菌株；抗 LT 抗毒素；多黏菌素 B 纸片；0.1% 硫柳汞溶液；2% 伊文思兰溶液。

（三）检验程序

致泻大肠埃希氏菌检验程序见图 6-5。

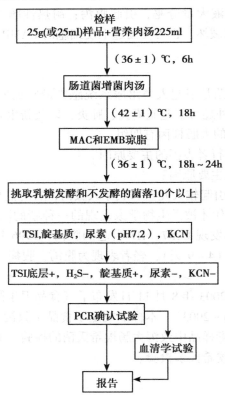

图 6-5 致泻大肠埃希氏菌检验程序

（四）操作步骤

1. 样品制备

（1）固态或半固态样品。固体或半固态样品，以无菌操作称取检样 25g，加入装有

225ml 营养肉汤的均质杯中，用旋转刀片式均质器以 8 000～10 000r/min 均质 1～2min；或加入装有 225ml 营养肉汤的均质袋中，用拍击式均质器均质 1～2min。

（2）液态样品。以无菌操作量取检样 25ml，加入装有 225ml 营养肉汤的无菌锥形瓶（瓶内可预置适当数量的无菌玻璃珠），振荡混匀。

2. 增菌

将 1 制备的样品匀液于（36±1）℃培养 6h。取 10μl，接种于 30ml 肠道菌增菌肉汤管内，于（42±1）℃培养 18h。

3. 分离

将增菌液划线接种 MAC 和 EMB 琼脂平板，于（36±1）℃培养 18～24h，观察菌落特征。在 MAC 琼脂平板上，分解乳糖的典型菌落为砖红色至桃红色，不分解乳糖的菌落为无色或淡粉色；在 EMB 琼脂平板上，分解乳糖的典型菌落为中心紫黑色带或不带金属光泽，不分解乳糖的菌落为无色或淡粉色。

4. 生化试验

（1）选取平板上可疑菌落 10～20 个（10 个以下全选），应挑取乳糖发酵以及乳糖不发酵和迟缓发酵的菌落，分别接种 TSI 斜面，同时将这些培养物分别接种蛋白胨水、尿素琼脂（pH7.2）和 KCN 肉汤。于（36±1）℃培养 18～24h。

（2）TSI 斜面产酸或不产酸，底层产酸，靛基质阳性，H_2S 阴性和尿素酶阴性的培养物为大肠埃希氏菌。TSI 斜面底层不产酸，或 H_2S、KCN、尿素有任一项为阳性的培养物，均非大肠埃希氏菌。必要时做革兰氏染色和氧化酶试验。大肠埃希氏菌为革兰氏阴性杆菌，氧化酶阴性。

（3）如选择生化鉴定试剂盒或微生物鉴定系统，可从营养琼脂平板上挑取经纯化的可疑菌落用无菌稀释液制备成浊度适当的菌悬液，使用生化鉴定试剂盒或微生物鉴定系统进行鉴定。

5. PCR 确认试验

（1）取生化反应符合大肠埃希氏菌特征的菌落进行 PCR 确认试验。

注：PCR 实验室区域设计、工作基本原则及注意事项应参照《疾病预防控制中心建设标准》（JB 127—2009）和国家卫生和计划生育委员会（原卫生部）《医疗机构临床基因扩增管理办法》附录（医疗机构临床基因扩增检验实验室工作导则）。

（2）使用 1μl 接种环刮取营养琼脂平板或斜面上培养 18～24h 的菌落，悬浮在 200μl 0.85% 灭菌生理盐水中，充分打散制成菌悬液，于 13 000r/min 离心 3min，弃掉上清液。加入 1ml 离子水充分混匀菌体，于 100℃水浴或者金属浴维持 10min；冰浴冷却后，1 3000r/min 离心 3min，收集上清液；按 1：10 的比例用灭菌去离子水稀释上清液，取 2μl 作为 PCR 检测的模板；所有处理后的 DNA 模板直接用于 PCR 反应或暂存于 4℃ 并当天进行 PCR 反应；否则，应在 -20℃ 以下保存备用（1 周内）。也可用细菌基因组提取试剂盒提取细菌 DNA，操作方法按照细菌基因组提取试剂盒说明书进行。

（3）每次 PCR 反应使用 EPEC、EIEC、ETEC、STEC/EHEC、EAEC 标准菌株作为阳性对照。同时，使用大肠埃希氏菌 ATCC25922 或等效标准菌株作为阴性对照，以灭菌去离子水作为空白对照，控制 PCR 体系污染，致泻大肠埃希氏菌特征性基因见表 6-7。

表 6 - 7　五种致泻大肠埃希氏菌特征基因

致泻大肠埃希氏菌类别	特征性基因	
EPEC	escV 或 eae bfpB	
STEC/EHEC	escV 或 eaestx stx	
EIEC	invE 或 ipaH	uidA
ETEC	ltstp sth	
EAEC	astA aggR pic	

（4）PCR 反应体系配制。每个样品初筛需配置 12 个 PCR 扩增反应体系，对应检测 12 个目标基因，具体操作如下：使用 TE 溶液（pH 值 8.0）将合成的引物干粉稀释成 100μmol/L 储存液。根据表 6 - 8 中每种目标基因对应 PCR 体系内引物的终浓度，使用灭菌去离子水配制 12 种目标基因扩增所需的 10 × 引物工作液（以 uidA 基因为例，如表 6 - 9）。将 10 × 引物工作液、10 × PCR 反应缓冲液、25mmol/L MgCl$_2$、2.5mmol/L dNTPs、灭菌去离子水从 -20℃ 冰箱中取出，融化并平衡至室温，使用前混匀；5U/μl Taq 酶在加样前从 -20℃ 冰箱中取出。每个样品按照表 6 - 10 的加液量配制 12 个 25μl 反应体系，分别使用 12 种目标基因对应的 10 × 引物工作液。

表 6 - 8　五种致泻大肠埃希氏菌目标基因引物序列及每个 PCR 体系内的终浓度 c

引物名称	引物序列[c]	菌株编号及对应 Genbank 编码	引物所在位置	终浓度 n（μmol/L）	PCR 产物长度（bp）
uidA - F	5′ - ATG CCA GTC CAG CGT TTT TGC - 3′	Escherichia coli DH1Ec169（accession No. CP012127.1）	1 673 870 ~ 1 673 890	0.2	1 487
uidA - R	5′ - AAA GTG TGG GTC AAT AAT CAG GAA GTG		1 675 356 ~ 1 675 330	0.2	
escV - F	5′ - ATT CTG GCT CTC TTC TTC TTT ATG GCT G - 3′	Escherichia coli E2348/69（accession No. FM180568.1）	4 122 765 ~ 4 122 738	0.4	544
escV - R	5′ - CGT CCC CTT TTA CAA ACT TCA TCG C - 3′		4 122 222 ~ 4 122 246	0.4	
eae - F[a]	5′ - ATT ACC ATC CAC AVA GAC GGT - 3′	EHEC（accession No. Z11541.1）	2 651 ~ 2 671	0.2	397
eae - F[a]	5′ - ACA GCG TGG TTG GAT GAC CCT - 3′		3 047 ~ 3 027	0.2	
bfpB - F	5′ - GAC ACC TCA TTG TTG CTG AAG TCG - 3′	Escherichia coli E2348/69（accession No. FM1805689.1）	3 796 ~ 3 816	0.1	910
bfpB - R	5′ - CCA GAA CAC CTC CGT TAT GC - 3′		4 702 ~ 4 683	0.1	
stx1 - F	5′ - CGA TGT TAC GGT TTG TTA CTG TGA CAG C - 3′	Escherichia coli EDL933（accession No. AE005174.2）	2 996 445 ~ 2 996 418	0.2	244
stx2 - R	5′ - AAT GCC ACG CTT CCC AGA ATT G - 3′		2 996 202 ~ 2 996 223	0.2	

（续表）

引物名称	引物序列[c]	菌株编号及对应 Genbank 编码	引物所在位置	终浓度 n（μmol/L）	PCR 产物长度（bp）
stx2 – F	5′ – GGT TTG ACC ATC TTC GTC TGA TTA TTG AG – 3′	Escherichia coli EDL933（accession No. AE005174. 2）	1 352 543 ~ 1 352 571	0.4	324
stx2 – R	5′ – AGC GTA AGG CTT CTG CTG TGA C – 3′		1 352 543 ~ 1 352 845	0.4	
lt – F	5′ – GAA CAG GAG GTT TCT GCG TTA GGT G – 3′	Escherichia coli E24377A（accession No. CP000795. 1）	17 030 ~ 17 054	0.1	655
lt – R	5′ – CTT TCA ATG GCT TTT TTT GGG GAG TC – 3′		17 684 ~ 17 659	0.1	
stp – F	5′ – CCT CTT TTA GYC AGA CAR CTG AAT CAS TTG – 3′	Escherichia coli EC2173（accession No. AJ555214. 1）	1 979 ~ 1 950/// 14 ~ 43	0.4	157
stp – R	5′ – CAG GCA GGA TTA CAA CAA AGT TCA CAG – 3′	///Escherichia coli F7682（accession No. AY342057. 1）	1 823 ~ 1 849/// 170 ~ 144	0.4	
sth – F	5′ – TGT CTT TTT CAC CTT TCG CTC – 3′	Escherichia coli E24377A（accession No. CP000795. 1）	11 389 ~ 11 409	0.2	171
sth – R	5′ – CGG TAC AAG CAG GAT TAC AAC AC – 3′		11 559 ~ 11 409	0.2	
invE – F	5′ – CGA TAG ATG GCG AGA AAT TAT ATC CCG – 3′	Escherichia coli Serotype O164（accession No. AF283289. 1）	921 ~ 895	0.2	766
invE – R	5′ – CGA TCA AGA ATC CCT AAC AGA AGA ATC AC – 3′		156 ~ 184	0.2	
ipaH – F[b]	5′ – TTG ACC GCC TTT CCG ATA CC – 3′	Escherichia coli 53638（accession No. CP001064. 1）	11 471 ~ 11 490	0.1	647
ipaH – R[b]	5′ – CCA GAA CAC CTC CGT TAT GC – 3′		12 117 ~ 12 098	0.1	
aggR – F	5′ – CGA TGT TAC GGT TTG TTA CTG TGA CAG C – 3′	Escherichia coli Enteroaggregative 17 – 2（accession No. Z18751. 1）	59 ~ 79	0.2	400
aggR – R	5′ – AAT GCC ACG CTT CCC AGA ATT G – 3′		458 ~ 436	0.2	
pic – F	5′ – AGC CGT TTC CGC AGA AGC C – 3′	Escherichia coli 042（accession No. AF097644. 1）	3 700 ~ 3 682	0.2	1111
pic – R	5′ – AAA TGT CAG TGA ACC GAC GAT TGG – 3′		2 590 ~ 2 613	0.2	
astA – F	5′ – TGC CAT CAA CAC AGT ATA TCC G – 3′	Escherichia coli ECOR33（accession No. AF161001. 1）	2 ~ 23	0.4	102
astA – R	5′ – ACG GCT TTG TAG TCC TTC CAT – 3′		103 – 83	0.4	

（续表）

引物名称	引物序列[c]	菌株编号及对应 Genbank 编码	引物所在位置	终浓度 n（μmol/L）	PCR 产物长度（bp）
16SrDNA – F	5′ – GGA GGC AGC AGT GGG AAT A – 3′	Escherichia coli strain ST2747（accession No. CP007394.1）	149 585 ~ 149 603	0.25	1 062
16SrDNA – R	5′ – TGA CGG GCG GTG TGT ACA AG – 3′		150 645 ~ 150 626	0.25	

[a] escV 和 eae 基因选作其中一个；

[b] invE 和 ipaH 基因选作其中一个；

[c] 表中不同基因的引物序列可采用可靠性验证的其他序列代替。

表 6 – 9　每种目标基因扩增所需 10 × 引物工作液配制表

引物名称	体积
100μmol/L uidA – F	10 × n
100μmol/L uidA – R	10 × n
灭菌去离子水	100^{-2} ×（10 × n）
总体积	100

注：n——每条引物在反应体系内的终浓度（详见表 2）

表 6 – 10　五种致泻大肠埃希氏菌目标基因扩增体系配制表

试剂名称	加样体积
灭菌去离子水	12.1
10 × PCR 反应缓冲液	2.5
25mmol/L MgCl$_2$	2.5
2.5mmol/L dNTPs	3.0
10 × 引物工作液	2.5
5U/μl Taq 酶	0.4
DNA 模板	2.0
总体积	25

（5）PCR 循环条件。预变性 94℃ 5min；变性 94℃ 30s，复性 63℃ 30s，延伸 72℃ 1.5min，30 个循环；72℃延伸 5min。将配制完成的 PCR 反应管放入 PCR 仪中，核查 PCR 反应条件正确后，启动反应程序。

（6）称量 4.0g 琼脂糖粉，加入至 200ml 的 1 × TAE 电泳缓冲液中，充分混匀。使用微波炉反复加热至沸腾，直到琼脂糖粉完全融化形成清亮透明的溶液。待琼脂糖溶液冷却至 60℃左右时，加入溴化乙锭（EB）至终浓度为 0.5μg/ml，充分混匀后轻轻倒入已放置好梳子的模具中，凝胶长度要大于 10cm，厚度宜为 3 ~ 5mm。检查梳齿下或梳齿间有无气泡，用一次性吸头小心排掉琼脂糖凝胶中的气泡。当琼脂糖凝胶完全凝结硬化后，轻轻拔出梳子，小心将胶块和胶床放入电泳槽中，样品孔放置在阴极端。向电泳槽中加入 1×TAE 电泳缓冲液，液面高于胶面 1~2mm。将 5μl PCR 产物与 1μl 6×上样缓冲液混匀后，用微量移液器吸取混合液垂直伸入液面下胶孔，小心上样于孔中；阳性对照的 PCR 反应产物加入到最后一个泳道；第一个泳道中加入 2μl 分子量 Marker。接通电泳仪电源根据公式：电压 = 电泳槽正负极间的距离（cm）×5V/cm 计算并设定电泳仪电压数值；启动电压开关，电泳开始以正负极铂金丝出现气泡为准。电泳 30~45min 后，切断电源。取出凝胶放入凝胶成像仪中观察结果，拍照并记录数据。

（7）结果判定。电泳结果中空白对照应无条带出现，阴性对照仅有 uidA 条带扩增，阳性对照中出现所有目标条带，PCR 试验结果成立。根据电泳图中目标条带大小，判断目标条带的种类，记录每个泳道中目标条带的种类，在表 6-11 中查找不同目标条带种类及组合所对应的致泻大肠埃希氏菌类别。

表 6-11　五种致泻大肠埃希氏菌目标条带与型别对照表

致泻大肠埃希氏菌类别	目标条带的种类组合	
EAEC	aggR，astA，pic 中一条或一条以上阳性	
EPEC	bfpB（+/-），escV[a]（+/-），stx1（-），stx2（-）	
STEC/EHEC	escV[a]（+/-），stx1（+），stx2（-），bfpB（-） escV[a]（+/-），stx1（-），stx2（+），bfpB（-） escV[a]（+/-），stx1（+），stx2（+），bfpB（-）	uidA[c]（+/-）
ETEC	Lt，stp，sth 中一条或一条以上阳性	
EIEC	invE[b]（+）	

[a] 在判定 EPEC 或 SETC/EHEC 时，escV 与 eae 基因等效；

[b] 在判定 EIEC 时，invE 与 ipaH 基因等效；

[c] 以上大肠埃希氏菌为 uidA 阳性。

（8）如用商品化 PCR 试剂盒或多重聚合酶链反应（MPCR）试剂盒，应按照试剂盒说明书进行操作和结果判定。

6. 血清学试验（选做项目）

（1）取 PCR 试验确认为致泻大肠埃希氏菌的菌株进行血清学试验。

注：应按照生产商提供的使用说明进行 O 抗原和 H 抗原的鉴定。当生产商的使用说明与下面的描述可能有偏差时按生产商提供的使用说明进行。

（2）O 抗原鉴定。

①假定试验。挑取经生化试验和 PCR 试验证实为致泻大肠埃希氏菌的营养琼脂平板上的菌落。根据致泻大肠埃希氏菌的类别，选用大肠埃希氏菌单价或多价 OK 血清做玻片凝集试验。当与某一种多价 OK 血清凝集时，再与该多价血清所包含的单价 OK 血清做凝集试验。致泻大肠埃希氏菌所包括的 O 抗原群见表 6-12。如与某一单价 OK 血清呈现凝集反应，即为假定试验阳性。

②证实试验。用 0.85% 灭菌生理盐水制备 O 抗原悬液，稀释至与 Mac Farland 3 号比浊管相当的浓度。原效价为 1：（160~320）的 O 血清，用 0.5% 盐水稀释至 1：40。将稀释

血清与抗原悬液于 10mm×75mm 试管内等量混合，做单管凝集试验。混匀后放于（50±1）℃水浴箱内，经 16h 后观察结果。如出现凝集，可证实为该 O 抗原。

表 6-12　致泻大肠埃希氏菌主要的 O 抗原

DEC 类别	DEC 主要的 O 抗原
EPEC	O26 O55 O86 O11ab O114O119 O125ac O127 O128ab O142 O158…
STEC/EHEC	O4 O26 O45 O91 O103 O104 O111 O113 O121 O128 O157…
EIEC	O28ac O29 O112ac O115 O124 O135 O136 O143 O144 O152 O164 O167…
ETEC	O6 O11 O15 O20 O25 O26 O27 O63 O78 O85 O114 O115 O128ac O148 O149 O159 O166 O167…
EAEC	O9O62 O73 O101 O134…

（3）H 抗原鉴定。

①取菌株穿刺接种半固体琼脂管，（36±1）℃培养 18~24h，取顶部培养物 1 环接种至 BHI 液体培养基中，于（36±1）℃培养 18~24h。加入福尔马林至终浓度为 0.5%，做玻片凝集或试管凝集试验。

②若待测抗原与血清均无明显凝集，应从首次穿刺培养管中挑取培养物，再进行 2~3 次半固体管穿刺培养，按照①进行试验。

7. 结果报告

（1）根据生化试验、PCR 确认试验的结果，报告 25g（或 25ml）样品中检出或未检出某类致泻大肠埃希氏菌。

（2）如果进行血清学试验，根据血清学试验的结果，报告 25g（或 25ml）样品中检出的某类致泻大肠埃希氏菌血清型别。

第四节　志贺氏菌检验

志贺氏菌又称为痢疾杆菌。能引起痢疾症状的病原微生物很多，如志贺菌属、沙门菌属、变形杆菌属、埃希氏菌属、阿米巴原虫、鞭毛虫、病毒等。其中，以志贺氏菌引起的细菌性痢疾最为常见。人类对志贺氏菌的易感性较高，所以在食物和饮用水的卫生检验时，常以是否含有志贺菌作为指标。

与肠杆菌科各属细菌相比较，志贺氏菌属的主要鉴别特征：不运动，对各种糖的利用能力较差，并且在含糖的培养基内一般不形成可见气体。

除运动力与生化反应外，志贺氏菌的进一步分群分型有赖于血清学试验。

一、生物学特性

（一）培养特性

需氧或兼性厌氧菌，最适温度 37℃，pH 值 6.4~7.8，在普通琼脂培养基上和 SS 平板上，形成圆形、微凸、光滑湿润、无色半透明、边缘整齐、中等大小、半透明的光滑型菌落。宋内氏菌菌落一般较大，较不透明，并常出现扁平的粗糙型菌落，在 SS 平板上可迟缓发酵乳糖，菌落呈玫瑰红色；在肉汤中呈均匀混浊生长，无菌膜形成。

（二）生化特性

（1）能分解葡萄糖，产酸不产气，除宋氏志贺菌外，均不发酵乳糖。

（2）V-P试验阴性，不分解尿素，不产生 H_2S。

（3）不发酵侧金盏花醇、肌醇和水杨苷。

（4）甲基红阳性、靛基质不定。

（5）痢疾志贺氏菌不分解甘露醇，其他（福氏、鲍氏、宋内氏）均可分解甘露醇。

二、致病性

（一）致病因素

志贺氏菌的致病作用，主要是侵袭力、菌体内毒素，个别菌株能产生外毒素。

（1）侵袭力。志贺氏菌进入大肠后，由于菌毛的作用黏附于大肠黏膜的上皮细胞上，继而在侵袭蛋白作用下穿入上皮细胞内，一般在黏膜固有层繁殖形成感染灶。此外，凡具有K抗原的痢疾杆菌，一般致病力较强。

（2）内毒素。志贺氏菌属中各菌株都有强烈的内毒素，作用于肠壁，使通透性增高，从而促进毒素的吸收。继而作用于中枢神经系统及心血管系统，引起临床上一系列毒血症症状，如发热、神志障碍，甚至中毒性休克。内毒素能破坏黏膜，形成炎症、溃疡，呈现典型的痢疾脓血便。内毒素还作用于肠壁植物神经，使肠道功能紊乱，肠蠕动共济失调和痉挛，尤其直肠括约肌最明显，因而发生腹痛、里急后重等症状。

（3）外毒素。志贺氏菌A群Ⅰ型及部分2型（斯密兹痢疾杆菌）菌株能产生强烈的外毒素。为蛋白质，不耐热，75~80℃ 1h即可破坏。该毒素具有3种生物活性：①神经毒性，将毒素注射家兔和小鼠，作用于中枢神经系统，引起四肢麻痹、死亡；②细胞毒性，对人肝细胞、猴肾细胞均有毒性；③肠毒性，具有类似大肠杆菌、霍乱弧菌肠毒素的活性，可以解释疾病早期出现的水样腹泻。外毒素能使肠黏膜通透性增加，并导致血管内皮细胞损害。外毒素经甲醛或紫外线处理可脱毒成类毒素，能刺激机体产生相应的抗毒素。一般认为具有外毒素的志贺氏菌引起的痢疾比较严重。

（二）致病性

细菌性痢疾是最常见的肠道传染病，夏秋两季患者最多。传染源主要为病人和带菌者，通过污染了痢疾杆菌的食物、饮水等经口感染。人类对志贺氏菌易感，10~200个细菌可使10%~50%志愿者致病。一般来说，志贺氏菌所致菌痢的病情较重；宋内氏菌引起的症状较轻；福氏菌介于二者之间，但排菌时间长，易转为慢性。

（1）急性细菌性痢疾。又分急性典型、急性非典型、急性中毒性菌痢三型。急性中毒性菌痢小儿多见，各型菌都可发生。发病急，常见腹痛、腹泻、发热，呈现严重的全身中毒症状。

（2）慢性细菌性痢疾。慢性迁延型，通常由急性菌痢治疗不彻底等引起。病程超过2个月，时愈时发，大便培养阳性率低。在有临床症状时为急性发作型，该型往往在半年内有急性菌痢病史。慢性隐伏型菌痢，是在一年内有过菌痢病史，临床症状早已消失，但直肠镜可发现病变或大便培养阳性。

部分患者可成为带菌者，带菌者不能从事饮食业、炊事和保育工作。

三、检验方法

（一）设备和材料

除微生物实验室常规灭菌及培养设备外，其他设备和材料如下。恒温培养箱：$36 \pm 1℃$；冰箱：$2 \sim 5℃$；膜过滤系统；厌氧培养装置：$(41.5 \pm 1)℃$；电子天平：感量$0.1g$；显微镜：$10 \times \sim 100 \times$；均质器；振荡器；无菌吸管：$1ml$、$10ml$或微量移液器及吸头；无菌均质杯或无菌均质袋：容量$500ml$；无菌培养皿：直径$90mm$；pH计或pH比色管或精密pH试纸；全自动微生物生化鉴定系统。

（二）培养基和试剂

志贺氏菌增菌肉汤—新生霉素；麦康凯（MAC）琼脂；木糖赖氨酸脱氧胆酸盐（XLD）琼脂；志贺氏菌显色培养基；三糖铁（TSI）琼脂；营养琼脂斜面；半固体琼脂；葡萄糖铵培养基；尿素琼脂；β - 半乳糖苷酶培养基；氨基酸脱羧酶试验培养基；糖发酵管；西蒙氏柠檬酸盐培养基；黏液酸盐培养基；蛋白胨水，靛基质试剂；志贺氏菌属诊断血清；生化鉴定试剂盒。

（三）检验程序

志贺氏菌检验程序见图6 – 6。

（四）操作步骤

1. 增菌

以无菌操作取检样$25g$（ml），加入装有灭菌$225ml$志贺氏菌增菌肉汤的均质杯，用旋转刀片式均质器以$8\,000 \sim 10\,000r/min$均质；或加入装有$225ml$志贺氏菌增菌肉汤的均质袋中，用拍击式均质器连续均质$1 \sim 2min$，液体样品振荡混匀即可。于$(41.5 \pm 1)℃$，厌氧培养$16 \sim 20h$。

2. 分离

取增菌后的志贺氏增菌液分别划线接种于XLD琼脂平板和MAC琼脂平板或志贺氏菌显色培养基平板上，于$(36 \pm 1)℃$培养$20 \sim 24h$，观察各个平板上生长的菌落形态。宋内氏志贺氏菌的单个菌落直径大于其他志贺氏菌。若出现的菌落不典型或菌落较小不易观察，则继续培养至$48h$再进行观察。志贺氏菌在不同选择性琼脂平板上的菌落特征见表6 – 13。

表6 – 13　志贺氏菌在不同选择性琼脂平板上的菌落特征

选择性琼脂平板	志贺氏菌的菌落特征
MAC 琼脂	无色至浅粉红色，半透明、光滑、湿润、圆形、边缘整齐或不齐
XLD 琼脂	粉红色至无色，半透明、光滑、湿润、圆形、边缘整齐或不齐
志贺氏菌显色培养基	按照显色培养基的说明进行判定

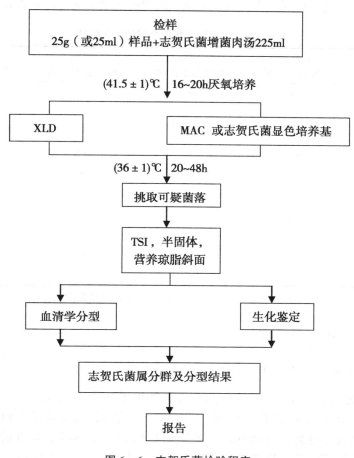

图6-6 志贺氏菌检验程序

3. 初步生化试验

（1）自选择性琼脂平板上分别挑取2个以上典型或可疑菌落，分别接种TSI、半固体和营养琼脂斜面各一管，置（36±1）℃培养20h，分别观察结果。

（2）凡是三糖铁琼脂中斜面产碱、底层产酸（发酵葡萄糖，不发酵乳糖，蔗糖）、不产气（福氏志贺氏菌6型可产生少量气体）、不产硫化氢、半固体管中无动力的菌株，挑取其（1）中培养的营养琼脂斜面上生长的菌苔，进行生化试验和血清学分型。

4. 生化试验及附加生化试验

（1）生化试验。用初步生化试验（1）中培养的营养琼脂斜面上生长的菌苔，进行生化试验，即β–半乳糖苷酶、尿素、赖氨酸脱羧酶、鸟氨酸脱羧酶以及水杨苷和七叶苷的分解试验。除宋内氏志贺氏菌、鲍氏志贺氏菌13型的鸟氨酸阳性；宋内氏菌和痢疾志贺氏菌Ⅰ型，鲍氏志贺氏菌13型的β–半乳糖苷酶为阳性以外，其余生化试验志贺氏菌属的培养物均为阴性结果。另外由于福氏志贺氏菌6型的生化特性和痢疾志贺氏菌或鲍氏志贺氏菌相似，必要时还需加做靛基质、甘露醇、棉子糖、甘油试验，也可做革兰氏染色检查和氧化酶试验，应为氧化酶阴性的革兰氏阴性杆菌。生化反应不符合的菌株，即使能与某种志贺氏菌分型血清发生凝集，仍不得判定为志贺氏菌属。志贺氏菌属生化特性见表6－14。

表6－14　志贺氏菌属四个群的生化特征

生化反应	A群：痢疾志贺氏菌	B群：福氏志贺氏菌	C群：鲍氏志贺氏菌	D群：宋内氏志贺氏菌
β－半乳糖苷酶	－a	－	－a	+
尿素	－	－	－	－
赖氨酸脱羧酶	－	－	－	－
鸟氨酸脱羧酶	－	－	－b	+
水杨苷	－	－	－	－
七叶苷	－	－	－	－
靛基质	－/+	(+)	－/+	－
甘露醇	－	+c	+	+
棉子糖	－	+	－	+
甘油	(+)	－	(+)	d

注：+表示阳性；－表示阴性；－/+表示多数阴性；+/－表示多数阳性；(+) 表示迟缓阳性；d表示有不同生化型。

a 痢疾志贺1型和鲍氏13型为阳性。

b 鲍氏13型为鸟氨酸阳性。

c 福氏4型和6型常见甘露醇阴性变种。

（2）附加生化试验。由于某些不活泼的大肠埃希氏菌（anaerogenic *E. coli*）、A－D（Alkalescens－D isparbiotypes 碱性—异型）菌的部分生化特征与志贺氏菌相似，并能与某种志贺氏菌分型血清发生凝集；因此前面生化实验符合志贺氏菌属生化特性的培养物还需另加葡萄糖胺、西蒙氏柠檬酸盐、黏液酸盐试验（36℃培养24h）。志贺氏菌属和不活泼大肠埃希氏菌、A－D菌的生化特性区别见表6－15。

表6－15　志贺氏菌属和不活泼大肠埃希氏菌、A－D菌的生化特性区别

生化反应	A群：痢疾志贺氏菌	B群：福氏志贺氏菌	C群：鲍氏志贺氏菌	D群：宋内氏志贺氏菌	大肠埃希氏菌	A－D菌
葡萄糖胺	－	－	－	－	+	+
西蒙氏柠檬酸盐	－	－	－	－	d	d
黏液酸盐	－	－	－	d	+	d

注：1. +表示阳性；－表示阴性；d表示有不同生化型。

2. 在葡萄糖胺、西蒙氏柠檬酸盐、黏液酸盐试验三项反应中志贺氏菌一般为阴性，而不活泼的大肠埃希氏菌、A－D（碱性—异型）菌至少有一项反应为阳性。

（3）如选择生化鉴定试剂盒或全自动微生物生化鉴定系统，可根据附加生化试验的初步判断结果，用初步生化反应（1）中已培养的营养琼脂斜面上生长的菌苔，使用生化鉴定试剂盒或全自动微生物生化鉴定系统进行鉴定。

5. 血清学鉴定

（1）抗原的准备。志贺氏菌属没有动力，所以没有鞭毛抗原。志贺氏菌属主要有菌体

（O）抗原。菌体 O 抗原又可分为型和群的特异性抗原。

一般采用 1.2% ~1.5% 琼脂培养物作为玻片凝集试验用的抗原。

注 1：一些志贺氏菌如果因为 K 抗原的存在而不出现凝集反应时，可挑取菌苔于 1ml 生理盐水做成浓菌液，100℃ 煮沸 15 ~60min 去除 K 抗原后再检查。

注 2：D 群志贺氏菌既可能是光滑型菌株也可能是粗糙型菌株，与其他志贺氏菌群抗原不存在交叉反应。与肠杆菌科不同，宋内氏志贺氏菌粗糙型菌株不一定会自凝。宋内氏志贺氏菌没有 K 抗原。

（2）凝集反应。在玻片上划出 2 个约 1cm×2cm 的区域，挑取一环待测菌，各放 1/2 环于玻片上的每一区域上部，在其中一个区域下部加 1 滴抗血清，在另一区域下部加入 1 滴生理盐水，作为对照。再用无菌的接种环或针分别将两个区域内的菌落研成乳状液。将玻片倾斜摇动混合 1min，并对着黑色背景进行观察，如果抗血清中出现凝结成块的颗粒，而且生理盐水中没有发生自凝现象，那么凝集反应为阳性。如果生理盐水中出现凝集，视作自凝。这时，应挑取同一培养基上的其他菌落继续进行试验。

如果待测菌的生化特征符合志贺氏菌属生化特征，而其血清学试验为阴性的话，则按 5（1）的注 1 进行试验。

（3）血清学分型（选做项目）。先用 4 种志贺氏菌多价血清检查，如果呈现凝集，则再用相应各群多价血清分别试验。先用 B 群福氏志贺氏菌多价血清进行实验，如呈现凝集，再用其群和型因子血清分别检查。如果 B 群多价血清不凝集，则用 D 群宋内氏志贺氏菌血清进行实验，如呈现凝集，则用其 I 相和 II 相血清检查；如果 B、D 群多价血清都不凝集，则用 A 群痢疾志贺氏菌多价血清及 1 ~12 各型因子血清检查，如果上述三种多价血清都不凝集，可用 C 群鲍氏志贺氏菌多价检查，并进一步用 1 ~18 各型因子血清检查。福氏志贺氏菌各型和亚型的型抗原和群抗原鉴别见表 6 – 16。

表 6 – 16　福氏志贺氏菌各型和亚型的型抗原和群抗原的鉴别

型和亚型	型抗原	群抗原	在群因子血清中的凝集		
			3，4	6	7，8
1a	I	4	+	–	–
1b	I	(4)，6	(+)	+	–
2a	II	3，4	+	–	–
2b	II	7，8	–	–	+
3a	III	(3，4)，6，7，8	(+)	+	+
3b	III	(3，4)，6	(+)	+	–
4a	IV	3，4	+	–	–
4b	IV	6	–	+	–
4c	IV	7，8	–	–	+
5a	V	(3，4)	(+)	–	–
5b	V	7，8	–	–	+
6	VI	4	+	–	–
X	–	7，8	–	–	+
Y	–	3，4	+	–	–

注：+ 表示凝集；– 表示不凝集；（）表示有或无。

6. 结果报告

综合以上生化试验和血清学鉴定的结果，报告 25g（ml）样品中检出或未检出志贺氏菌。

第五节　溶血性链球菌检验

链球菌是一个古老的菌属，种类很多，与人类疾病有关的大多数属于乙型溶血性链球菌，其血清型 90% 属于 A 群链球菌，常可引起皮肤和皮下组织的化脓性炎症及呼吸道感染，还可通过食品引起猩红热、流行性咽炎的爆发性流行。因此，检验食品中是否有溶血性链球菌具有现实意义。

一、生物学特性

（一）形态与染色

链球菌呈球形或椭圆形，直径 0.6~1.0μm，呈链状排列，长短不一，从 4~8 个至 20~30 个菌细胞组成，链的长短与细菌的种类及生长环境有关（图 6-7）。在液体培养基中易呈长链，固体培养基中常呈短链，易与葡萄球菌相混淆，也有些链球菌的变种可以形成很长的交织在一起的长链，由于链球菌能产生脱链酶，所以正常情况下链球菌的链不能无限制的延长。多数菌株在血清肉汤中培养 2~4h 易形成透明质酸的荚膜，继续培养后消失。该菌不形成芽孢，无鞭毛，不能运动。易被碱性苯胺染料着色，呈革兰氏阳性，老龄培养或被中性粒细胞吞噬后，转为革兰氏阴性。

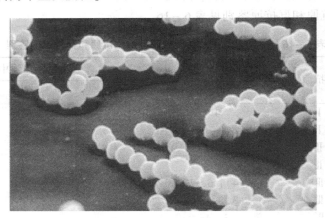

图 6-7　A 族乙型溶血性链球菌形态图

（二）培养特性

溶血性链球菌为需氧或兼性厌氧菌，营养要求较高，在普通培养基上生长不良，需补充血清、血液、腹水，大多数菌株需谷氨酸、核黄素、维生素 B_6、烟酸等生长因子。在 20~42℃ 环境下皆可生长，最适生长温度为 37℃，最适 pH 值为 7.4~7.6。

该菌在不同的常用培养基上的培养特性如下。

（1）血清肉汤。该菌一般呈颗粒状生长，大多沉于管底。生长状况与链的长短有关系，溶血性菌株易成长链，呈典型的絮状或颗粒状沉淀生长，或粘贴于管壁上；不溶血性菌株的菌链较短，或只呈双球状，液体均匀混浊；半溶血性菌株的链有长有短，在液体培养基中的生长情况介于两者之间。

（2）血平板。37℃培养18~24h，形成灰白色、半透明或不透明、表面光滑、有乳光、边缘整齐、直径0.5~0.75mm的圆形突起状细小菌落，不同菌株的溶血情况不一，有的完全溶血，在菌落周围形成透明溶血环；有的不完全溶血，形成草绿色溶血环；有的不发生溶血，无溶血环可见。当培养基所含血液不同时，溶血情况有改变，有时菌落在含马血的培养基上有小溶血环，但在兔血培养基中不溶血。

（三）生化特性

本菌分解葡萄糖，产酸不产气，对乳糖、甘露醇、水杨苷、山梨醇、棉子糖、蕈糖、七叶苷的分解能力因不同菌株而异。一般不分解菊糖，不被胆汁溶解。奥普托辛试验阴性，可与肺炎双球菌区别；触酶阴性，可与葡萄球菌区别；多类A族链球菌可分解肝糖和淀粉，约有97%的A族链球菌被杆菌肽抑制，而其他链球菌则不受抑制，肠球菌（D族）绝大多数能分解甘露醇，亦能分解七叶苷，使培养基变黑。

（四）抗原结构

链球菌的抗原构造较复杂，乙型溶血性链球菌的抗原构造主要有3种。

（1）核蛋白抗原。简称P抗原，是菌体浸出物，无特异性，各种链球菌均相同。

（2）多糖抗原。或称C抗原，属于族特异性抗原，是细胞壁的多糖组分，有族特异性，可用稀盐酸等提取。根据族多糖抗原的不同，用血清学方法可将溶血性链球菌分成A~V 20个族。

（3）蛋白质抗原。或称表面抗原，具有型特异性，位于C抗原外层，其中可分为M、T、R、S四种不同性质的抗原成分，与致病性有关的是M抗原。M抗原对热和酸的抵抗力很强，所以可在pH值为2时，煮沸处理细菌，使菌细胞溶解进而提取M抗原，与型特异性免疫血清进行沉淀试验可将链球菌分型。

（五）分类

根据不同的分类标准，可将链球菌分为不同的类别。

1. 根据链球菌在血液培养基上生长繁殖后是否溶血及其溶血性质分类

（1）甲型（α-）溶血性链球菌。菌落周围有1~2mm宽的草绿色溶血环（由于细菌产生的过氧化氢等氧化性物质将血红蛋白氧化成高铁血红蛋白，绿色其实是高铁血红蛋白的颜色），放入冰箱一夜呈溶血环，且溶血环扩大，也称甲型溶血，这类链球菌多为条件致病菌，致病力弱，为上呼吸道的正常寄生菌。

（2）乙型（β-）溶血性链球菌。菌落周围形成一个2~4mm宽、界限分明、完全透明的无色溶血环，也称乙型溶血，因而这类菌亦称为溶血性链球菌，该菌的致病力强，为链球菌感染中的主要致病菌，常引起人类和动物的多种疾病。

（3）丙型（γ-）链球菌。不产生溶血素，菌落周围无溶血环，也称为丙型或不溶血性链球菌，为口腔、鼻咽部及肠道的正常菌群，通常为非致病菌，常存在于乳类和粪便中，偶尔也引起感染。

2. 根据抗原构造进行血清学分类

按链球菌细胞壁中多糖抗原（C 多糖）的不同，根据 Lancefield 血清学分类，可将乙型溶血性链球菌分成 A、B、C、D、E、F、G、H、K、L、M、N、O、P、Q、R、S、T、U、V 20 个族。在一个族内因表面抗原，即型特异性抗原的不同，又将细菌分成若干型，如 A 族由于 M 抗原不同可分为 60 多个型，B 族分为 4 个血清型，C 族分为 13 个型。

3. 根据菌体对氧的需要分类

按照是否需要氧，可分为需氧链球菌、厌氧链球菌、微嗜氧链球菌。其中厌氧链球菌常寄生于口腔、肠道和阴道中，可致病的包括消化链球菌属。

（六）抵抗力

该菌抵抗力一般不强，60℃ 30min 即被杀死，但其中 D 族链球菌（如粪链球菌）抵抗力特别强，在该条件下无法杀灭；此菌产生的红疹毒素耐热力很强，煮沸 1h 才破坏。对常用消毒剂敏感，在干燥尘埃中可生存数月。其中，乙型链球菌对青霉素、红霉素、氯霉素、四环素、磺胺均很敏感。青霉素是链球菌感染的首选药物，很少有耐药性。

二、溶血性链球菌食物中毒

（一）致病因子

致病性链球菌可产生多种毒素和酶，常可引起皮肤、皮下组织的化脓性炎症，呼吸道感染，流行性咽炎的爆发性流行，以及新生儿败血症、细菌性心内膜炎、猩红热和风湿热、肾小球肾炎等变态反应。溶血性链球菌的致病性与其产生的毒素及其侵袭性酶有关，主要有以下几种。

1. 链球菌溶血素

溶血素有 O 和 S 两种，O 为含有 – SH 的蛋白质，具有抗原性，S 为小分子多肽，分子量较小，故无抗原性。

2. 致热外毒素

曾称红疹毒素或猩红热毒素，是人类猩红热的主要毒性物质，主要由 A 族链球菌产生，C、G 族的某些菌株也可产生，会引起局部或全身红疹、发热、疼痛、恶心、呕吐、周身不适等。

3. 透明质酸酶

又称扩散因子，能分解细胞间质的透明质酸，故能增加细菌的侵袭力，使病菌易在组织中扩散。

4. 链激酶

又称链球菌纤维蛋白溶酶，能使血液中纤维蛋白酶原变成纤维蛋白酶，能够增强细菌在组织中的扩散作用，该酶耐热，100℃ 50min 仍可保持活性。人经链球菌感染后，一般70% ~ 80% 出现链激酶抗体，此抗体可抑制链激酶活性。

5. 链道酶

又称链球菌 DNA 酶，能使脓液稀薄，促进病菌扩散。

6. 杀白细胞素

链球菌在肉汤培养基中培养可产生杀白细胞素，能使白细胞失去动力，变成球形，最后膨胀破裂。

7. 其他酶类

溶血性链球菌还可产生蛋白酶、核糖核酸酶、二磷酸吡啶核苷酸酶和致病毒素等。

（二）流行病学

溶血性链球菌在自然界中分布较广，存在于水、空气、尘埃、牛奶、粪便，健康人与动物口腔、鼻腔、咽喉和病灶中，可通过直接接触、空气飞沫传播或通过皮肤、黏膜伤口感染，被污染的食品如奶、肉、蛋及其制品也会对人类进行感染。上呼吸道感染患者、人畜化脓性感染部位常成为食品的污染源。一般来说，溶血性链球菌常通过以下途径污染食品。

（1）食品加工或销售人员口腔、鼻腔、手、面部有化脓性炎症时造成食品的污染。

（2）食品在加工前就已带菌、奶牛患化脓性乳腺炎或畜禽局部化脓时，其奶和肉制品受到污染。

（3）熟食制品因包装不善而使食品受到污染。

（三）临床表现

本菌通过直接接触、飞沫吸入或通过皮肤、黏膜伤口侵入机体而致病。乙型溶血性链球菌主要引起以下疾病。

（1）皮肤和皮下组织感染。局部可出现化脓性炎症、淋巴管炎、淋巴结炎、蜂窝组织炎等。链球菌侵袭力较强，比葡萄球菌更易扩散和蔓延，往往沿淋巴和血液扩散而引起败血症。

（2）其他系统的感染。如扁桃体炎、咽炎、咽颊炎、鼻窦炎、中耳炎、乳突炎、肾盂肾炎、肾小球炎及产褥热等。

（3）猩红热。这是由能产生红疹毒素的溶血性链球菌引起的小儿急性传染病，多以飞沫传播，通过咽喉黏膜侵入机体，产生红疹毒素，引起全身红疹和全身中毒症状。

（四）预防与控制

（1）防止带菌人群对各种食物的污染，患局部化脓性感染、上呼吸道感染的人员要暂停与食品接触的工作。

（2）防止对奶及其制品的污染，牛奶场要定期对生产中的奶牛进行体检，坚持挤奶前消毒，一旦发现患化脓性乳腺炎的奶牛要立即隔离，奶制品要用消毒过的原料，并注意低温保存。

（3）在动物屠宰过程中，应严格执行检验法规，割除病灶并以流水冲洗；在肉制品加工过程中发现化脓性病灶应整块剔除。

三、检验方法

目前，溶血性链球菌国标检测方法大致分为两大类：①常规微生物学检验法；②其他快速检测方法，包括 PCR、荧光定量 PCR 和环介导等温扩增（LAMP）等。下面以国标食品微生物学检验方法为例，介绍实验室常规检验溶血性链球菌的方法和步骤。

（一）检验原理

（1）增菌。一般样品用葡萄糖肉浸液肉汤增菌，污染严重的样品用匹克肉汤增菌。

（2）血平板分离。溶血性链球菌在血平板上呈乙型溶血、圆形突起的细小菌落。

（3）乙型溶血性链球菌周围有无色透明的溶血环，革兰氏阳性，能产生链激酶（即溶纤维蛋白酶），该酶能激活正常人血液中的血浆蛋白酶原，使之成为血浆蛋白酶，而后溶解纤维蛋白，使凝固的血浆溶解，链激酶是鉴别致病性链球菌的重要特征。97％的 A 群链球菌可被杆菌肽抑制，其他链球菌则不被抑制，故此试验可初步鉴定 A 群链球菌。

（4）胰蛋白胨大豆肉汤 TSB 增菌液、哥伦比亚 CNA 血琼脂平板的增菌、分离效果很好，其中哥伦比亚 CNA 血琼脂平板有效地将沙门菌、大肠埃希氏菌抑制，平板上只出现目标菌和金黄色葡萄球菌，提高检出率。并且在厌氧环境下（10％ CO_2 和 90％ N_2）哥伦比亚 CNA 选择性琼脂平板更适合于溶血性链球菌的分离培养，主要表现在：菌落形态典型、溶血现象更为明显，同时也抑制了需氧菌及干扰菌的生长，有效提高了辨别率，更利于溶血性链球菌的分离和筛选。

（二）检验方法

1. 参考检验标准

食品微生物学检验　β 型溶血性链球菌检验（GB 4789.11—2014）。

2. 适用范围

各类食品中 β 型溶血性链球菌的检验。

3. 设备和材料

除微生物实验室常规灭菌及培养设备外，其他设备和材料如下。恒温培养箱：（36 ± 1）℃；冰箱：2 ~ 5℃；厌氧培养装置；天平：感量 0.1g；均质器与配套均质袋；显微镜：10 倍 ~ 100 倍；无菌吸管：1ml（具 0.01ml 刻度）、10ml（具 0.1ml 刻度）或微量移液器及吸头；无菌锥形瓶：容量 100ml、200ml、2000ml；无菌培养皿：直径 90mm；pH 计或 pH 比色管或精密 pH 试纸；水浴装置：（36 ± 1）℃；微生物生化鉴定系统。

4. 培养基和试剂

（1）培养基。改良胰蛋白胨大豆肉汤，哥伦比亚 CNA 血琼脂，哥伦比亚血琼脂，胰蛋白胨大豆肉汤。

（2）试剂。革兰氏染色液，草酸钾血浆，0.25％氯化钙（$CaCl_2$）溶液，3％过氧化氢（H_2O_2）溶液，生化鉴定试剂盒或生化鉴定卡。（具体配制方法参见 GB 4789.11—2014 附录 A）

5. 检验程序

溶血性链球菌的检验程序见图 6 – 8。

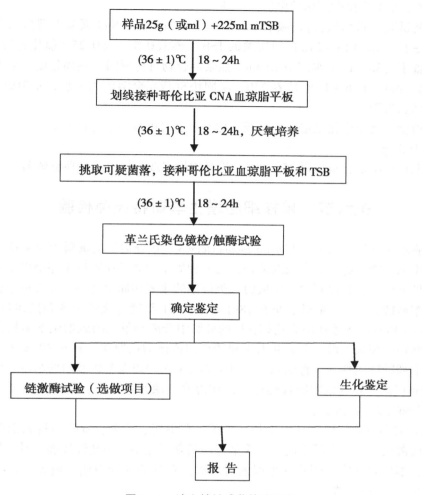

图6-8 溶血性链球菌检验程序

6. 操作步骤

（1）样品处理及增菌。按无菌操作称取检样25g（ml），加入盛有225ml mTSB的均质袋中，用拍击式均质器均质1~2min；或加入盛有225ml mTSB的均质杯中，以8 000~10 000r/min均质1~2min。若样品为液态，振荡均匀即可。（36±1）℃培养，18~24h。

（2）分离。将增菌液划线接种于哥伦比亚CNA血琼脂平板，（36±1）℃厌氧培养18~24h，观察菌落形态。溶血性链球菌在哥伦比亚CNA血琼脂平板上的典型菌落形态通常直径为2~3mm，灰白色、半透明、光滑、表面突起、圆形、边缘整齐，并产生β型溶血。

（3）鉴定。

①分离纯化。挑取5个（如小于5个则全选）可疑菌落分别接种哥伦比亚血琼脂平板和TSB增菌液，（36±1）℃培养18~24h。

②革兰氏染色镜检。挑取可疑菌落染色镜检。β型溶血性链球菌为革兰氏染色阳性，球形或卵圆形，常排列成短链状。

③触酶试验。挑取可疑菌落于洁净的载玻片上，滴加适量3%过氧化氢溶液，立即产生

143

气泡者为阳性。β 型溶血性链球菌触酶为阴性。

④链激酶试验（选做项目）。吸取草酸钾血浆 0.2ml 于 0.8ml 灭菌生理盐水中混匀，再加入经（36±1）℃培养 18～24h 的可疑菌的 TSB 培养液 0.5ml 及 0.25% 氯化钙溶液 0.25ml，振荡摇匀，置于（36±1）℃水浴中 10min，血浆混合物自行凝固（凝固程度至试管倒置，内容物不流动）。继续（36±1）℃培养 24h，凝固块重新完全溶解为阳性，不溶解为阴性，β 型溶血性链球菌为阳性。

⑤其他检验。使用生化鉴定试剂盒或生化鉴定卡对可疑菌落进行鉴定。

7. 结果与报告

综合以上试验结果，报告每 25g（ml）检样中检出或未检出溶血性链球菌。

第六节　单核细胞增生李斯特氏菌检验

单核细胞增生李斯特氏菌（*Listenia monocytogens*）在分类学上隶属于李斯特氏菌属，是李斯特菌属中唯一能引起人类疾病的菌种，为一种短小的革兰氏阳性无芽孢内寄生杆菌，其能在低温条件下生长，是冷藏食品中威胁人类健康的主要病原菌之一。人类很早就认识到单核细胞增生李斯特氏菌的致病性，早在 1891 年和 1911 年就有文献记载和描述过这种细菌。但直到 1926 年 Murray 等才在患病兔和豚鼠的肝脏中分离到单核细胞增生李斯特氏菌。单核细胞增生李斯特氏菌被看做是人畜共患病和经食物传播的病原菌，只有 30 多年的历史，但由于它具有下列特殊属性，一直受到国际卫生和食品组织以及各国政府的高度关注。

（1）分布广泛。在环境中能普遍存活，在海水、淡水、土壤、粪肥、垃圾、饲料甚至甲壳动物、苍蝇中均可分离到。

（2）能在大多数非酸性食品中生长、繁殖。在牛奶、蔬菜、青贮饲料和土壤中存活的时间比沙门氏菌长，并且存活率高，巴氏消毒不易杀灭此菌，耐盐性较强，对多种物质有较强的抵抗力，不易被寒冷日晒等强烈因素所杀灭，对热的耐受力比一般无芽孢杆菌强，在 4℃ 的环境中仍可生长繁殖。

（3）致病性强，患者死亡率高，一般为 20%～30%。

尽管采取了许多防治措施，但近年来欧美等国家还是爆发过多起因食源性污染导致人群感染的事件。从国外爆发的几起李斯特菌病的传播媒介看，动物性食品是主要的传播源。美国在 1979—1985 年间发生的三次大的食物中毒，均因该菌污染低温杀菌全脂牛奶、生蔬菜和奶制品引起，中毒者死亡率在 30% 左右。我国虽然未见报道单核细胞增生李斯特氏菌食物中毒，但从冰激凌、水产品、熟肉制品中曾检出单核细胞增生李斯特氏菌，说明存在发生食物中毒的潜在危险。因此，在食品卫生微生物检验工作中，必须加以重视。

一、生物学特性

（一）形态与染色

该菌为无芽孢短杆菌，大小为（0.4～0.5）$\mu m \times$（0.5～2.0）μm，直或稍弯，多数菌体一端较大，似棒状，两端钝圆，常呈 V 字形排列，有的呈丝状，偶有球状、双球状，一般不形成荚膜，但在营养丰富的环境中可形成荚膜，该菌有 4 根周毛，但易脱落。在

22~25℃环境中可形成4根鞭毛，故在25℃幼龄肉汤培养物中运动活泼；在32℃下仅有一根鞭毛，运动较缓慢。

幼龄培养物为革兰氏阳性，陈旧培养物可转为革兰氏阴性，呈两极着色，易被误认为双球菌。常温条件下该菌需氧或兼性厌氧，有溶血反应。

（二）培养特性

单核细胞增生李斯特氏菌耐碱不耐酸，适宜在中性或偏碱性的介质中生长，适宜 pH 值范围为5.2~9.6。该菌对营养要求不高，因此能在大多数细菌培养基上生长良好，而胰蛋白胨琼脂是培养和保存单核细胞增生李斯特氏菌最佳的培养基。

1. 该菌在各种不同类型培养基上的培养特性

（1）EB 和葡萄糖肉汤。呈混浊生长，液面形成菌膜，但后者不产气。

（2）固体培养基。菌落初始很小，透明，边缘整齐，呈露滴状，但随着菌落的增大，变得不透明。

（3）液体培养基。培养18~24h 后，肉汤呈轻度均匀混浊，数天后形成黏稠沉淀附着于管底，摇动时沉淀呈螺旋状，继续培养可形成颗粒状沉淀，不形成菌环、菌膜。

（4）血平板（含血量5%~7%）。菌落通常不大，圆润，直径为1.0~1.5mm。灰白色，刺种血平板培养后可产生窄小的 β – 溶血环，直径3mm；4℃放置4d 后菌落和溶血环直径均可增至5mm，呈典型的奶油滴状。弱溶血或疑似溶血菌株可用协同溶血试验（cAMP）鉴定。

（5）改良 Mc Bride（MMA）琼脂。用45°入射光照射菌落，通过解剖镜垂直观察，菌落呈蓝色、灰色或蓝灰色。

（6）亚碲酸钾平板。形成黑色菌落。

（7）科玛嘉李斯特氏菌选择培养基。菌落呈蓝色并带有白色光环（晕轮）。

（8）TSA – YE 平板。生长为灰白色、半透明、圆润、边缘整齐的菌落。

（9）半固体和 SIM 动力培养基。25℃培养，细菌沿穿刺线扩散生长，呈云雾状，随后缓慢扩散，在培养基表面下3~5mm 处呈伞状。

（10）SS＼EMB＼Mac 平板。不生长。

2. 单核细胞增生李斯特氏菌的其他培养特性

（1）该菌为嗜氧菌，但它在含5%氧气和5%~10% CO_2 的环境中生长比在空气环境中生长更好。

（2）该菌是嗜冷菌，在0~50℃条件下均能生长。尽管30~37℃是它的最佳生长温度，但在冰箱温度条件下仍能生长。低于3℃时在磷酸蛋白胨肉汤中、4℃在牛奶中和0℃在肉中可存活16~20d。

（3）该菌的抗盐能力强，在0~4℃条件下，该菌在25.5%氯化钠水溶液中可存活数月。

（三）生化特性

单核细胞增生李斯特氏菌的生化特性见表6–17。

表 6-17　单核细胞增生李斯特氏菌的生化反应特性

生化反应类型	反应特性	生化反应类型	反应特性
Gram 染色	+	果糖	+
动力学实验	+	麦芽糖	+
明胶液化	−	乳糖	+
吲哚反应	−	糊精	+
硫化氢	−	蔗糖	+
硝酸盐还原	−	鼠李糖	+
过氧化氢酶（接触酶）	+	山梨糖醇	+
尿素分解	−	甘油	+
枸橼酸盐	−	甘露醇	+
V-P 反应	+	半乳糖	−
抗氧化	−	卫矛醇	−
5℃生长	可能	旋覆花素	−
6%以上氯化钠	耐性	肌醇	−
葡萄糖	+产气	阿拉伯糖	−
海藻糖	+	木糖	−
水杨苷	+	棉籽糖	−
阿东糖醇	−	马尿酸盐	+
溶血反应	+	七叶苷	+
MR 试验	+	CAMP（葡萄球菌）	+
运动性	+	CAMP（马红球菌）	−
侧金盏花醇	−	纤维二糖	+
赖氨酸	−	鸟氨酸	−
精氨酸	+		

注：+表示阳性；−表示阴性。

（四）血清型分类

根据菌体（O）抗原和鞭毛（H）抗原，将单核细胞增生李斯特氏菌分成 13 个血清型，分别是 1/2a、1/2b、1/2c、3a、3b、3c、4a、4b、4ab、4c、4d、4e 和 "7" 13 个血清型。凭单纯的血清学分型，而不结合生化反应无法鉴定单核细胞增生李斯特氏菌。在 13 个血清型中，其中 3 种占临床感染的 90%，即 1/2a、1/2b、4b，最常见的为 1/2b，但通常引起食源性感染的是血清型 4b。1966 年以来，有记载爆发的 24 起单核细胞增生李斯特氏菌疾病中 14 起属于 4b，占 58%；8 起属于 1/2a，占 11%。本菌的抗原结构与毒力无关，且本菌与葡萄球菌、链球菌、肺炎球菌等多数革兰氏阳性菌和大肠杆菌有共同抗原，故血清学诊断无意义。

（五）抵抗力

该菌对理化因素抵抗力较强，在土壤、粪便、青贮饲料和干草内能长期存活，对碱和盐抵抗力强，在 200g/L 氯化钠溶液内经久不死，25g/L 氢氧化钠溶液经 20min 才被杀死，60~70℃经 5~20min 可杀死，70%酒精 5min、2.5%石炭酸、2.5%氢氧化钠、2.5%福尔马林 20min 可杀死此菌。该菌对青霉素、氨苄青霉素、四环素、磺胺等均敏感。

二、单核细胞增生李斯特氏菌食物中毒

20 世纪 60 年代以前，单核细胞增生李斯特氏菌几乎主要是在动物间感染，很少感染人类。近 60 年来，微生物学家从自然界广泛地分离到李斯特氏菌，包括单核细胞增生李斯特氏菌和伊万诺维李斯特氏菌。除人类外，至少有 42 种野生和家养的哺乳动物、17 种禽类携带单核细胞增生李斯特氏菌。在土壤、地表水、污水、烂菜甚至河流中都存在此菌，由于它适宜在腐生环境中存活，从而可通过粪源、食品和昆虫传播给动物和人群。

据报道 5%～10% 的健康人群肠道中携带单核细胞增生李斯特氏菌，但携带者本身无任何明显症状。此外，也能在龙虾和鱼中分离到这种细菌。

（一）致病因子

单核细胞增生李斯特氏菌的致病性与毒力机理如下：

（1）寄生物介导的细胞内增生，使它附着及进入肠细胞与巨噬细胞。

（2）抗活化的巨噬细胞，单增李氏菌有细菌性过氧化物歧化酶，使它能抗活化巨噬细胞内的过氧物（为杀菌的毒性游离基团）分解。

（3）溶血素，即李氏杆菌素 O，可以从培养物上清液中获得；活化的细胞溶素，有 α 和 β 两种，为毒力因子。

（二）流行病学

在健康人和动物中能分离到单核细胞增生李斯特氏菌，丹麦学者的研究表明健康人群的粪便检出率为 1%（3/348），而患李斯特氏菌病的人群中粪便检出率为 21.6%（16/74），与患者接触的人群粪便检出率为 18%。荷兰健康牛群中的自然检出率为 10%。该菌能在许多恶劣条件下生存，如低 pH 值、低温和高盐，因此容易对食品造成污染。

健康奶牛是该菌的自然宿主，并且细菌能随牛奶一道分泌，粪便也是造成污染的重要来源（图 6－9），因而许多奶酪制品都特别适合作为载体成为污染源。此外，该菌能在禽肉和即食食品中生长与增殖，研究发现这类产品中的污染相当普遍，水产品中单核细胞增生李斯特氏菌的分离率也相当高。采用冷冻、表面脱水和喷洒冷却都不会影响单增李斯特氏菌在肉品中的生长，该菌的生长主要取决于温度、pH 值、产品特性以及产品自身的菌群。

人类感染单核细胞增生李斯特氏菌发病率为每百万人群有 2～15 人发病，死亡率为 30% 左右。根据发病症状，死亡率差异相当大，通常免疫能力低下者、老人和感染菌血症的婴儿死亡率较高，有报道称可高达 75%。正是由于李斯特氏菌病不经常发生，但对特殊人群有很高的死亡率，考虑到未来人口老龄化的现实，未来单核细胞增生李斯特氏菌对人类健康的威胁依然十分严峻。

（三）临床表现

该菌可通过眼及破损皮肤、黏膜进入体内而造成感染，孕妇感染后通过胎盘或产道感染胎儿或新生儿。该菌能产生不同类型的李斯特氏菌病的表现，通常有五种类型，包括：①孕期感染；②新生儿脓毒血症；③脓毒症；④脑膜炎；⑤局部感染。患者多数有畏寒、发热、

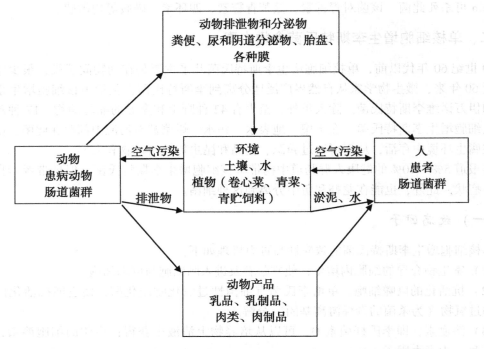

图 6 - 9　单核细胞增生李斯特氏菌在环境、动物、食品和人体中的传播途径

背痛、头痛和血尿。当出现流感样症状时，可从血液、尿液、组织和黏膜中分离到该菌。

单核细胞增生李斯特氏菌进入人体后是否发病，与菌的毒力和宿主的年龄、免疫状态有关，因为该菌是一种细胞内寄生菌，宿主对它的清除主要靠细胞免疫功能。因此，易感者为新生儿、孕妇及 40 岁以上的成人，此外，酗酒者、免疫系统损伤或缺陷者、接受免疫抑制剂和皮质激素治疗的患者及器官移植者也易被该菌感染。

该病在感染后 3～70d 出现症状，临床表现为：健康成人个体出现轻微类似流感症状、脑膜炎，新生儿、孕妇、免疫缺陷患者表现为呼吸急促、呕吐、出血性皮疹、化脓性结膜炎、发热、抽搐、昏迷、脑膜炎、败血症，直至死亡，孕妇还有可能出现流产。

（四）预防与控制

单核细胞增生李斯特氏菌在一般热加工处理中能存活，热处理已杀灭了竞争性细菌群，使单核细胞增生李斯特氏菌在没有竞争的环境条件下易于存活，所以在食品加工中，中心温度必须达到 70℃持续 2min 以上。

由于单核细胞增生李斯特氏菌在自然界中广泛存在，所以即使产品已经过热加工处理充分灭活了单核细胞增生李斯特氏菌，但仍有可能造成产品的二次污染，因此蒸煮后防止二次污染是极为重要的。

由于单核细胞增生李斯特氏菌在 4℃下仍然能生长繁殖，所以未加热的冰箱食品增加了食物中毒的危险。冰箱食品需加热后再食用。

三、检验方法

(一) 检验原理

1. 增菌

李斯特氏菌采用 LB_1/LB_2 培养基进行两步增菌，培养基中含有较高浓度的氯化钠，一定量的萘啶酮酸和吖啶黄。较高浓度的氯化钠对肠球菌起抑制作用，萘啶酮酸和吖啶黄为选择性抑菌剂，李斯特氏菌则不受其抑制。

2. 平板分离

采用 PALCAM 琼脂和显色培养基分离李斯特氏菌，李斯特氏菌不发酵培养基中的甘露醇，能水解培养基中的七叶苷，与铁离子发生反应生成黑色的 6，7 - 二羟基香豆素，因此在 PALCAM 琼脂平板上菌落呈灰绿色，周围有棕黑色水解圈。李斯特氏菌在其他显色培养基上也有一定的特征形态。

3. 初筛

用木糖、鼠李糖发酵试验进行初筛，选择木糖阴性、鼠李糖阳性的菌株进行系统的生化鉴定。

4. 鉴定

对可疑菌株进行染色镜检、动力试验、生化试验、溶血试验，确定是否为单核细胞增生李斯特氏菌，必要时，进行小鼠毒力试验。

5. 生化鉴定系统

可选择生化鉴定试剂盒或全自动微生物鉴定系统等生化鉴定系统对初筛中的 3 ~ 5 个纯培养可疑菌落进行鉴定。该操作较原来的国标法有很大改进，不仅缩短了检测周期，还大大简化了检测步骤，现已广泛应用于微生物的检测。同时作为其他方法的仲裁标准。但是在检测过程中发现，APIListeria 生化鉴定试剂条主要依据 10 种生化反应，结果判定主要依据颜色变化，因此颜色变化不明显或不好界定时，其阴阳性判定带有一定的主观性。这是国际方法在检测过程中的一个重要局限性。

(二) 检验方法

1. 参考检验标准

食品微生物学检验　单核细胞增生李斯特氏菌检验 (GB 4789.30—2016)。

2. 适用范围

各类食品中单核细胞增生李斯特菌的检验。

3. 设备和材料

除微生物实验室常规无菌及培养设备外，其他设备和材料如下。冰箱：2 ~ 5℃；恒温培养箱：(30 ± 1)℃、(36 ± 1)℃；均质器；显微镜：10 × ~ 100 ×；电子天平：感量 0.1g；锥形瓶：100ml、500ml；无菌吸管：1ml (具 0.01ml 刻度)、10ml (具 0.1ml 刻度)；无菌试管：16mm × 160mm；离心管：30mm × 100mm；无菌注射器：1ml；金黄色葡萄球菌 (ATCC25923)；马红球菌 (*Rhodococcus equi*)；小白鼠：18 ~ 22g；全自动微生物生化鉴定系统。

4. 培养基和试剂

（1）培养基。含0.6%酵母浸膏的胰酪胨大豆肉汤（TSB－YE）；含0.6%酵母浸膏的胰酪胨大豆琼脂（TSA－YE）；李氏增菌肉汤 LB（LB₁，LB₂）；PALCAM 琼脂；SIM 动力培养基；5%～8%羊血琼脂；糖发酵管；李斯特氏菌显色培养基。

（2）试剂。1%萘啶酮酸钠盐（naladixic acid）溶液；1%盐酸吖啶黄（acriflavine HCl）溶液；革兰氏染液；缓冲葡萄糖蛋白胨水［甲基红（MR）和 V－P 试验用］；过氧化氢酶试验相关试剂；生化鉴定试剂盒。

5. 检验程序

单核细胞增生李斯特氏菌检验程序见图6－10。

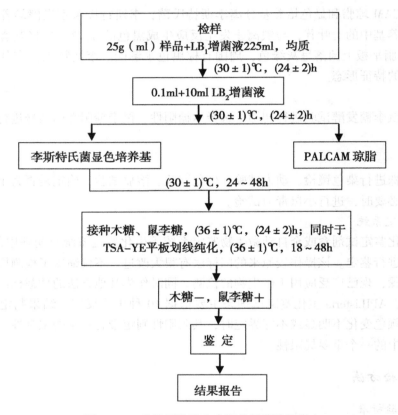

图6－10　单核细胞增生李斯特氏菌检验程序

6. 操作步骤

（1）增菌。以无菌操作取样品25g（ml）加入到含有225ml LB₁增菌液的均质袋中，在拍击式均质器上连续均质1～2min；或放入盛有225ml LB₁增菌液的均质杯中，8 000～10 000r/min 均质1～2min。于（30±1）℃培养24h，移取0.1ml，转种于10ml LB₂增菌液内，于（30±1）℃培养（24±2）h。

（2）分离。取LB₂二次增菌液划线接种于PALCAM琼脂平板和李斯特氏菌显色培养基上，于（36±1）℃培养24～48h，观察各个平板上生长的菌落。典型菌落在PALCAM琼脂平板上为小的圆形灰绿色菌落，周围有棕黑色水解圈，有些菌落有黑色凹陷；典型菌落在李斯特氏菌显色培养基上的特征按照产品说明进行判定。

（3）初筛。自选择性琼脂平板上分别挑取 3～5 个典型或可疑菌落，分别接种在木糖、鼠李糖发酵管，于（36±1）℃培养（24±2）h；同时在 TSA－YE 平板上划线纯化，于（36±1）℃培养 18～48h。选择木糖阴性、鼠李糖阳性的纯培养物继续进行鉴定。

（4）鉴定。

①染色镜检。李斯特氏菌为革兰氏阳性短杆菌，大小为（0.4～0.5）μm×（0.5～2.0）μm；用生理盐水制成菌悬液，在油镜或相差显微镜下观察，该菌出现轻微旋转或翻滚样的运动。

②动力试验。李斯特氏菌有动力，呈伞状生长或月牙状生长。

③生化鉴定。挑取纯培养的单个可疑菌落，进行过氧化氢酶试验，过氧化氢酶阳性反应的菌落继续进行糖发酵试验和 MR－VP 试验。单核细胞增生李斯特氏菌的主要生化特征见表 6－18。

表6－18　单核细胞增生李斯特氏菌生化特征与其他李斯特氏菌的区别

菌种	溶血反应	葡萄糖	麦芽糖	MR－VP	甘露醇	鼠李糖	木糖	七叶苷
单核细胞增生李斯特氏菌（L. monocytogenes）	+	+	+	+/+	－	+	－	+
格氏李斯特氏菌（L. grayi）	－	+	+	+/+	+	+	－	+
斯氏李斯特氏菌（L. seeligeri）	+	+	+	+/+	－	－	+	+
威氏李斯特氏菌（L. welshimeri）	－	+	+	+/+	－	V	+	+
伊氏李斯特氏菌（L. ivanovii）	+	+	+	+/+	－	－	+	+
英诺克李斯特氏菌（L. innocua）	－	+	+	+/+	－	V	－	+

注：+阳性；－阴性；V 反应不定。

④溶血试验。将羊血琼脂平板底面划分为 20～25 个小格，挑取纯培养的单个可疑菌落刺种到血平板上，每格刺种一个菌落，并刺种阳性对照菌（单增李斯特氏菌和伊氏李斯特氏菌）和阴性对照菌（英诺克李斯特氏菌），穿刺时尽量接近底部，但不要触到底面，同时避免琼脂破裂，（36±1）℃培养 24～48h，于明亮处观察，单增李斯特氏菌和斯氏李斯特氏菌在刺种点周围产生狭小的透明溶血环，英诺克李斯特氏菌无溶血环，伊氏李斯特氏菌产生大的透明溶血环。若结果不明显，可置 4℃冰箱 24～48h 再观察。

⑤协同溶血试验（cAMP）。在羊血琼脂平板上平行划线接种金黄色葡萄球菌和马红球菌，挑取纯培养的单个可疑菌落垂直划线接种于平行线之间，垂直线两端不要触及平行线，于（30±1）℃培养 24～48h。单核细胞增生李斯特氏菌在靠近金黄色葡萄球菌的接种端溶血增强，斯氏李斯特氏菌的溶血也增强，而伊氏李斯特氏菌在靠近马红球菌的接种端溶血增强。

另外，可选择生化鉴定试剂盒或全自动微生物生化鉴定系统等对初筛中 3～5 个纯培养的可疑菌落进行鉴定。

⑥小鼠毒力试验（可选项目）。将符合上述特性的纯培养物接种于 TSB－YE 中，于 (30 ± 1)℃培养24h，4 000r/min 离心 5min，弃上清液，用无菌生理盐水制备成浓度为 10^{10} CFU/ml 的菌悬液，取此菌悬液进行小鼠腹腔注射 3～5 只，每只 0.5ml，观察小鼠死亡情况。致病株于 2～5d 内死亡。试验时可用已知菌作对照。单核细胞增生李斯特氏菌、伊氏李斯特氏菌对小鼠有致病性。

7. 结果与报告

综合以上生化试验和溶血试验结果，报告 25g（ml）样品中检出或未检出单核细胞增生李斯特氏菌。

第七节　副溶血性弧菌检验

副溶血性弧菌（*Vivrio. parahemolyticus*）是一种嗜盐性细菌，于 1950 年从日本一次暴发性食物中毒中分离发现，并于 1966 年由国际弧菌命名委员会正式命名，按照《伯杰氏鉴定细菌学手册》（第9版）为弧菌科、弧菌属中的一个种，它是一种在沿海环境中正常栖息的嗜盐性微生物，广泛存在于近海岸的海水、浮游生物、海底沉积物、海产生物（鱼类、贝类）、盐渍的蔬菜及肉蛋类品等食品中，并在温暖的夏季繁殖，在此期间，此菌在捕获的海产食品中很容易发现，是夏秋季沿海地区食物中毒和急性腹泻的主要病原菌。该菌所致感染在亚洲一些国家多见，最常引起食物传播性疾病的是日本（与当地居民食用生鱼的习惯有关），近年来欧美国家也有报道。所有菌株均有一个共同的 H 抗原，但有 13 个 O 抗原和 65 个 K（荚膜）抗原。副溶血性弧菌的病原性菌株通常以产生一种特异性溶血素（神奈川 Kanagawa 现象）的能力与非病原性菌株相区别。

海产鱼虾平均带菌率为45.7%～48.7%，夏季高达90%，秋季约为55%，冬春季较低，为0%～30%。腌制的鱼贝类如墨鱼、梭子鱼、带鱼、黄鱼等带菌较高，在其他食品中如肉类、禽类食品、淡水鱼等也有本菌污染。我国该菌引起中毒事件中，海产品占65%，肉类和家禽约占35%（以腌制品多见）。

一、生物学特性

（一）形态与染色

本菌为革兰氏阴性多形态杆菌或稍弯曲弧菌，呈杆状、棒状、弧状、甚至球状、丝状等各种形态。大小约为 0.7μm×1μm，丝状菌体长度可达15μm。在不同的培养基和不同的培养时间其表现的形态也各异，一般情况下排列不规则，多数是散布，有时成双成对。单端鞭毛，两端浓染，运动活泼。菌体周围有菌毛，无芽孢，无荚膜。副溶血性弧菌的多形性与球状体是它与气单胞菌属在形态学上的主要鉴别特征（图6－11）。

（二）培养特性

该菌在各类培养基中的培养特征如表6－19所示。

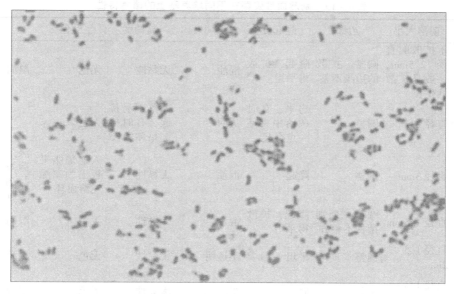

图6-11 副溶血性弧菌的镜下形态（革兰氏染色）

副溶血性弧菌对营养要求不高，但需要一定浓度的 NaCl 方能生长，在无盐的培养基和 NaCl 浓度达到11%以上的培养基中不能生长，在含盐0.5%的培养基中即可生长，所以在普通营养琼脂或蛋白胨水中都能生长，生长所需氯化钠的最适浓度为3.5%，最适生长温度为30~37℃，最适 pH 值为7.4~8.0，但 pH 值9.5时仍能生长。在碱性胨水中经6~9h 增菌可形成菌膜。本菌需氧性很强，厌氧条件下生长缓慢。

以下列出该菌在一些常见培养基中的培养特性和形态特征。

（1）肉汤液体培养基。多数菌株呈现混浊，表面形成菌膜，R 型菌发生沉淀。

（2）固体培养基（SS 琼脂）。菌落光滑湿润，无色透明，具有辛辣刺臭的特殊气味，菌落完整，较扁平，宛如蜡滴，常与培养基紧贴而不易刮离。主要呈卵圆形，两端浓染，中间淡染着色，少数呈杆状。

（3）氯化钠血琼脂。可见溶血环，人血琼脂板上为绿色溶血环。

（4）氯化钠蔗糖琼脂。菌落呈绿色。

（5）TCBS 琼脂平板。形成0.5~2.0mm 大小，蔗糖不发酵而呈蓝绿色的菌落。

（6）普通血平板。不溶血或只产生 α 溶血。

（7）我妻（wagatsuma）氏血琼脂培养基 [含高盐（7%）的人 O 型血或兔血并以甘露醇为碳源]。从腹泻患者中分离到的菌株95%以上会产生 β-溶血现象，称为神奈川现象（Kanagawa phenomenon，KP）。

（8）麦康凯平板。部分菌株不生长。

（9）伊红美蓝琼脂和中国兰琼脂培养基。不能用于本菌的初次分离。

（10）罗氏双糖培养基。24h 培养物呈现菌体基本一致，而48h 培养物则形态不一，变化很大，呈球形、丝状、杆状、弧状或逗点状等，而且大小及染色特性差异很大。

将副溶血性弧菌在不同培养基上的菌落特性见表6-19。

表 6-19　副溶血性弧菌在不同培养基上的菌落特性

培养基	菌落大小	边缘	隆起度	透明度	黏稠度	颜色	其他
嗜盐性选择琼脂	不扩散的直径 2.5mm，一般呈扩散性生长	圆整、扩散的边缘不整	隆起，扩散得平坦	混浊	无黏性	无色	湿润
SS 琼脂	直径 2mm	圆整	扁平，有时菌落中央呈一点突起	透明	菌落不易挑起，有时挑起呈黏丝状	无色	
血琼脂	直径 3mm	圆整	隆起	混浊	无黏性	人血琼脂平板上为暗绿色溶血环	湿润，某些菌株形成 α 与 β 之间的溶血
普通琼脂	直径 1.5mm	圆整，个别菌株不整齐	隆起，扩散得平坦	混浊	无黏性	无色	湿润
碱性胆盐琼脂	直径 1.5～2mm	圆整	平坦	半透明	无黏性	无色	湿润
氯化钠蔗糖琼脂	直径 1.5～2mm	圆整	隆起	半透明	无黏性	无色	湿润

（三）生化特性

副溶血性弧菌属于化能有机营养型，具有呼吸和发酵两种代谢类型。其有关细菌生化特征见表 6-20。

表 6-20　副溶血性弧菌的生化特征

生化反应	结果	生化反应	结果
氧化酶	+	由下列糖产酸产气	
吲哚	+	葡萄糖	+
V-P	-	阿拉伯糖	+/-不定
柠檬酸盐		乳糖	-
ONPG	-	麦芽糖	+
脲酶（尿素酶试验也不定，一般认为副溶血性弧菌尿素酶试验为阴性，但新近大量研究表明，尿素酶阳性菌占很大比例，有报道称占 35.4%。）	+/-	甘藻糖	+
明胶液化	+	蔗糖（来自食品及外环境的分离株大都阳性，而来源于患者的多数阴性。）	-不定
动力	+	水杨酸	-
多黏菌素 B 敏感性	+/-	纤维二糖	-
精氨酸双水解酶	-	鼠李糖	+/-不定
鸟氨酸脱羧酶	+		
赖氨酸	+		

（续表）

生化反应	结果	生化反应	结果
O/129 敏感性 10μg	–	氯化钠生长试验	
O/129 敏感性 150μg	+	0% 氯化钠	–
甲基红	+	3% 氯化钠	+
靛基质	+	7% 氯化钠	+
		10% 氯化钠	–

注：+表示阳性；–表示阴性。

（四）抗原结构

已明确副溶血性弧菌有三种抗原成分，即 O 抗原（菌体抗原）、K 抗原（荚膜抗原）及 H 抗原（鞭毛抗原）。其中，O 抗原有 13 种，有群特征性。O 抗原有耐热性，100℃、2h 仍保持抗原性，根据 O 抗原的种类不同，可分为 A 群（O1、O3）、B 群（O7、O10、O12）、C 群（O8、O9）、D 群（O4、O6）、E 群（O2、O5、O11 及 O13）；K 抗原存在于菌体表面，不耐热，能阻止菌体与 O 抗血清凝集，共有 65 种；H 抗原不耐热，100℃30min 即破坏，特异性低，无助于分类，副溶血性弧菌所有的菌株具有共同的 H 抗原。以 O 抗原分群，O、K 两种抗原定型，依据 O、K 两种抗原的组合可将副溶血性弧菌分为 845 个以上血清型。

（五）抵抗力

（1）该菌抵抗力弱，不耐热，56℃10min、75℃5min、90℃1min 即被杀死。

（2）耐碱怕酸，在 2% 冰醋酸或食醋中立即死亡，在 1% 醋酸或 50% 食醋中 1min 死亡。

（3）在淡水中生存不超过 2d，但在海水中能生存 47d，在盐渍酱菜中存活 30d 以上，高浓度氯化钠的耐受力甚强，含盐浓度低于 0.5% 或高于 11% 则繁殖停止。

（4）对低温的抵抗力较强，在 −20℃保存于蛋白胨水中，经 11 周还能继续存活。

（5）对氯、碳酸、来苏儿等一般化学消毒剂敏感，对磺胺噻唑、氯霉素、合霉素敏感；对新霉素、链霉素、多黏菌素、呋喃西林中度敏感；对青霉素、磺胺嘧啶具有耐药性。

二、副溶血性弧菌食物中毒

（一）致病机理

目前已发现副溶血性弧菌有 12 种菌，分为 Ⅰ、Ⅱ、Ⅲ、Ⅳ、Ⅴ型。从患者粪便分离出的菌株属于 Ⅰ、Ⅱ、Ⅲ型，自致病食物分离的菌株 90% 以上属于 Ⅳ、Ⅴ型。致病性菌株能溶解人及家兔红细胞，其致病力与其溶血能力平行，这是由一种不耐热的溶血素（分子量42 000）所致。本菌能否产生肠毒素尚待证明。其致病因素有黏附因子、溶血素、尿素酶和侵袭力，该菌菌毛与黏附作用有关。该菌能侵入肠上皮细胞，引起肠上皮细胞和黏膜下组织一系列病变，酪氨酸蛋白激酶、鞭毛和细胞骨架在侵袭过程中发挥一定作用。该菌感染量大于 10^6CFU/g 时可引起感染。

（二）流行病学

副溶血性弧菌广泛存在于海岸和海水中，海生动植物常会受到污染而带菌。海鱼、虾、蟹、蛤等海产品带菌率极高；被海水污染的食物、某些地区的淡水产品（如鲫鱼、鲤鱼等）及被污染的其他含盐量较高的食物（如咸菜、咸肉、咸蛋）亦可带菌，也可因受到污染而引起中毒。带有少量该菌的食物，在适宜的温度下，经 3~4h 细菌可急剧增加至中毒数量。进食肉类或蔬菜而致病者，多因食物容器或砧板污染所引起。

简单来说，副溶血性弧菌食物中毒的流行病学特点如下。

（1）副溶血性弧菌食物中毒有明显的地区性和季节性，日本及我国沿海地区为高发区，以 7—9 月多见。

（2）引起中毒的食物主要是海产食品和盐渍食品。

（3）食物中副溶血性弧菌的来源及中毒发生的原因。

①海水及海底沉积物中副溶血性弧菌对海产品的污染。

②人群带菌者对食品的污染。

③生熟交叉污染。

（三）临床表现

此菌能引起人的急性胃肠炎，摄入致病菌达 10 万个以上活菌即可发病，个别可呈败血症表现。主要症状有恶心、呕吐、上腹部阵发性剧烈腹痛、频繁腹泻、洗肉水样或带黏液便，每日 5~6 次，体温 39℃。重症病人可有脱水、血压下降、意识不清等。病程 2~4 天，一般预后良好，无后遗症，少数病人因休克、昏迷而死亡。该菌有侵袭作用，其产生耐热性溶血毒素（THD）及其相关的溶血毒素（TRH）的抗原性和免疫性相似，皆有溶血活性和肠毒素作用，可引致肠袢肿胀、充血和肠液潴留，引起腹泻。此外有的可产生不耐热溶血毒素（TLH）。THD 有特异性心脏毒性，可引起心房纤维性颤动、期前收缩或心肌损害。最近有人发现脲酶与本病腹泻有关，患者体质、免疫力不同，临床表现轻重不一，呈多形性。山区、内陆居民去沿海地区而感染者病情较重，临床表现典型，沿海地区发病者病情一般较轻。

（四）预防与控制

此类菌以夏季污染食品、爆发流行为最多，主要是通过污染水和海产品造成食品卫生问题；厨房和水产品、食品加工厂加工过程的交叉污染也是重要方面。主要涉及的食品有生食的鱼片、贝壳类、龙虾、蟹和牡蛎等。欧盟法规明确规定对所有水产品均需检验副溶血性弧菌。患者的粪便污染水质、食品原料等也是卫生危害的来源。

此类菌对外界的抵抗力弱，对热、干燥、日光以及酸均敏感，副溶血性弧菌的生长和 pH 值有关，在 pH 值为 6.0 的食盐酱菜中，可生存 30d 以上。

其危害控制措施主要有：食品（尤其是水产品）加工时需彻底清洗或彻底加热处理；生熟产品严格分开，加工过程等环节严防交叉污染和重复污染；水产品食用前要彻底烹饪处理。速冻产品可降低创伤弧菌的存活率。另外，在副溶血性弧菌污染危害控制中加工时间和温度的控制是重要的预防措施。

三、检验方法

副溶血性弧菌的检验方法主要分为两大类：①常规微生物学检验；②分子生物学检验。目前，利用分子生物学技术检测副溶血性弧菌的方法有 PCR 法（多重 PCR、实时 PCR 等）和 LAMP 法等。其原理为：副溶血性弧菌产生的 3 种类型的溶血素 TDH、TRH 和 TLH 编码基因 *tdh*、*trh* 和 *tlh* 在建立快速检测方法中具有重要意义。副溶血性弧菌基因组序列研究揭示，*tlh* 是副溶血性弧菌的种特异性基因，无论是环境分离株，还是病人分离株，都携带该基因，即所有副溶血性弧菌均含有该基因。因此，检测该基因对副溶血性弧菌的鉴定具有重要作用。

下文将以国标方法介绍常规微生物学检验的具体细节。

（一）检验原理

1. 选择性增菌

副溶血性弧菌适宜生长的盐浓度为 3% ~ 4%，生长适宜的 pH 值为 7.4 ~ 8.5，高含量氯化钠和高 pH 值可以抑制非弧菌类细菌生长，不影响副溶血性弧菌生长。因此，采用 3% 氯化钠碱性蛋白胨水进行选择性增菌。

2. 选择性平板分离

用硫代硫酸盐—柠檬酸盐—胆盐—蔗糖琼脂或科玛嘉弧菌显色培养基分离副溶血性弧菌，由于副溶血性弧菌不分解蔗糖，不产酸，培养基中的酸碱指示剂未发生颜色变化，因而呈现绿色菌落（分解乳糖的菌落因产酸，酸碱指示剂变色，呈黄色菌落），在科玛嘉弧菌显色培养基上呈粉紫色，挑取可疑菌落，在 3% 氯化钠胰蛋白胨大豆琼脂平板上划线，进一步分离纯化。

3. 初步鉴定

挑选纯培养的单个菌落进行氧化酶试验、3% 氯化钠三糖铁试验、嗜盐性试验并进行革兰氏染色，镜检形态。

4. 确定鉴定

对符合副溶血性弧菌特征的可疑菌株进行进一步的生化鉴定，以确定是否为副溶血性弧菌。必要时，可做血清学分型试验和神奈川试验。

（二）检验方法

1. 检验标准

食品微生物学检验副溶血性弧菌检验（GB/T 4789.7—2013）。

2. 适用范围

各类食品中副溶血性弧菌的检验。

3. 设备和材料

除微生物实验室常规灭菌及培养设备外，其他设备和材料如下。恒温培养箱：（36 ± 1）℃；冰箱：2 ~ 5℃、7 ~ 10℃；恒温水浴箱：（36 ± 1）℃；均质器或无菌乳钵；天平：感量 0.1g；无菌试管：18mm × 180mm、15mm × 100mm；无菌吸管：1ml（具 0.01ml 刻度）、10ml（具 0.1ml 刻度）或微量移液器及吸头；无菌锥形瓶：容量 250ml、500ml、1 000ml；无菌培养皿：直径 90mm；全自动微生物生化鉴定系统；无菌手术剪、镊子。

4. 培养基和试剂

（1）培养基。3% 氯化钠碱性蛋白胨水（APW）、硫代硫酸盐—柠檬酸盐—胆盐—蔗糖

（TCBS）琼脂、3%氯化钠胰蛋白胨大豆（TSA）琼脂、3%氯化钠三糖铁（TSI）琼脂、嗜盐性试验培养基、3%氯化钠甘露醇试验培养基、3%氯化钠赖氨酸脱羧酶试验培养基、3%氯化钠MR-VP培养基、血琼脂、弧菌显色培养基。

（2）试剂。氧化酶试剂、革兰氏染色液、ONPG试剂、3%氯化钠溶液、Voges-Proskauer（V-P）试剂、生化鉴定试剂盒等。

5. 检验程序

副溶血性弧菌检验程序见图6-12。

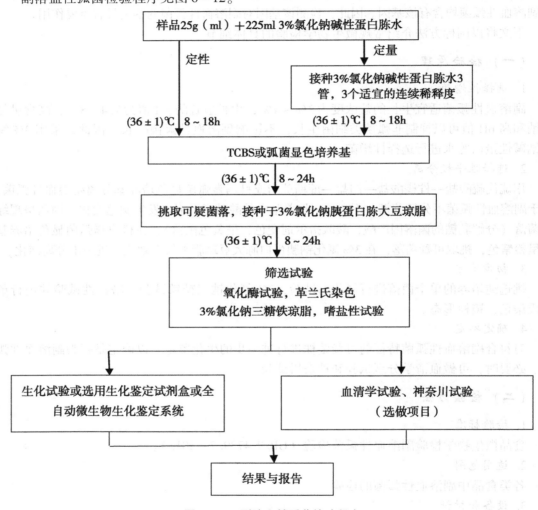

图6-12 副溶血性弧菌检验程序

6. 操作步骤

（1）样品制备。

①非冷冻样品采集后应立即置于7～10℃冰箱保存，尽可能及早检验；冷冻样品应在45℃以下不超过15min或在2～5℃不超过18h解冻。

②鱼类和头足类动物取表面组织、肠或鳃。贝类取全部内容物，包括贝肉和体液；甲壳类取整个动物，或者动物的中心部分，包括肠和鳃。如为带壳贝类或甲壳类，则应先在自来

水中洗刷外壳并甩干表面水分，然后以无菌操作打开外壳，按上述要求取相应部分。

③以无菌操作取样品 25g（ml），加入 3% 氯化钠碱性蛋白胨水 225ml，用旋转刀片式均质器以 8 000r/min 均质 1min，或拍击式均质器拍击 2min，制备成 1∶10 的样品匀液。如无均质器，则将样品放入无菌乳钵，自 225ml 3% 氯化钠碱性蛋白胨水中取少量稀释液加入无菌乳钵，样品磨碎后放入 500ml 无菌锥形瓶，再用少量稀释液冲洗乳钵中的残留样品 1~2 次，洗液放入锥形瓶，最后将剩余稀释液全部放入锥形瓶，充分振荡，制备 1∶10 的样品匀液。

（2）增菌。

①定性检测。将（1）③中制备的 1∶10 样品匀液于（36±1）℃培养 8~18h。

②定量检测。用无菌吸管吸取 1∶10 样品匀液 1ml，注入含有 9ml 3% 氯化钠碱性蛋白胨水的试管内，振摇试管混匀，制备 1∶100 的样品匀液。

另取 1ml 无菌吸管，按上述操作程序，依次制备 10 倍系列稀释样品匀液，每递增稀释一次，换用一支 1ml 无菌吸管。

根据对检样污染情况的估计，选择 3 个适宜的连续稀释度，每个稀释度接种 3 支含有 9ml 3% 氯化钠碱性蛋白胨水的试管，每管接种 1ml。置（36±1）℃恒温箱内，培养 8~18h。

（3）分离。对所有显示生长的增菌液，用接种环在距离液面以下 1cm 内沾取一环增菌液，于 TCBS 平板或弧菌显色培养基平板上划线分离。一支试管划线一块平板。于（36±1）℃培养 18~24h。

典型的副溶血性弧菌在 TCBS 上呈圆形、半透明、表面光滑的绿色菌落，用接种环轻触，有类似口香糖的质感，直径 2~3mm。从培养箱取出 TCBS 平板后，应尽快（不超过 1h）挑取菌落或标记要挑取的菌落。典型的副溶血性弧菌在弧菌显色培养基上的特征按照产品说明进行判定。

（4）纯培养。挑取 3 个或以上可疑菌落，划线接种 3% 氯化钠胰蛋白胨大豆琼脂平板，（36±1）℃培养 18~24h。

（5）初步鉴定。

①氧化酶试验。挑选纯培养的单个菌落进行氧化酶试验，副溶血性弧菌为氧化酶阳性。

②涂片镜检。将可疑菌落涂片，进行革兰氏染色，镜检观察形态。副溶血性弧菌为革兰氏阴性，呈棒状、弧状、卵圆状等多形态，无芽孢，有鞭毛。

③挑取纯培养的单个可疑菌落，转种 3% 氯化钠三糖铁琼脂斜面并穿刺底层，（36±1）℃培养 24h 观察结果。副溶血性弧菌在 3% 氯化钠三糖铁琼脂中的反应现象为底层变黄不变黑，无气泡，斜面颜色不变或红色加深，有动力。

④嗜盐性试验。挑取纯培养的单个可疑菌落，分别接种 0%、6%、8% 和 10% 不同氯化钠浓度的胰胨水，（36±1）℃培养 24h，观察液体混浊情况。副溶血性弧菌在无氯化钠和 10% 氯化钠的胰胨水中不生长或微弱生长，在 6% 氯化钠和 8% 氯化钠的胰胨水中生长旺盛。

（6）确定鉴定。取纯培养物分别接种含 3% 氯化钠的甘露醇试验培养基、赖氨酸脱羧酶试验培养基、MR－VP 培养基，（36±1）℃培养 24~48h 后观察结果；3% 氯化钠三糖铁琼脂隔夜培养物进行 ONPG 试验。可选择生化鉴定试剂盒或全自动微生物生化鉴定系统。

（7）血清学分型（选做）。

①制备。接种两管 3% 氯化钠胰蛋白胨大豆琼脂试管斜面，（36±1）℃培养 18~24h。用含 3% 氯化钠的 5% 甘油溶液冲洗 3% 氯化钠胰蛋白胨大豆琼脂斜面培养物，获得浓厚的

菌悬液。

②K抗原的鉴定。取一管上步中制备好的菌悬液，首先用多价K抗血清进行检测，出现凝集反应时再用单个的抗血清进行检测。用蜡笔在一张玻片上划出适当数量的间隔和一个对照间隔。在每个间隔内各滴加一滴菌悬液，并对应加入一滴K抗血清。在对照间隔内加一滴3%氯化钠溶液。轻微倾斜玻片，使各成分相混合，再前后倾动玻片1min。阳性凝集反应可以立即观察到。

③O抗原的鉴定。将另外一管的菌悬液转移到离心管内，121℃灭菌1h。灭菌后4 000r/min离心15min，弃去上层液体，沉淀用生理盐水洗三次，每次4 000r/min离心15min，最后一次离心后留少许上层液体，混匀制成菌悬液。用蜡笔将玻片划分成相等的间隔。在每个间隔内加入一滴菌悬液，将O群血清分别加一滴到间隔内，最后一个间隔加一滴生理盐水作为自凝对照。轻微倾斜玻片，使各成分相混合，再前后倾动玻片1min。阳性凝集反应可以立即观察到。如果未见到与O群血清的凝集反应，将菌悬液121℃再次高压灭菌1h后，重新检测。如果仍为阴性，则培养物的O抗原属于未知。根据表6-21报告血清学分型结果。

表6-21 副溶血性弧菌的抗原

O群	K型
1	1, 5, 20, 25, 26, 32, 38, 41, 56, 58, 60, 64, 69
2	3, 28
3	4, 5, 6, 7, 25, 29, 30, 31, 33, 37, 43, 45, 48, 54, 57, 58, 59, 72, 75
4	4, 8, 9, 10, 11, 12, 13, 34, 42, 49, 53, 55, 63, 67, 68, 73
5	15, 17, 30, 47, 60, 61, 68
6	18, 46
7	19
8	20, 21, 22, 39, 41, 70, 74
9	23, 44
10	24, 71
11	19, 36, 40, 46, 50, 51, 61
12	19, 52, 61, 66
13	65

（8）神奈川试验（选做）。神奈川试验是在我妻氏血琼脂上测试是否存在特定溶血素。神奈川试验阳性结果与副溶血性弧菌分离株的致病性显著相关。

用接种环将测试菌株的3%氯化钠胰蛋白胨大豆琼脂18h培养物点种于表面干燥的我妻氏血琼脂平板。每个平板上可以环状点种几个菌。（36±1）℃培养不超过24h，并立即观察。阳性结果为菌落周围呈半透明环的β溶血。

（9）结果与报告。根据检出可疑菌落的测试结果进行分析与报告。

①定性检测。报告25g（ml）样品中是否检出副溶血性弧菌。

②定量检测。根据证实为副溶血性弧菌阳性的试管管数，查最可能数（MPN）检索表，报告每克（毫升）副溶血性弧菌的MPN值。副溶血弧菌菌落生化性状和其他弧菌的鉴别情况分别见表6-22和表6-23。

表 6 – 22　副溶血性弧菌的生化性状

试验项目	结果
革兰氏染色镜检	阴性，无芽孢
氧化酶	+
动力	+
蔗糖	－
葡萄糖	+
甘露醇	+
分解葡萄糖产气	－
乳糖	－
硫化氢	－
赖氨酸脱羧酶	+
V – P	－
ONPG	－

注：+ 表示阳性；－ 表示阴性。

表 6 – 23　副溶血性弧菌主要性状与其他弧菌的鉴别

名　称	氧化酶	赖氨酸	精氨酸	鸟氨酸	明胶	脲酶	V-P	42℃生长	蔗糖	D-纤维二糖	乳糖	阿拉伯糖	D-甘露糖	D-甘露醇	ONPG	嗜盐性试验 氯化钠含量（%）				
																0	3	6	8	10
副溶血性弧菌 V. parahaemolyticus	+	+	-	+	+	V	-	+	-	V	-	+	+	+	-	-	+	+	+	-
创伤弧菌 V. vulnificus	+	+	-	-	-	-	-	+	+	+	+	-	+	V	-	-	+	+	-	-
溶藻弧菌 V. alginolyticus	+	+	-	+	+	-	+	+	+	-	+	-	+	+	+	-	+	+	+	+
霍乱弧菌 V. cholerae	+	+	-	+	+	-	V	-	+	+	+	+	+	+	+	+	+	+	-	-
拟态弧菌 V. mimicus	+	+	-	+	+	-	+	-	-	+	+	+	+	+	+	+	+	+	-	-
河弧菌 V. fluvialis	+	+	-	+	+	+	V	+	+	+	+	+	+	+	+	+	+	+	V	-
弗氏弧菌 V. furnissii	+	+	-	+	+	+	+	+	+	+	+	+	+	+	+	+	+	+	+	-
梅氏弧菌 V. metschnikovii	-	+	-	+	+	+	V	+	+	+	+	+	+	+	+	+	+	+	+	-
霍利斯弧菌 V. hollisae	+	-	-	-	-	-	nd	+	-	-	+	+	+	-	-	-	+	+	-	-

注：+ 表示阳性；－ 表示阴性；nd 表示未试验；V 表示可变。

每 g（ml）检样中副溶血性弧菌最可能数（MPN）的检索见表 6 – 24。

表 6-24　副溶血性弧菌最可能数（MPN）检索表

阳性管数			MPN	95%可信限		阳性管数			MPN	95%可信限	
0.10	0.01	0.001		下限	上限	0.10	0.01	0.001		下限	上限
0	0	0	< 3.0	–	9.5	2	2	0	21	4.5	42
0	0	1	3.0	0.15	9.6	2	2	1	28	8.7	94
0	1	0	3.0	0.15	11	2	2	2	35	8.7	94
0	1	1	6.1	1.2	18	2	3	0	29	8.7	94
0	2	0	6.2	1.2	18	2	3	1	36	8.7	94
0	3	0	9.4	3.6	38	3	0	0	23	4.6	94
1	0	0	3.6	0.17	18	3	0	1	38	8.7	110
1	0	1	7.2	1.3	18	3	0	2	64	17	180
1	0	2	11	3.6	38	3	1	0	43	9	180
1	1	0	7.4	1.3	20	3	1	1	75	17	200
1	1	1	11	3.6	38	3	1	2	120	37	420
1	2	0	11	3.6	42	3	1	3	160	40	420
1	2	1	15	4.5	42	3	2	0	93	18	420
1	3	0	16	4.5	42	3	2	1	150	37	420
2	0	0	9.2	1.4	38	3	2	2	210	40	430
2	0	1	14	3.6	42	3	2	3	290	90	1 000
2	0	2	20	4.5	42	3	3	0	240	42	1 000
2	1	0	15	3.7	42	3	3	1	460	90	2 000
2	1	1	20	4.5	42	3	3	2	1 100	180	4 100
2	1	2	27	8.7	94	3	3	3	> 1 100	420	–

注：1. 本表采用 3 个稀释度 [0.1g（ml）、0.01g（ml）和 0.001g（ml）]，每个稀释度接种 3 管。

2. 表内所列检样量如改用 1g（ml）、0.1g（ml）和 0.01g（ml）时，表内数字应相应降低 10 倍；如改用 0.01g（ml）、0.001g（ml）和 0.0001g 时，则表内的数字应相应增加 10 倍，其余类推。

第八节　肉毒梭菌及肉毒毒素检验

肉毒梭菌（*Clostridium botulinum*）是一种腐败寄生菌，早在 18 世纪末以前，在欧洲尤其是在德国已被人们所认识，由于当时引起中毒的主要食物是腊肠，因此当时称为腊肠中毒。该菌在自然界分布很广，由于生态上的差异出现区域性的差异，以 A、B 两型分布最广，它的芽孢分布于土壤、沼泽、湖泊、河川和海底，各大洲都能检查出它们的芽孢；而 C、D 两型则主要存在于动物的尸体内或在腐尸周围的土壤里面；E 型菌及其芽孢主要存在于海洋的沉积物、海鱼、海虾及海栖哺乳动物的肠道内；F 型曾在动物肝脏引起食物中毒时分离到；G 型菌最早从玉米中发现。引起人食物中毒的主要是 A、B、E 三型，C、D 两型主要是畜、禽肉毒中毒的病原。

由于肉毒梭菌的生命力强并广泛存在于自然界，特别是土壤中，所以易于污染食品，在适宜条件下可在食品中产生剧烈的神经毒素，即肉毒毒素，能引起以神经麻痹为主要症状、病死率甚高的食物中毒，又称肉毒中毒，故检验食品特别是不经加热处理而直接食用的食品中有无肉毒梭菌极为重要。

一、生物学特性

（一）形态与染色

肉毒梭菌属于厌氧性梭状芽孢杆菌属，具有该菌的基本特性，是革兰氏染色阳性粗大杆菌，大小为（4～6）μm×（0.9～1.2）μm，多单个存在，两侧平行，两端钝圆。该菌为多形态细菌，直杆状或稍弯曲，形成长丝状或链状，有时能见到舟形、带把柄的柠檬形、蛇样线状、染色较深的球茎状，这些属于退化型。芽孢为卵圆形，大于菌体宽度，位于菌体次末梢，使菌体呈匙形或网球拍状，偶有位于中央，常见很多游离芽孢。当菌体开始形成芽孢时，常常伴随着自溶现象，可见到阴影形。有4～8根周生鞭毛，运动迟缓，无荚膜。新鲜培养基的革兰氏染色为阳性，产生剧烈细菌外毒素，即肉毒毒素。

（二）培养特性

肉毒梭菌为专性厌氧菌，可在普通培养基上生长，28～37℃生长良好，但本菌产生毒素的最适生长温度为25～30℃，最适pH值为6.0～8.2（该菌在8℃以上，pH值4以上都可形成毒素），在10%食盐溶液中不生长。在各类不同培养基上的生长情况各异。

（1）固体培养基。形成不规则、直径3mm左右的圆形菌落。菌落半透明，表面呈颗粒状，边缘不整齐，界线不明显，向外扩散，呈绒毛网状，常常扩散成菌苔。

（2）葡萄糖鲜血琼脂平板。菌落较小，扁平，颗粒状，中央低隆，边缘不规则，带丝状或绒毛状菌落，开始较小，37℃培养3～4d，可达5～10mm，通常不易获得良好的菌落，因易于混合在一起，有的菌落会出现与菌落几乎等大或者较大的β－溶血环。

（3）乳糖卵黄牛奶平板。菌落下培养基为乳浊，菌落表面及周围形成彩虹样（或珍珠层样）薄层，但G型没有，不分解乳糖；分解蛋白的菌株，菌落周围出现透明环。

（4）液体或半流动培养基（含有肉渣）。肉毒梭菌生长旺盛而且产生大量气体。A、B、F三型表面混浊，底部有粉状或颗粒状沉淀，并能消化肉块将其溶解为烂泥状，并变黑，产生腐败恶臭味，3d后菌体下沉肉汤变清。而C、D、E三型则表现清亮，絮片状生长，粘贴于管壁。

此外，不同菌型产毒的最适培养温度不完全相同。C、D型温度高些为宜，35℃培养3d即可，而E型菌低温长时间培养效果较好。

（三）毒素及其类型

根据肉毒梭菌能产毒素的抗原特异性可分为A、B、C、D、E、F、G七型，其中C型又分为C_α和C_β型。各型毒素只为其相应的抗毒素所中和（即A型毒素只为A型抗毒素所中和），但C_β型毒素既可为C_β型抗毒素又可为C_α型抗毒素中和。

各型毒素是由同型细菌所产生的，其主要来源及致病性见表6－25。

表 6 – 25　各型肉毒梭菌毒素的来源及其致病性

型别	毒素主要来源	主要易感动物	所致疾病	抗毒素
A	发酵食物、罐头食品	人、鸡、牛、马、水貂	人食物中毒，鸡软颈病，牛、马、水貂中毒	特异性
B	发酵食物、肉制品	人、马、牛、水貂、鸡	同上	特异性
C_α	灰绿蝇、蛆、池沼腐烂植物	水禽	禽类软颈病	可中和 C_α 和 C_β 毒素
C_β	含毒素饲料、腐尸	牛、羊、马、水貂	牛、羊、马、水貂中毒	可中和 C_α、C_β 毒素
D	腐肉	牛	非洲牛跛病	特异性
E	生鱼、海生哺乳动物	人	食物中毒	特异性
F	发酵食物、肉品	人	食物中毒	特异性
G	—	—	食物中毒	特异性

　　根据肉毒梭菌的生化反应亦可分为两型：一种能水解凝固蛋白的称为解蛋白菌；另一种不能水解凝固蛋白，称为非解蛋白菌。前者能产生 A、B、C、D、E、F、G 型毒素，后者能产生 B、C、D、E、F 型毒素。

（四）生化特性

　　肉毒梭菌的生化性状很不规律，即使同型，也常见到株间的差异。肉毒梭菌能分解葡萄糖、麦芽糖及果糖，产酸产气，对其他糖的分解作用因菌株不同而异。能液化明胶，但菌株间有液化能力的差异，缓慢液化凝固血清 37℃15d，使牛乳消化，产生 H_2S，但不能使硝酸盐还原为亚硝酸盐。各型肉毒梭菌的生化反应见表 6 – 26。

表 6 – 26　各型肉毒梭菌的生化反应

菌型或菌株	葡萄糖	麦芽糖	乳糖	蔗糖	明胶酶产生	蛋白酶产生	脂肪酶产生	磷脂酶产生	溶血
A 型	+	+	-	+	+	+	+	-	+
B 型 PL 株	+	±	-	+	+	+	+	-（+）	+
NP 株	+	±	-	+	+	+	+	-（+）	+
C 型	+	+	-	+	+	-	+	-（+）	+
D 型	+	+	-	+	+	-	+	-（+）	+
E 型	+	±	-	±	+	-	+	-	+
F 型 PL 株	+	+	-	+	+	+	+	-	+
NP 株	+	±	-	+	+	-	+	-（+）	+
G 型	-	-	-	+	+	+	-	-	-

　　注：±株间不同；-（+）个别株产生；PL 蛋白分解株；NP 非蛋白分解株。

（五）抵抗力

　　肉毒梭菌加热至 80℃30min 或 100℃10min 即可杀死，但其芽孢抵抗力强，煮沸要 6h、105℃2h、110℃36min、120℃4 ~ 5min 才能将其杀死。肉毒梭菌所有菌株在 45℃以上都受到抑制。

肉毒梭菌毒素为一种蛋白质，分子量1 500 000，通常以毒素分子和一种血细胞凝集素载体（分子量为500 000）所构成的复合物形式存在，不被胃液或消化酶所破坏，在pH值3～6范围内毒性不减弱，但在pH值8.5以上或100℃10～20min常被破坏。

毒素在干燥密闭和阴暗条件下可保存多年。毒素用甲醛处理后即变成类毒素。毒素及类毒素均有抗原性，注射于动物体内能产生抗毒素。

二、肉毒梭菌中毒

肉毒梭菌食物中毒又称肉毒中毒，是由于人们误食了被肉毒梭菌污染的食物并且该菌在其繁殖过程中产生了外毒素所致。

（一）致病因子

肉毒梭菌食物中毒与肉毒梭菌及芽孢无直接关系，其致病的物质基础是它能产生强烈的外毒素即肉毒毒素（大分子蛋白），而肉毒毒素进入血循环后，选择性地作用于运动神经与副交感神经，主要作用点是神经末梢，抑制神经传导介质乙酰胆碱的释放，从而引起肌肉运动障碍，发生软瘫。肉毒毒素的毒性极强，是目前已知在天然毒素和合成毒剂中毒性最强的生物毒素，据称，精制毒素1g能杀死400万t小白鼠，一个人的致死量大概1μg左右。毒素作用于神经系统，主要抑制神经末梢释放乙酰胆碱，引起肌肉松弛麻痹，特别是呼吸肌麻痹导致死亡。引起人类食物中毒的主要为A、B、E三型（见表6-20所致疾病一栏），F型亦可引起人类的毒血症，E型肉毒毒素，可被胰酶激活而毒力增强。

根据毒素的抗原特异性将其分为A、B、C（1、2）、D、E、F、G七个型别。与毒素型别相对应，肉毒梭菌也分为同样的七个型别。其中，A、B、E、F四型毒素对人有不同程度的致病性。

A型毒素经60℃2min加热，差不多能被完全破坏，而B、E二型毒素要经70℃2min才能被破坏；C、D二型毒素对热的抵抗更大些；C型毒素要经过90℃2min加热才能完全破坏，不论如何，只要煮沸1min或75℃加热5～10min，毒素都能被完全破坏。肉毒毒素对酸性反应比较稳定，对碱性反应比较敏感。某些型的肉毒毒素在适宜条件下，毒性能被胰酶激活和加强。

（二）流行病学

肉毒中毒一年四季均可发生。在国外，引起肉毒中毒的食品多为各类肉类及肉制品，各种鱼、豆类、蔬菜和水果罐头等，并与生活习惯有关。欧洲各国多为火腿、腊肠、兽肉、禽肉等引起中毒；美国则多为家庭自制的蔬菜、水果罐头、水产品和肉、奶类制品引起中毒；日本和俄罗斯多因鱼制品中毒。在我国，因肉制品和罐头食品引起中毒的较少，以发酵食品（如：臭豆腐、豆瓣酱、豆豉等）发生中毒较多。

肉毒毒素进入机体的方式大体有4种。

（1）食物媒介。这是最早被发现的中毒方式，而且迄今全世界包括我国在内的绝大部分肉毒中毒病例均属于此类型。

（2）吸入。这是极罕见的中毒类型，只有在进行肉毒梭菌及其毒素研究的检验室内偶尔发生。

（3）创伤感染。肉毒梭菌芽孢污染创伤部位，在局部发芽繁殖，产生毒素，引起肉毒中毒。

（4）肠道感染。肉毒梭菌能否在肠道内产毒而引起人的肉毒中毒，直至近些年才得出结论。1976 年在美国加利福尼亚首次发现婴儿猝死综合征（SIDS），病例中有一部分实属肉毒中毒。婴儿经口吞入的肉毒梭菌芽孢在消化道内发芽繁殖，产生肉毒毒素，引起中毒，此类肉毒中毒目前一般见于婴儿肉毒中毒。

（三）临床症状

肉毒中毒的潜伏期短者仅 3h，长者可达 10d 左右，通常为 12～18h，其特点是潜伏期越短，死亡率也就越高，说明其毒素含量高、毒力强。

肉毒毒素是一种与神经亲和力较强的毒素，肉毒毒素经肠道吸收后，作用于外周神经接头、植物神经末梢以及颅脑神经核，毒素能阻止乙酰胆碱的释放，导致肌肉麻痹和神经功能不全，死亡率较高，据报道可达 30%～60%，死亡主要原因是呼吸麻痹和心肌瘫痪，如果早期使用抗毒血清治疗，死亡率可降至 10%～15%。

本病的症状较为严重，主要为神经出现麻痹，患者眼睑下垂，出现复视，继而为运动困难，不能抬头，头多倒向一侧或向前，肌肉无力，吞咽和语言困难，口腔分泌物多，但无法咽下，因此渴感增加，瞳孔放大，对光反应迟钝，还可见斜视，一般神智仍清楚，后期还发生呼吸困难，患者一般无明显体温变化或稍低于正常体温，胃肠道无明显症状，但也有少数病例，在发病初期出现肠胃炎，而后出现癫痫的神经症状。病程通常 2～3d，有些病例可持续 2～3 周，不少患者在疾病后期可能出现便秘和鼓肠，死亡率可达 30%～60%。死亡原因主要是呼吸困难（麻痹）所致，直至死前神智仍清楚，保持知觉，患者有恐惧感。

可选用的治疗方法包括：

（1）抗毒素治疗。多价肉毒抗毒血清对本病有特效，必须及早给予，发病后 24h 内或瘫痪现象发生前注入最为有效，静脉或肌肉注入（5～10）万 IU 一次，必要时 6h 后重复给予同量。

（2）支持及对症治疗。发病早期确诊为肉毒中毒或疑似本病后，应立刻用水或高锰酸钾（1∶4 000）洗胃并灌肠，病人应安静休息，注意保暖。

肉毒中毒预后一般无后遗症，但某些症状消失缓慢，最终可恢复正常，也有极个别病例，可能在较长时期内一直处在某肢体不完全瘫痪的情况。

（四）预防与治疗

防止肉毒中毒的办法包括减少食品的微生物污染水平、给予酸性环境、减少湿度水平和破坏食品中所有肉毒梭菌的芽孢。最常用的破坏方法是加热处理。正确加工的罐头食品不会含有活的肉毒梭菌。家庭制作的罐头食品比商业制造的罐头所引起的肉毒中毒事例更多，这反映出商业罐头生产者对加热的要求了解得更多，掌握得更好。

一种食品含有活的肉毒梭菌还不能引起肉毒中毒。只要这种细菌不繁殖，毒素就不会产生。在很多食品中肉毒梭菌的营养要求是足够的，但并不是都能提供必要的厌氧条件。很多罐头食品和很多肉类以及鱼类食品，在营养和厌氧两方面的要求都能满足。如果食品（自然的或人为的）是酸性的（低 pH 值），有低的水活度，有高浓度的氯化钠，以及亚硝酸盐达到抑制浓度，这些条件两个或两个以上结合起来，即使是合适的食品也会抑制肉毒梭菌的生长。除非很严格地掌握温度并保持低于3℃的条件，冷藏温度不会抑制非蛋白分解菌株的生长和毒素的产生。况且，作为肉毒中毒媒介物的这些食品，其加工的目的是为了防止腐败，一般来说是不冷藏的。

肉毒中毒的发生，一般有以下几种情况，即制作食品的原料中带有肉毒梭菌芽孢；在食物加工过程中，芽孢未被完全杀灭；在食物加工或贮存过程中，温度较高，缺氧，适宜芽孢的繁殖和产毒；熟食制品在食用前未经充分加热使毒素完全破坏。因此，在食品加工过程中，应加强食品卫生管理，改进食品制作及食用方法，保证食用安全。生产罐头食品时，必须严格遵守操作规程，装罐后要灭菌彻底。对可疑的食品要加热处理，加热温度一般为100℃1h。

具体而言，可采取以下措施预防本病的发生。

（1）食品制造前应对食品原料进行清洁处理，除去泥土和粪便，用优质饮用水充分清洗。特别在肉毒中毒多发地区，土壤及动物粪便的带菌率较高，故要求更应严格。

（2）罐头食品的生产，除建立严密合理的工艺规程和卫生制度防止污染外，还应严格执行灭菌的操作规程。罐头在贮藏过程中发生胖听或破裂时，不能食用。制作发酵食品时，在进行发酵前对粮、谷、豆类等原料应进行彻底蒸煮，以杀灭肉毒梭菌芽孢。

（3）加工后的肉、鱼类制品，应避免再污染和在较高温度下堆放，或在缺氧条件下保存。盐腌或熏制肉类或鱼类时，原料应新鲜并清洗干净；加工后，食用前不再经加热处理的食品更应认真防止污染和彻底冷却。

（4）肉毒梭菌毒素不耐热，加热80℃经30min或100℃经10～20min可使各型毒素破坏，故可对可疑食物进行彻底加热破坏，是预防肉毒中毒的可靠措施。

（5）防止婴儿肉毒中毒，应首先避免不洁之物进入口内。凡能进入婴儿口中的东西（如手指、乳头、玩具等）要注意清洁，避免经口感染。要对婴儿的补充食品如水果、蔬菜等去皮或洗净消毒，不可食用变质的剩奶或蜂蜜。

三、检验方法

（一）检验原理

肉毒梭菌及其型别的鉴定主要依据产毒试验。

1. 肉毒毒素检测

因肉毒毒素在明胶磷酸盐缓冲液中稳定，故采用明胶磷酸盐缓冲液制备肉毒毒素检样。又因为E型毒素需要胰酶激活才能表现出较强的毒力，所以检样分两份，其中一份用胰酶激活处理。

肉毒毒素检测以小白鼠腹腔注射法为标准方法，取样离心上清液及其胰酶激活处理液分别注射小白鼠，若小白鼠以肉毒毒素中毒特有的特征死亡，表示检出肉毒毒素，并进一步证实。

采用多型肉毒抗毒诊断血清与检样作用中和毒素和加热破坏肉毒毒素的方法证实样品中的毒素是否为肉毒毒素，若注射以上两种方法处理的检样的小白鼠均获保护存活，而注射未经其他处理的检样的小白鼠以特有症状死亡，则证实含有肉毒毒素，并进行毒力测定和定型试验，报告检样含有某型肉毒毒素。

2. 肉毒梭菌及其型别检测

采用庖肉培养基进行增菌产毒培养试验，并进行毒素检测试验，阳性结果证明检样中存在肉毒梭菌，报告检样含有某型肉毒梭菌。

经毒素检测试验证实含有肉毒梭菌的增菌产毒培养物，用卵黄琼脂平板分离肉毒梭菌，其在该琼脂上生长时，菌落及周围培养基表面覆盖有特有的彩虹样（珍珠层样）薄层，但G型菌无此现象。

挑取卵黄琼脂平板上的菌落进行增菌产毒培养试验和培养特性检测试验，以便进一步确证。得到确证后，报告由样品分离的菌株为某型肉毒梭菌。

（二）检验方法

1. 参考检验标准

食品卫生微生物学检验　肉毒梭菌及肉毒毒素检验（GB 4789.12—2016）。

2. 适用范围

各类食品和食物中毒样品中肉毒梭菌及肉毒毒素的检验。

3. 设备和材料

除微生物实验室常规灭菌及培养设备外，其他设备和材料如下。冰箱：0～4℃；恒温培养箱：（30±1）℃、（35±1）℃、（36±1）℃；离心机：3 000r/min；显微镜：10×～100×；相差显微镜；均质器或灭菌乳钵；架盘药物天平：0～500g，精确至0.5g；厌氧培养装置：常温催化除氧式或碱性焦性没食子酸除氧式；灭菌吸管：1ml（具0.01ml刻度）、10ml（具0.1ml刻度）；灭菌平皿：直径90mm；灭菌锥形瓶：500ml；灭菌注射器：1ml；小白鼠：12～15g。

4. 培养基和试剂

（1）培养基。庖肉培养基、卵黄琼脂培养基。

（2）试剂。明胶磷酸盐缓冲液、肉毒分型抗毒诊断血清、胰酶（活力1∶250）、革兰氏染色液。另需实验动物（小白鼠）。

5. 检验程序

肉毒梭菌及肉毒毒素检验程序见图6-13。

图6-13的说明：

报告（一）。检样中有无肉毒毒素以及有何型肉毒毒素（如仅为了肉毒中毒诊断，即可结束检验）。

报告（二）。对增菌产毒培养物，一方面做生长特性观察，同时检测肉毒毒素。报告检样中有无肉毒梭菌以及有何型肉毒梭菌（有些样品如土壤、泥沙等基本上不可能含有毒素，则应从培养着手）。

报告（三）。欲获纯菌株，可用增菌产毒培养物进行分离培养，对所得纯菌株进行形态、培养特性等观察及毒素检测，其结果可证明所得纯菌为何型肉毒梭菌（一般情况下，没有必要从检样中分离纯的菌株，但研究或特殊需要例外）。

如图6-13所示，检样经均质处理后及时接种培养，进行增菌、产毒，同时进行毒素检测试验。毒素检测试验结果可证明检样中有无肉毒毒素以及有何型肉毒毒素的存在。

对于增菌产毒培养物，一方面做一般的生长特性观察，同时检测肉毒毒素的产生情况，所得结果可证明检样中有无肉毒梭菌以及有何型肉毒梭菌存在。

为其他特殊目的而欲获纯菌株，可用增菌产毒培养物进行分离培养，对所得纯菌株进行

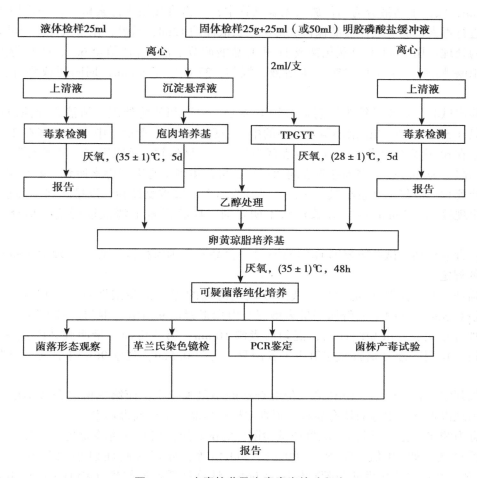

图6-13　肉毒梭菌及肉毒毒素检验程序

形态、培养特性等观察及毒素检测，其结果可证明所得纯菌为何型肉毒梭菌。

6. 操作步骤

（1）样品制备。

①样品保存。待检样品应放置2～5℃冰箱冷藏。

②固态与半固态食品。固体或游离液体很少的半固态食品，以无菌操作称取样品25g，放入无菌均质袋或无菌乳钵，块状食品以无菌操作切碎，含水量较高的固态食品加入25ml明胶磷酸盐缓冲液，乳粉、牛肉干等含水量低的食品加入50ml明胶磷酸盐缓冲液，浸泡30min，用拍击式均质器拍打或用无菌研杵研磨制备样品匀液，收集备用。

③液态食品。液态食品摇匀，以无菌操作量取25ml检验。

④剩余样品处理。取样后的剩余样品放2～5℃冰箱冷藏，直至检验结果报告发出后，按感染性废弃物要求进行无害化处理，检出阳性的样品应采用压力蒸汽灭菌方式进行无害化处理。

（2）肉毒毒素检测。

①毒素液制备。取样品匀液约40ml或均匀液体样品25ml放入离心管，3 000r/min离心

10～20min，收集上清液分为两份放入无菌试管中，一份直接用于毒素检测，一份用于胰酶处理后进行毒素检测。液体样品保留底部沉淀及液体约12ml，重悬，制备沉淀悬浮液备用。

胰酶处理：用1mol/L氢氧化钠或1mol/L盐酸调节上清液pH值至6.2，按9份上清液加1份10%胰酶（活力1：250）水溶液，混匀，37℃孵育60min，期间间或轻轻摇动反应液。

②检出试验。用5号针头注射器分别取离心上清液和胰酶处理上清液腹腔注射小鼠3只，每只0.5ml，观察和记录小鼠48h内的中毒表现。典型肉毒毒素中毒症状多在24h内出现，通常在6h内发病和死亡，其主要表现为竖毛、四肢瘫软、呼吸困难，呈现风箱式呼吸、腰腹部凹陷、宛如蜂腰，多因呼吸衰竭而死亡，可初步判定为肉毒毒素所致。若小鼠在24h后发病或死亡，应仔细观察小鼠症状，必要时浓缩上清液重复试验，以排除肉毒毒素中毒。若小鼠出现猝死（30min内）导致症状不明显时，应将毒素上清液进行适当稀释，重复试验。

注：毒素检动物试验应遵循GB 15193.2《食品安全国家标准　食品毒理学实验室操作规范》的规定。

③确证试验。上清液或（和）胰酶处理上清液的毒素试验阳性者，取相应试验液3份，每份0.5ml，其中第一份加等量多型混合肉毒毒素诊断血清，混匀，37℃孵育30min；第二份加等量明胶磷酸盐缓冲液，混匀后煮沸10min；第三份加等量明胶磷酸盐缓冲液，混匀。将三份混合液分别腹腔注射小鼠各两只，每只0.5ml，观察96h内小鼠的中毒和死亡情况。

结果判定：若注射第一份和第二份混合液的小鼠未死亡，而第三份混合液小鼠发病死亡，并出现肉毒毒素中毒的特有症状，则判定检测样品中检出肉毒毒素。

④毒力测定（选做项目）。取确证试验阳性的试验液，用明胶磷酸盐缓冲液稀释制备一定倍数稀释液，如10倍、50倍、100倍、500倍等，分别腹腔注射小鼠各两只，每只0.5ml，观察和记录小鼠发病与死亡情况至96h，计算最低致死剂量（MLD/ml或MLD/g），评估样品中肉毒毒素毒力，MLD等于小鼠全部死亡的最高稀释倍数乘以样品试验液稀释倍数。例如，样品稀释两倍制备的上清液，再稀释倍试验液使小鼠全部死亡，而500倍稀释液组存活，则该样品毒力为200MLD/g。

⑤定型试验（选做项目）。根据毒力测定结果，用明胶磷酸盐缓冲液将上清液稀释至10～1 000MLD/ml作为定型试验液，分别与各单型肉毒毒素诊断血清等量混合（国产诊断血清一般为冻干血清，用1ml生理盐水溶解），37℃孵育30min，分别腹腔注射小鼠两只，每只0.5ml，观察和记录小鼠发病与死亡情况至96h。同时，用明胶磷酸盐缓冲液代替诊断血清，与试验液等量混合作为小鼠试验对照。

结果判定：某一单型诊断血清组动物未发病且正常存活，而对照组和其他单型诊断血清组动物发病死亡，则判定样品中所含肉毒毒素为该型肉毒毒素。

注：未经胰酶激活处理的样品上清液的毒素检出试验或确证试验为阳性者，则毒力测定和定型试验可省略胰酶激活处理试验。

（3）肉毒梭菌检验。

①增菌培养与检出试验。

a. 取出庖肉培养基4支和TPGY肉汤管2支，隔水煮沸10～15min，排除溶解氧，迅速冷却，切勿摇动。在 TPGY 肉汤管中缓慢加入胰酶液至液状石蜡液面下肉汤中，每支 1ml，制备成 TPGYT。

b. 吸取样品匀液或毒素制备过程中的离心沉淀悬浮液 2ml 接种至庖肉培养基中，每份样品接种 4 支，2 支直接放置（35±1）℃厌氧培养至 5d，另 2 支放 80℃保温 10min，再放置（35±1）℃厌氧培养至 5d；同样方法接种 2 支 TPGYT 肉汤管，（28±1）℃厌氧培养至 5d。

注：接种时用无菌吸管轻轻吸取样品匀液或离心沉淀悬浮液，将吸管口小心插入肉汤管底部缓缓放出样液至肉汤中，切勿搅动或吹气。

c. 检查记录增菌培养物的浊度、产气、肉渣颗粒消化情况，并注意气味。肉毒梭菌培养物为产气、肉汤浑浊（庖肉培养基中 A 型和 B 型肉毒梭菌肉汤变黑）、消化或不消化肉粒、有异臭味。

d. 取增菌培养物进行革兰氏染色镜检 观察菌体形态 注意是否有芽孢、芽孢的相对比例、芽孢在细胞内的位置。

e. 若增菌培养物 5d 无菌生长，应延长培养至 10d，观察生长情况。

f. 取增菌培养物阳性管的上清液，按（2）中方法进行毒素检出和确证试验，必要时进行定型试验、阳性结果可证明样品中有肉毒梭菌存在。

注：TPGYT 增菌液的毒素试验无需添加胰酶处理。

②分离与纯化培养。

a. 增菌液前处理，吸取 1ml 增菌液至无菌螺旋帽试管中，加入等体积过滤除菌的无水乙醇 混匀，在室温下放置 1h。

b. 取增菌培养物和经乙醇处理的增菌液分别划线接种至卵黄琼脂平板，（35±1）℃厌氧培养 48h。

c. 观察平板培养物菌落形态，肉毒梭菌菌落隆起或扁平、光滑或粗糙、易成蔓延生长，边缘不规则，在菌落周围形成乳色沉淀晕圈（E 型较宽，A 型和 B 型较窄），在斜视光下观察，菌落表面呈现珍珠样虹彩，这种光泽区可随蔓延生长扩散到不规则边缘区外的晕圈。

d. 菌株纯化培养，在分离培养平板上选择 5 个肉毒梭菌可疑菌落，分别接种卵黄琼脂平板，（35±1）℃，厌氧培养 48h，按上一步 c 中的方法观察菌落形态及其纯度。

③鉴定试验。

A. 染色镜检。挑取可疑菌落进行涂片、革兰氏染色和镜检，肉毒梭菌菌体形态为革兰氏阳性粗大杆菌、芽孢卵圆形，大于菌体、位于次端，菌体呈网球拍状。

B. 毒素基因检测。

a. 菌株活化：挑取可疑菌落或待鉴定菌株接种 TPGY，（35±1）℃厌氧培养 24h。

b. DNA 模板制备：吸取 TPGY 培养液 1.4ml 至无菌离心管中，14 000×g 离心 2min，弃上清，加入 1.0ml PBS 悬浮菌体，14 000×g 离心 2min，弃上清，用 400μl PBS 重悬沉淀，加入 10mg/ml 溶菌酶溶液 100μl，摇匀，37℃水浴 15min，加入 10mg/ml 蛋白酶 K 溶液 10μL，摇匀，60℃水浴 1h，再沸水浴 10min，14 000×g 离心 2min，上清液转移至无菌小离心管中，加入 3mol/L NaAc 溶液 50μL 和 95% 乙醇 1.0ml，摇匀，－70℃或－20℃放置 30min，14 000×g 离心 10min，弃去上清液，沉淀干燥后溶于 200μl TE 缓冲液，置于－20℃保存备用。

注：根据实验室实际情况，也可采用常规水煮沸法或商品化试剂盒制备 DNA 模板。

c. 核酸浓度测定（必要时）：取 5μl DNA 模板溶液，加超纯水稀释至 1ml，用核酸蛋白分析仪或紫外分光光度计分别检测 260nm 和 280nm 波段的吸光值 A260 和 A280。按下式计算 DNA 浓度。

$$C = A_{260} \times N \times 50$$

式中：C——DNA 浓度，μg/ml；A_{260}——260nm 处的吸光值；N——核酸稀释倍数。

当核算浓度在 0.34～340μg/ml 比值在 1.7～1.9 之间时，适宜于 PCR 扩增。

d. PCR 扩增。

• 分别采用针对各型肉毒梭菌毒素基因设计的特异引物（表 6-27）进行 PCR 扩增，包括 A 型肉毒毒素（botulinum neurotoxin A，bont/A）、B 型肉毒毒素（botulinum neurotoxin B，bont/B）、E 型肉毒毒素（botulinum neurotoxin E，bont/E）和 F 型肉毒毒素（botulinum neurotoxin F，bont/F），每个 PCR 反应管检测一种型别的肉毒梭菌。

表 6-27　肉毒梭菌毒素基因 PCR 检测的引物序列及其产物

检测肉毒梭菌类型	引 物 序 列	扩增长度
A 型	F5′ – GTG ATA CAA CCA GAT GGT AGT TAT AG – 3′ R5′ – AAA AAA CAA GTC CCA ATT ATT AAC TTT – 3′	983
B 型	F5′ – GAG ATG TTT GTG AAT ATT ATG ATC CAG – 3′ R5′ – GTT CAT GCA TTA ATA TCA AGG CTG G – 3′	492
E 型	F5′ – CCA GGC GGT TGT CAA GAA TTT TAT – 3′ R5′ – TCA AAT AAA TCA GGC TCT GCT CCC – 3′	410
F 型	F5′ – GCT TCA TTA AAG AAC GGA AGC AGT GCT – 3′ R5′ – GTG GCG CCT TTG TAC CTT TTC TAG G – 3′	1 137

• 反应体系配制见表 6-28，反应体系中各试剂的量可根据具体情况或不同的反应总体积进行相应调整。

表 6-28　肉毒梭菌毒素基因 PCR 检测的反应体系

试剂	终浓度	加入体积/μl
10×PCR 缓冲液	1×	5.0
25mmol/L Mgcl₂	2.5mmol/L	5.0
10mmol/L dNTPs	0.2mmol/L	1.0
10μmol/L 正向引物	0.5μmol/L	2.5
10μmol/L 反向引物	0.5μmol/L	2.5
5U/μl Taq 酶	0.05U/μl	0.5
DNA 模板	—	1.0
ddH₂O	—	32.5
总体积	—	50.0

● 反应程序，预变性 95℃、5min；循环参数 94℃、1min，60℃、1min，72℃、1min；循环数 40；后延伸 72℃、10min；4℃保存备用。

● PCR 扩增体系应设置阳性对照、阴性对照和空白对照。用含有已知肉毒梭菌菌株或含肉毒毒素基因的质控品作阳性对照、非肉毒梭菌基因组 DNA 作阴性对照、无菌水作空白对照。

● 凝胶电泳检测 PCR 扩增产物，用 0.5×TBE 缓冲液配制 1.2%～1.5% 的琼脂糖凝胶，凝胶加热融化后冷却至 60℃左右加入溴化乙锭至 0.5μg/ml 或 Goldview 5μl/100ml 制备胶块，取 10μl PCR 扩增产物与 2.0μl 6×加样缓冲液混合，点样，其中一孔加入 DNA 分子量标准。0.5×TBE 电泳缓冲液，10V/cm 恒压电泳，根据溴酚蓝的移动位置确定电泳时间，用紫外检测仪或凝胶成像系统观察和记录结果。

PCR 扩增产物也可采用毛细管电泳仪进行检测。

● 结果判定，阴性对照和空白对照均未出现条带，阳性对照出现预期大小的扩增条带（见表 6-27），判定本次 PCR 检测成立；待测样品出现预期大小的扩增条带，判定为 PCR 结果阳性，根据表 1 判定肉毒梭菌菌株型别，待测样品未出现预期大小的扩增条带，判定 PCR 结果为阴性。

注：PCR 试验环境条件和过程控制应参照 GB/T 27403《实验室质量控制规范　食品分子生物学检测》规定执行。

C. 菌株产毒试验

将 PCR 阳性菌株或可疑肉毒梭菌菌株接种疱肉培养基或 TPGYT 肉汤（用于 E 型肉毒梭菌），按（3）中 b 所要求的条件厌氧培养 5d，按步骤（2）方法进行毒素检测和（或）定型试验，毒素确证试验阳性者，判定为肉毒梭菌，根据定型试验结果判定肉毒梭菌型别。

注：根据 PCR 阳性菌株型别可直接用相应型别的肉毒毒素诊断血清进行确证试验。

7. 结果报告

（1）肉毒毒素检测结果报告。根据 6 中②和 6 中③试验结果，报告 25g（ml）样品中检出或未检出肉毒毒素。

（2）肉毒梭菌检验结果报告。根据 6 中步骤（3）的各项试验结果，报告样品中检出或未检出肉毒梭菌或检出某型肉毒梭菌。

第九节　蜡样芽孢杆菌检验

蜡样芽孢杆菌在自然界的分布很广，空气、土壤、尘埃、水和腐烂草中均有存在，植物和许多生熟食品中亦常见，正常情况下此菌就有可能存在。如果它在食品中未能得到增殖，其存在便无意义。当摄入的食品每克中蜡样芽孢杆菌活菌数在百万以上时，便可导致食物中毒爆发，这已被一些欧洲国家作为食品规定的一个标准，已发现蜡样芽孢杆菌食物中毒涉及的食品包括甜点、熟肉、盘装蔬菜及米饭和油炒饭。有调查显示，在各类食物中，发现蜡样芽孢杆菌所占比例为：肉制品中 26%，乳制品中 77%，蔬菜、水果和干果中 51%。

食品中蜡样芽孢杆菌的来源主要为外界污染，由于食品在加工、运输、保藏及销售过程中的不卫生情况，而使该菌在食品上大量污染传播，因此，检测食品中蜡样芽孢杆菌有重要的卫生学意义。

一、生物学特性

（一）形态与染色

本菌为革兰氏阳性大杆菌，宽度在 1μm 或 1μm 以上，大小为 （1.0 ~ 1.3） μm × （3 ~ 5） μm，能形成芽孢，属于需氧芽孢杆菌属。菌体两端钝圆，无荚膜，有周体鞭毛，即有活动力，能运动，多成短链状排列。芽孢呈卵圆形，不突出菌体，多位于菌体中央或稍偏于一端。本菌生长 6h 以后即可以形成芽孢，形成的芽孢小于菌体横径，位于中心或稍偏于一端。引起食物中毒的菌株多为周毛菌，有动力（图 6 - 14）。

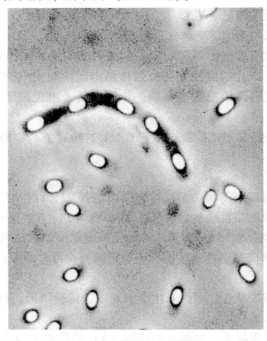

图 6 - 14　蜡样芽孢杆菌形态图

（二）培养特性

本菌对营养要求不高，在普通培养基上可生长良好，生长温度范围为 25 ~ 37℃，最适温度为 30 ~ 32℃，在各类培养基上的形态特征如下。

（1）普通营养琼脂平板。菌落圆形或近似圆形，质地软，乳白色，不透明，边缘不整齐，直径为 4 ~ 10mm，菌落边缘常呈扩散状，近光观察似白蜡状，呈毛玻璃或融蜡状，因而得名。

（2）甘露醇卵黄多黏菌素琼脂平板。形成灰白色或微带红色、扁平、表面粗糙的菌落；菌落为红色（表示不发酵甘露醇），环绕粉红色的晕（表示产生卵磷脂酶）。

（3）血琼脂平板。菌落周围初呈草绿色 β - 溶血，时间稍长即完全透明，菌落为浅灰色，不透明，似白色毛玻璃状。

（4）普通肉汤培养基。生长迅速，肉汤浑浊，常形成菌膜或壁环，震摇易乳化。

（三）生化反应

蜡样芽孢杆菌生化特性如表6-29所示。

表6-29　蜡样芽孢杆菌生化特性

项目	性状	项目	性状
触酶	+	山梨糖	-
卵磷脂酶	+	麦芽糖	+/
酪蛋白酶	+	甘露糖	/+
青霉素酶	+	山梨醇	-
硝酸盐还原	+/-	甘露醇	-
淀粉酶	±	卫矛醇	-
胆胶酶	+/-	肌醇	/+
尿素酶	-/+	水杨苷	+/-
牛奶胨化	+	蔗糖	+/-
柠檬酸盐利用	+/-	乳糖	-/+
V-P反应	+/-	纤维二糖	-/+
葡萄糖	+	甘油	+/-
果糖	+	七叶苷	-/+
蕈糖	+	过氧化氢酶	+
木糖	-	动力	+/-
阿拉伯糖	-	卵黄反应	-
半乳糖	-	溶血	+

注：+阳性；-阴性；±不定；+/-多数为阳性少数为阴性；-/+多数为阴性少数为阳性。

（四）抵抗力

该菌的芽孢对热的抵抗力较强，食物中毒菌株的游离芽孢能耐受100℃30min，而干热120℃经60min才能杀死。繁殖体不耐热，加热到100℃经20min即可杀死。其37℃16h的肉汤培养物D80℃值（在80℃时使细菌数减少90%所需的时间）为10~15min；使肉汤中细菌（2.4×10⁷个/ml）转为阴性需100℃20min。菌株有产生和不产生肠毒素之分，产生肠毒素的菌株又可产生呕吐型肠炎和致腹泻型肠炎两类不同的肠毒素，前者具有耐热性。酸碱度对蜡样芽孢杆菌的生长在pH值6~11范围内基本没有影响，pH值5以下对其生长有显著的抑制作用。本菌对氯霉素、红霉素、链霉素、卡那霉素、庆大霉素等抗生素敏感；对青霉素、磺胺噻唑和呋喃西林耐受。

二、蜡样芽孢杆菌食物中毒

由需氧性芽孢杆菌引起的食物中毒，早在1906年就有报告。但直至1950年，才明确吃甜食后可引起蜡样芽孢杆菌所致的食物中毒性腹泻。在国外，由于进食油炒饭而爆发的呕吐型蜡样芽孢杆菌食物中毒也相继有报告，尤其以1974年英国发生的5起中毒事件最为严重。在国内，于1973年首次报告了江苏省南京某托儿所儿童因进食泡饭引起呕吐型的蜡样芽孢杆菌食物中毒后，其他省、自治区和直辖市也都有报告，有的地区还占细菌性食物中毒的首位。

（一）致病因子

该菌能产生肠毒素、溶血素、青霉素酶、磷脂酶 C 和蛋白质分解酶等。根据很多细菌工作者的实验结果，食品蜡样芽孢杆菌数量大于 10^6 CFU/g（ml）时常可导致食物中毒，其原因是该菌产生肠毒素。肠毒素分为两大类：①耐热性肠毒素。100℃ 30min 不能被破坏，常在米饭中形成。②不耐热肠毒素。能在各种食物中形成。

（二）流行病学

蜡样芽孢杆菌（bacillus cereus）食物中毒所涉及的食品种类繁多，包括奶类食品、禽畜肉类制品、蔬菜、汤汁、马铃薯泥、豆芽、甜点心、调味汁、色拉和米饭等。在我国引起中毒的食品大多为米饭或淀粉类制品，欧美国家多由甜点心、肉饼、色拉和奶以及肉类食品引起，但也有因进食米饭或油炒饭而发生的中毒。引起中毒的食品除米饭微有发黏和略带异味外，一般均无腐败变质现象。

本菌食物中毒有明显的季节性，以夏秋季（6—10 月）为最多。引起中毒的食品常由于进食前保存温度不当或放置时间较长，给食物中污染的蜡样芽孢杆菌或加热后残存的芽孢以生长繁殖的条件，从而导致中毒。中毒的发病率较高，一般为 60% ~ 100%，中毒的发生与性别和年龄无关，中毒可在集体中大规模爆发，也可在家庭中爆发或散在发生。

本菌的污染源为泥土和灰尘。通过昆虫、不洁的用具和从业人员的手而传播。食品原料中有蜡样芽孢杆菌存在则会有引起中毒的潜在危险（图 6 – 15）。

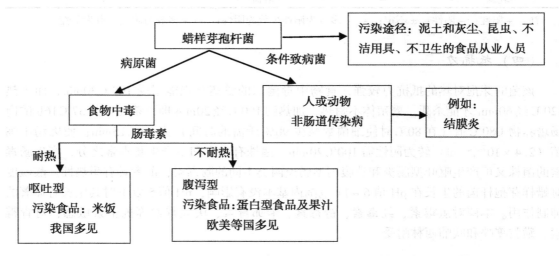

图 6 – 15　蜡样芽孢杆菌的流行病学示意图

（三）临床症状

本菌引起的食物中毒在临床上可分为呕吐型和腹泻型两类。

（1）呕吐型。潜伏期为 0.5 ~ 5h，多数为 1h 左右。中毒症状起初为恶心、继而为剧烈且频繁的呕吐，可达数十次，很像金黄色葡萄球菌的食物中毒，同时伴有头昏、四肢无力、口干、寒颤、结膜充血等症状，少数有腹痛和腹泻，病程 6~24h。

（2）腹泻型。潜伏期为 8~16h，临床主要表现为腹痛、腹泻并伴有恶心和胃痉挛，偶有呕吐或发热。类似产气荚膜梭菌的食物中毒。通常在 12~24h 内恢复正常。

蜡样芽孢杆菌食物中毒的病程较短，腹泻型为 16~36h，呕吐型为 8~10h，两型通常不超过 24h，预后均良好，无死亡，但如果与金黄色葡萄球菌、副溶血性弧菌混合感染时可发生死亡。

（四）预防与控制

要防止该种细菌引发的疾病的发生，关键是防止蜡样芽孢杆菌污染各类食品。吃剩饭应彻底加热，夏秋季节的熟食不能放置过久。该菌在 15℃ 以下不繁殖，食品需注意冷藏。搞好环境卫生，保持整洁，消灭昆虫，以及在产、运、贮、销过程中做好防尘、防虫工作。在治疗方面使用氯霉素等对症疗法为宜。

对蜡样芽孢杆菌引起的食物中毒，应从以下几个方面进行预防工作。

（1）做好食品的冷藏和加热。本菌在 15℃ 以下不繁殖，各种食品特别是营养丰富、水分含量较高、适宜于细菌生长的食品，必须注意冷藏。米饭熟后，或维持在 63℃ 以上或迅速冷却。烹调必须充分加热，使之灭菌。

（2）食品不放置过久。煮熟食品，不能放置过久，尤其不宜在温热情况下 25~45℃ 下保存。蜡样芽孢杆菌繁殖至中毒菌量需要一定的时间和温度，因此缩短熟食制品的放置时间颇为重要。在温热季节，每天的米饭吃多少做多少，避免剩下隔日炒饭，做汤饭或混入新煮的米饭中达不到充分受热和彻底灭菌，以致带来危害。

（3）搞好环境卫生。本菌常见于泥土和灰尘，搞好环境卫生，保持厨房整洁，消灭昆虫以及在食品的加工、运输、储存和销售过程中做好防尘、防虫工作，都有助于控制污染源和减少本菌的污染。

（4）加强卫生宣传。做好个人卫生，严格要求食品从业人员认真执行卫生法规，防止通过工作人员造成本菌的中毒流行。

三、检验方法

除了下文要介绍的蜡样芽孢杆菌常规食品微生物检验法之外，目前常用的检测方法还有两种。

（1）最近似数技术。适用于含有蜡样芽孢杆菌数 ≤1000 个/g 的食品，美国 AOAC 经常采用此法进行检测。

（2）蜡样芽孢杆菌测试片（Filmplate™ Bacillus cereus BL210）。它是一种商品化的一次性培养基产品，由选择性培养基、高分子吸水凝胶和专一性酶指示剂等构成，一步培养显色就可以确认是否有病原菌的存在，大大简化了检验程序，对于提高细菌性食物中毒突发事件的反应能力具有重要的作用，同时也可在食品生产企业使用。该产品适用于乳制品、肉类、淀粉类食品和各种甜点等的快速检测。

以下以国标法为例，介绍蜡样芽孢杆菌的常规实验室检测法。简单来说，国标法包括 5个步骤。

（1）菌数测定。涂布甘露醇卵黄多黏菌素（MYP）平板计数。

（2）分离培养。从 MYP 上挑取可疑菌落进行纯培养。

（3）证实实验。包括形态观察、培养特性、生化性状和生化分型试验。

（4）与类似菌的鉴别。主要是与苏云金芽孢杆菌的鉴别。

（5）结果报告。报告每 g（ml）检样中所含的蜡样芽孢杆菌数。

（一）检验原理

（1）选择性平板分离培养基分离蜡样芽孢杆菌，多黏菌素可抑制革兰氏阴性菌，蜡样芽孢杆菌不分解甘露醇，不产酸，利用含氮物质，产生碱性产物，使培养基中的酚红变为红色，又因其产生卵磷脂酶，所以蜡样芽孢杆菌在此培养基上形成的菌落为红色（表示不发酵甘露醇），环绕有粉红色的晕（表示产生卵磷脂酶）。

（2）证实试验。在上述平板上挑取可疑菌落，进行形态观察、培养特性以及生化鉴定，确认是否为蜡样芽孢杆菌。

（3）常用蜡样芽孢杆菌的选择分离培养基为甘露醇卵黄多黏菌素琼脂培养基（MYP），MYP 中的蛋白胨和牛肉膏粉提供氮源、维生素和生长因子；D－甘露醇为可发酵糖类；氯化钠维持均衡的渗透压；琼脂是培养基的凝固剂；酚红为 pH 值指示剂；卵黄含有卵磷脂，蜡样芽孢杆菌产生卵磷脂酶，在菌落周围产生沉淀环；并且不发酵 D－甘露醇产酸，使菌落呈红色；多黏菌素 B 可抑制杂菌生长。

（4）蜡样芽孢杆菌的生化特性。

①不发酵甘露醇。在甘露醇—卵黄—多黏菌素（MYP）琼脂平板上生成微粉红色菌落。

②产生卵磷脂酶。分解 MYP 琼脂中的卵磷脂，在菌落周围产生粉红色混浊环（沉淀环）。

③产生酪蛋白酶。分解培养基中的酪蛋白，生成 L－酪氨酸在菌落周围形成透明圈。

④产生溶血素。使胰酪胨大豆羊血琼脂（TSSB）中的血细胞发生 β 溶血。

⑤产生明胶酶。将明胶水解为多肽再水解为氨基酸而使其由半固体转化为液态状。

⑥触酶实验。产生过氧化氢酶分解过氧化氢生成水和氧气。

⑦动力和硝酸盐试验。蜡样芽孢杆菌运动活泼，能还原硝酸盐为亚硝酸盐。

（二）检验方法

1. 参考检验标准

食品微生物学检验　蜡样芽孢杆菌检验（GB 4789.14—2014）。

2. 适用范围

各类食品中的蜡样芽孢杆菌，其中，第一法适用于蜡样芽孢杆菌含量较高的食品中蜡样芽孢杆菌的计数；第二法适用于蜡样芽孢杆菌含量较低的食物样品中蜡样芽孢杆菌的计数。

3. 设备和材料

除微生物实验室常规灭菌及培养设备外，其他设备和材料如下。冰箱：2～5℃；恒温培养箱：（30±1）℃、（36±1）℃；均质器；电子天平：感量 0.1g；无菌锥形瓶：100ml、500ml；无菌吸管：1ml（具 0.01ml 刻度）、10ml（具 0.1ml 刻度）或微量移液器及吸头；无菌平皿：直径 90mm；无菌试管：18mm×180mm；显微镜：10 倍～100 倍（油镜）；L 涂布棒。

4. 培养基和试剂

（1）培养基。甘露醇卵黄多黏菌素（MYP）琼脂培养基、胰酪胨大豆多黏菌素肉汤、营养琼脂、动力培养基、硝酸盐肉汤、酪蛋白琼脂、硫酸锰营养琼脂培养基、糖发酵管、V－P培养基、胰酪胨大豆羊血（TSSB）琼脂、溶菌酶营养肉汤、西蒙氏柠檬酸盐培养基、明胶培养基。

（2）试剂。磷酸盐缓冲液（PBS）；过氧化氢溶液；0.5%碱性复红。

5. 检验程序

第一法：蜡样芽孢杆菌平板计数法

蜡样芽孢杆菌平板计数法检验程序见图6－16。

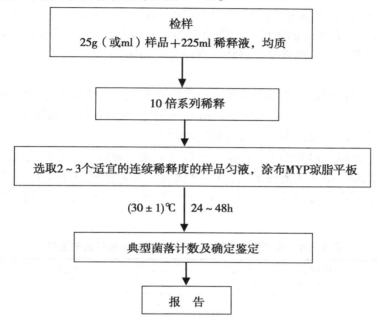

图6－16　蜡样芽孢杆菌平板计数法检验程序

（1）操作步骤。

①样品处理。冷冻样品应在45℃以下不超过15min或在2～5℃不超过18h解冻，若不能及时检验，应放于－20～－10℃保存；非冷冻而易腐的样品应尽可能及时检验，若不能及时检验，应置于2～5℃冰箱保存，24h内检验。

②样品制备。称取样品25g，放入盛有225ml PBS或生理盐水的无菌均质杯内，用旋转刀片式均质器以8 000～10 000r/min均质1～2min，或放入盛有225ml PBS或生理盐水的无菌均质袋中，用拍击式均质器拍打1～2min。若样品为液态，吸取25ml样品至盛有225ml PBS或生理盐水的无菌锥形瓶（瓶内可预置适当数量的无菌玻璃珠）中，振荡混匀，作为1：10的样品匀液。

③样品的稀释。吸取上一步得到的1：10的样品匀液1ml加到装有9ml PBS或生理盐水的稀释管中，充分混匀制成1：100的样品匀液。根据对样品污染状况的估计，按上述操作，依次制成10倍递增系列稀释样品匀液。每递增稀释1次，换用1支1ml无菌吸管或吸头。

④样品接种。根据对样品污染状况的估计，选择2～3个适宜稀释度的样品匀液（液体样品可包括原液），以0.3ml、0.3ml、0.4ml接种量分别移入3块MYP琼脂平板，然后用无菌L棒涂布整个平板，注意不要触及平板边缘。使用前，如MYP琼脂平板表面有水珠，可

放在 25 ~ 50℃的培养箱里干燥，直到平板表面的水珠消失。

⑤分离、培养。

A. 分离。在通常情况下，涂布后，将平板静置 10min。如样液不易吸收，可将平板放在培养箱（30 ± 1）℃培养 1h，等样品匀液吸收后翻转平皿，倒置于培养箱，（30 ± 1）℃培养（24 ± 2）h。如果菌落不典型，可继续培养（24 ± 2）h 再观察。在 MYP 琼脂平板上，典型菌落为微粉红色（表示不发酵甘露醇），周围有白色至淡粉红色沉淀环（表示产卵磷脂酶）。

B. 纯培养。从每个平板（符合下文（3）中 A 步骤要求的平板）中挑取至少 5 个典型菌落（小于 5 个全选），分别划线接种于营养琼脂平板做纯培养，（30 ± 1）℃培养（24 ± 2）h，进行确证实验。在营养琼脂平板上，典型菌落为灰白色，偶有黄绿色，不透明，表面粗糙似毛玻璃状或融蜡状，边缘常呈扩展状，直径为 4 ~ 10mm。

（2）确定鉴定。

①染色镜检。挑取纯培养的单个菌落，革兰氏染色镜检。蜡样芽孢杆菌为革兰氏阳性芽孢杆菌，大小为（1 ~ 1.3）μm × （3 ~ 5）μm，芽孢呈椭圆形位于菌体中央或偏端，不膨大于菌体，菌体两端较平整，多呈短链或长链状排列。

②生化鉴定。挑取纯培养的单个菌落，进行过氧化氢酶试验、动力试验、硝酸盐还原试验、酪蛋白分解试验、溶菌酶耐性试验、V - P 试验、葡萄糖利用（厌氧）试验、根状生长试验、溶血试验、蛋白质毒素结晶试验。蜡样芽孢杆菌生化特征与其他芽孢杆菌的区别见表 6 - 30。

表 6 – 30　蜡样芽孢杆菌生化特征与其他芽孢杆菌的区别

项目	蜡样芽孢杆菌	苏云金芽孢杆菌	蕈状芽孢杆菌	炭疽芽孢杆菌	巨大芽孢杆菌
革兰氏染色	+	+	+	+	+
过氧化氢酶	+	+	+	+	+
动力	+ / -	+ / -	-		+ / -
硝酸盐还原	+	+ / -	+	+	- / +
酪蛋白分解	+	+	+ / -	- / +	+ / -
溶菌酶耐性	+	+	+	+	-
卵黄反应	+	+	+	+	-
葡萄糖利用（厌氧）	+	+	+	+	-
V - P 试验	+	+	+	+	-
甘露醇产酸	-	-	-	-	+
溶血（羊红细胞）	+	+	+	- / +	-
根状生长	-	-	+	-	-
蛋白质毒素晶体	-	+	-	-	-

注：+ 表示 90% ~ 100%的菌株阳性；- 表示 90% ~ 100%的菌株阴性；+ / - 表示大多数的菌株阳性；- / + 表示大多数的菌株阴性。

A. 动力试验。用接种针挑取培养物穿刺接种于动力培养基中，30℃培养 24h。有动力的蜡样芽孢杆菌应沿穿刺线呈扩散生长，而蕈状芽孢杆菌常呈"绒毛状"生长。也可用悬滴法检查。

B. 溶血试验。挑取纯培养的单个可疑菌落接种于 TSSB 琼脂平板上，（30 ± 1）℃培养（24 ± 2）h。蜡样芽孢杆菌菌落为浅灰色，不透明，似白色毛玻璃状，有草绿色溶血环或完全溶血环。苏云金芽孢杆菌和蕈状芽孢杆菌呈现弱的溶血现象，而多数炭疽芽孢杆菌为不溶血，巨大芽孢杆菌为不溶血。

C. 根状生长试验。挑取单个可疑菌落按间隔 2～3cm 左右距离划平行直线于经室温干燥1～2d 的营养琼脂平板上，（30 ± 1）℃培养 24～48h，不能超过 72h。用蜡样芽孢杆菌和蕈状芽孢杆菌标准株作为对照进行同步试验。蕈状芽孢杆菌呈根状生长的特征。蜡样芽孢杆菌菌株呈粗糙山谷状生长的特征。

D. 溶菌酶耐性试验。用接种环取纯菌悬液一环，接种于溶菌酶肉汤中，（36 ± 1）℃培养 24h。蜡样芽孢杆菌在本培养基（含 0.001% 溶菌酶）中能生长。如出现阴性反应，应继续培养 24h。巨大芽孢杆菌不生长。

E. 蛋白质毒素结晶试验。挑取纯培养的单个可疑菌落接种于硫酸锰营养琼脂平板上，（30 ± 1）℃培养（24 ± 2）h，并于室温放置 3～4d，挑取培养物少许于载玻片上，滴加蒸馏水混匀并涂成薄膜。经自然干燥，微火固定后，加甲醇作用 30s 后倾去，再通过火焰干燥，于载玻片上滴满 0.5% 碱性复红，放火焰上加热（微见蒸汽，勿使染液沸腾）持续 1～2min，移去火焰，再更换染色液再次加温染色 30s，倾去染液用洁净自来水彻底清洗、晾干后镜检。观察有无游离芽孢（浅红色）和染成深红色的菱形蛋白结晶体。如发现游离芽孢形成得不丰富，应再将培养物置室温 2～3d 后进行检查。除苏云金芽孢杆菌外，其他芽孢杆菌不产生蛋白结晶体。

③生化分型（选做项目）。根据对柠檬酸盐利用、硝酸盐还原、淀粉水解、V - P 试验反应、明胶液化试验，将蜡样芽孢杆菌分成不同生化型别，见表 6 - 31。

表 6 - 31　蜡样芽孢杆菌生化分型试验

型别	生化试验				
	柠檬酸盐	硝酸盐	淀粉	V - P	明胶
1	+	+	+	+	+
2	−	+	+	+	+
3	+	+	−	+	+
4	−	−	+	+	+
5	−	−	−	+	+
6	+	−	−	+	+
7	+	−	+	+	+
8	−	+	−	+	+
9	−	+	−	−	+
10	−	+	−	−	+
11	+	+	−	−	+
12	+	+	−	−	+
13	−	−	+	−	−
14	+	−	−	−	+
15	+	−	−	+	+

注：+ 表示 90%～100% 的菌株阳性；− 表示 90%～100% 的菌株阴性。

（3）结果计算。

①典型菌落计数和确认。

A. 选择有典型蜡样芽孢杆菌菌落且同一稀释度3个平板所有菌落数合计在20~200CFU的平板，计数典型菌落数。如果出现a~f现象按公式（6-3）计算，如果出现g现象则按公式（6-4）计算。

a. 只有一个稀释度的平板菌落数在20~200CFU且有典型菌落，计数该稀释度平板上的典型菌落；

b. 2个连续稀释度的平板菌落数均在20~200CFU，但只有一个稀释度的平板有典型菌落，应计数该稀释度平板上的典型菌落；

c. 所有稀释度的平板菌落数均小于20CFU且有典型菌落，应计数最低稀释度平板上的典型菌落；

d. 某一稀释度的平板菌落数大于200CFU且有典型菌落，但下一稀释度平板上没有典型菌落，应计数该稀释度平板上的典型菌落；

e. 所有稀释度的平板菌落数均大于200CFU且有典型菌落，应计数最高稀释度平板上的典型菌落；

f. 所有稀释度的平板菌落数均不在20~200CFU且有典型菌落，其中一部分小于20CFU或大于200CFU时，应计数最接近20CFU或200CFU的稀释度平板上的典型菌落；

g. 2个连续稀释度的平板菌落数均在20~200CFU且均有典型菌落。

B. 从每个平板中至少挑取5个典型菌落（小于5个全选），划线接种于营养琼脂平板做纯培养，（30±1）℃培养（24±2）h。

②计算公式。

$$T = \frac{AB}{Cd} \tag{6-3}$$

式中：T——样品中蜡样芽孢杆菌菌落数；

A——某一稀释度蜡样芽孢杆菌典型菌落的总数；

B——鉴定结果为蜡样芽孢杆菌的菌落数；

C——用于蜡样芽孢杆菌鉴定的菌落数；

d——稀释因子。

$$T = \frac{A_1 B_1 / C_1 + A_2 B_2 / C_2}{1.1d} \tag{6-4}$$

式中：T——样品中蜡样芽孢杆菌菌落数；

A_1——第一稀释度（低稀释倍数）蜡样芽孢杆菌典型菌落的总数；

A_2——第二稀释度（高稀释倍数）蜡样芽孢杆菌典型菌落的总数；

B_1——第一稀释度（低稀释倍数）鉴定结果为蜡样芽孢杆菌的菌落数；

B_2——第二稀释度（高稀释倍数）鉴定结果为蜡样芽孢杆菌的菌落数；

C_1——第一稀释度（低稀释倍数）用于蜡样芽孢杆菌鉴定的菌落数；

C_2——第二稀释度（高稀释倍数）用于蜡样芽孢杆菌鉴定的菌落数；

1.1——计算系数（如果第二稀释度蜡样芽孢杆菌鉴定结果为0，计算系数采用1）；

d——稀释因子（第一稀释度）。

（4）结果与报告。根据 MYP 平板上蜡样芽孢杆菌的典型菌落数，按公式（1）、公式（2）计算，报告每 g（ml）样品中蜡样芽孢杆菌菌数，以 CFU/g（ml）表示；如 T 值为 0，则以小于 1 乘以最低稀释倍数报告。必要时报告蜡样芽孢杆菌生化分型结果。

第二法：蜡样芽孢杆菌 MPN 计数法

（1）检验程序。蜡样芽孢杆菌 MPN 计数法检验程序见图 6 – 17。

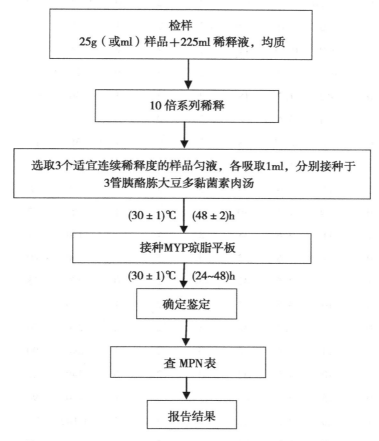

图 6 – 17　蜡样芽孢杆菌 MPN 计数法检验程序

（2）操作步骤。

①样品处理、样品制备、样品的稀释均同第一法。

②样品接种。取 3 个适宜连续稀释度的样品匀液（液体样品可包括原液），接种于 10ml 胰酪胨大豆多黏菌素肉汤中，每一稀释度接种 3 管，每管接种 1ml（如果接种量需要超过 1ml，则用双料胰酪胨大豆多黏菌素肉汤）。于（30±1）℃培养（48±2）h。

③培养。用接种环从各管中分别移取 1 环，划线接种到 MYP 琼脂平板上，（30±1）℃培养（24±2）h。如果菌落不典型，可继续培养（24±2）h 再观察。

④确定鉴定。从每个平板选取 5 个典型菌落（小于 5 个全选），划线接种于营养琼脂平板做纯培养，（30±1）℃培养（24±2）h，进行确证实验。

⑤结果与报告。根据证实为蜡样芽孢杆菌阳性的试管管数，查 MPN 检索表（见下表），报告每 g（ml）样品中蜡样芽孢杆菌的最可能数，以 MPN/g（ml）表示。

每 g（ml）检样中蜡样芽孢杆菌最可能数（MPN）的检索见表 6 – 32。

表 6 – 32　蜡样芽孢杆菌最可能数（MPN）检索表

阳性管数			MPN	95% 置信区间		阳性管数			MPN	95% 置信区间	
0.10	0.01	0.001		下限	上限	0.10	0.01	0.001		下限	上限
0	0	0	< 3.0	–	9.5	2	2	0	21	4.5	42
0	0	1	3.0	0.15	9.6	2	2	1	28	8.7	94
0	1	0	3.0	0.15	11	2	2	2	35	8.7	94
0	1	1	6.1	1.2	18	3	0	0	29	8.7	94
0	2	0	6.2	1.2	18	3	0	1	36	8.7	94
0	3	0	9.4	3.6	38	3	0	2	23	4.6	94
1	0	0	3.6	0.17	18	3	0	3	38	8.7	110
1	0	1	7.2	1.3	18	3	1	0	64	17	180
1	0	2	11	3.6	38	3	1	1	43	9	180
1	1	0	7.4	1.3	20	3	1	2	75	17	200
1	1	1	11	3.6	38	3	1	3	120	37	420
1	2	0	11	3.6	42	3	2	0	160	40	420
1	2	1	15	4.5	42	3	2	1	93	18	420
1	3	0	16	4.5	42	3	2	2	150	37	420
2	0	0	9.2	1.4	38	3	2	3	210	40	430
2	0	1	14	3.6	42	3	3	0	290	90	1 000
2	0	2	20	4.5	42	3	3	1	240	42	1 000
2	1	0	15	3.7	42	3	3	2	460	90	2 000
2	1	1	20	4.5	42	3	3	3	1 100	180	4 100
2	1	2	27	8.7	94	3	3	3	> 1 100	420	–

注：1. 本表采用 3 个稀释度 [0.1g（ml）、0.01g（ml）和 0.001g（ml）]，每个稀释度接种 3 管。

2. 表内所列检样量如改用 1g（ml）、0.1g（ml）和 0.01g（ml）时，表内数字应相应降低 10 倍；如改用 0.01g（ml）、0.001g（ml）和 0.0001g 时，则表内的数字应相应增加 10 倍，其余类推。

思考题

1. 沙门氏菌有哪些主要生物学特征？

2. 沙门氏菌检验有哪 5 个基本步骤？

3. 进行沙门氏菌检验时为什么要进行前增菌和增菌？

4. 金黄色葡萄球菌有哪些生物学特征？

5. 金黄色葡萄球菌在血平板和 Baird – Parker 平板上的菌落特征如何？

6. 金黄色葡萄球菌检验中进行血浆凝固酶试验的实验原理是什么？

7. 判定致病性金黄色葡萄球菌的重要指标是什么？

8. 志贺氏菌检验有哪些基本步骤？

9. 志贺氏菌属在三糖铁尿素半固体琼脂斜面上的生化反应是什么？

10. 溶血性链球菌的溶血现象有哪几个类型？各类型的溶血特征是什么？

11. 溶血性链球菌能产生什么毒素和酶？在血平板生长有何特征？

12. 在李斯特菌属中为何只检测单核细胞增生李斯特菌？

13. 单核细胞增生李斯特菌的国际标准检测中用的是哪一种选择培养基，其原理是什么？

14. 肉毒梭状芽孢杆菌的培养特性、生化特征是什么？

15. 副溶血性弧菌的形态和染色特点是什么？

16. 副溶血性弧菌的致病性和检验程序是什么？

17. 副溶血性弧菌在氯化钠三糖铁和嗜盐选择性平板上培养特征如何？

18. 引起蜡样芽孢杆菌食物中毒的常见食物有哪些？什么条件下可引起蜡样芽孢杆菌食物中毒？

第七章　真菌及其毒素的检验

学习目标

1. 熟悉食品中霉菌和酵母菌测定方法。
2. 了解曲霉菌、青霉菌、镰刀霉属等常见产毒霉菌的分类鉴定。
3. 了解主要霉菌毒素的测定。

第一节　霉菌和酵母计数

一、概述

酵母菌是真菌中的一大类，通常是单细胞，呈圆形、卵圆形、腊肠形或杆状。霉菌也属于真菌，能够形成疏松的绒毛状的菌丝体的真菌称为霉菌。霉菌和酵母菌广泛分布于外界环境中，并可作为食品中正常菌相的一部分。相对于低等的细菌来说，由于它们生长缓慢和竞争能力不强，故常常在不适于细菌生长的食品中出现，这些食品是 pH 值低、湿度低、含盐和含糖高的食品、低温贮藏的食品、含有抗生素的食品等。由于霉菌和酵母的细胞较大，新陈代谢能力强，故 $10^2 \sim 10^4$ 个酵母即可引起 1 克食物的变质，而细菌则需要 100 倍于此数的细胞。霉菌和酵母菌广泛分布于自然界中，是造成食品腐败变质的两大类微生物。

在食品中能分离出各种酵母菌，但它们很可能没有什么意义，因为其中多数来源于外界的偶然污染。仅有非常有限的几个酵母属可使经过加工并正常生产工艺包装的食品腐败。比如抗 SO_2 熏蒸的酵母，就是饮料、葡萄酒变质的常见因素。耐受保鲜剂的毕赤酵母，高度嗜氧，可以形成泡菜和酱油的表面膜。

霉菌分布广泛，但它与细菌主要的不同之处是通过孢子形式在空气中传播。蔬菜是霉菌生长的良好基质，霉菌还是水果、浆果、谷物、面包等变质的主要原因。它还能在不适于微生物生长的皮革、衣物上生长。比如枝孢霉常存在于土壤和植物中，对植物无害，它也是空气中常见真菌，容易导致衣物出现小小的黑斑。霉菌多为需氧菌，主要生长于和空气接触的物体表面。耐热的丝衣霉常导致加工过的水果变质。许多霉菌特异性高，仅在特殊的环境下存活。例如，镰刀菌在低温能生长，常导致冷库贮存的大蒜、大麦芽变质。青霉常在柑橘中被检出，它能够抵抗防腐剂，对于生产影响较大。

由于霉菌和酵母能抵抗热、冷冻以及抗生素和辐照等贮藏及保藏技术，它们能转换某些不利于细菌的物质，而促进致病细菌的生长；有些霉菌能够合成有毒代谢产物——霉菌毒素，引起各种急慢性中毒，特别是有些霉菌毒素具有强烈的致癌性。霉菌和酵母往往使食品表面失去色、香、味。例如，酵母在新鲜的和加工的食品中繁殖，可使食品发生难闻的异味，它还可以使液体发生混浊，产生气泡，形成薄膜，改变颜色及散发不正常的气味等。因此霉菌和酵母也作为评价食品安全卫生质量的指示菌，并以霉菌和酵母计数来评价食品被污染的程度。目前已有若干个国家制订了某些食品的霉菌和酵母限量标准。我国已制订了一些食品中霉菌和酵母的限量标准。

二、霉菌和酵母菌平板计数法

霉菌和酵母菌平板计数是指食品检样经过处理，在一定条件下培养后，所得 1g 或 1ml 检样中所含的霉菌和酵母菌菌落数。

（一）设备和材料

恒温培养箱：28℃±1℃；冰箱：2～5℃；显微镜：10×～100×；恒温振荡器；均质器；电子天平；无菌试管：10mm×75mm；无菌锥形瓶：500ml、250ml；无菌广口瓶：500ml；无菌吸管：1ml（具 0.01ml 刻度）、10ml（具 0.1ml 刻度）；无菌平皿：直径 90mm；无菌牛皮纸袋、塑料袋。

（二）培养基和试剂

1. 马铃薯—葡萄糖—琼脂培养基（PDA）

马铃薯（去皮切块）300g、葡萄糖 20g、琼脂 20g、蒸馏水 1 000ml。

将马铃薯去皮切块，加 1 000ml 蒸馏水，加热煮沸 10～20min，用纱布过滤，补加蒸馏水至 1 000ml，加入葡萄糖和琼脂，加热溶解，分装 121℃高压蒸汽灭菌 20min。

2. 孟加拉红培养基

蛋白胨 5g、葡萄糖 10g、磷酸氢二钾 1g、硫酸镁（无水）0.5g、琼脂 20g、孟加拉红 0.033g、氯霉素 0.1g、蒸馏水 1 000ml。

上述成分加入蒸馏水中，加热溶化，补足蒸馏水至 1 000ml，分装后，121℃高压蒸汽灭菌 20min。倾注平板前，用少量乙醇溶解氯霉素加入培养基中。

（三）样品的采集

取样时须特别注意样品的代表性和避免采样时的污染，准备好灭菌容器和采样工具，如灭菌牛皮纸袋或广口瓶、金属勺等。采取有代表性的样品，样品采集后应尽快检验，否则应将样品放在低温干燥处。

糕点、面包等谷物加工制品、发酵食品、乳及其制品及其他液体食品，用灭菌工具采集待测食品 250g，装入灭菌容器内送检。

（四）检验程序

霉菌酵母菌平板计数的检验程序如图 7-1。参照（GB 4789.15—2016）。

（五）操作步骤

1. 样品的稀释

（1）固体和半固体样品。称取 25g 样品至盛有 225ml 灭菌蒸馏水或生理盐水或磷酸盐缓冲液的锥形瓶中，充分振摇或用拍击式均质器拍打 1～2min，即为 1：10 稀释液。或放入盛有 225ml 无菌蒸馏水的均质袋中，用拍击式均质器拍打 1～2min，制成 1：10 的样品匀液。

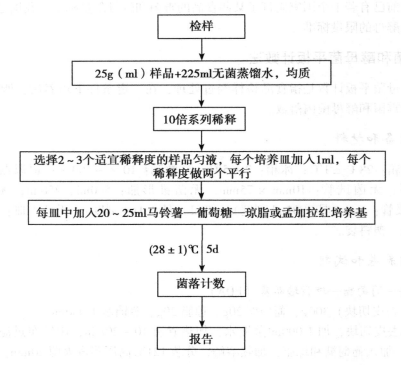

图 7 – 1 霉菌和酵母菌计数的检验程序

（2）液体样品。以无菌吸管吸取 25ml 样品至盛有 225ml 无菌蒸馏水或生理盐水或磷酸盐缓冲液的锥形瓶（可在瓶内预置适当数量的无菌玻璃珠）中，充分混匀，制成 1：10 的样品匀液。

（3）取 1ml 1：10 稀释液注入含有 9ml 无菌水的试管中，另换一支 1ml 无菌吸管反复吹吸，此液为 1：100 稀释液。

（4）依次制备 10 倍系列稀释样品匀液。每递增稀释一次，换用 1 次 1ml 无菌吸管。

（5）根据对样品污染状况的估计，选择 2～3 个适宜稀释度的样品匀液（液体样品可包括原液），在进行 10 倍递增稀释的同时，每个稀释度分别吸取 1ml 样品匀液于 2 个无菌平皿内。同时分别取 1ml 样品稀释液加入 2 个无菌平皿作空白对照。

（6）及时将 20～25ml 冷却至 46℃的马铃薯—葡萄糖—琼脂或孟加拉红培养基 [可放置于（46±1）℃恒温水浴箱中保温] 倾注平皿，并转动平皿使其混合均匀。置水平台面待培养基完全凝固。

2. 培养

待琼脂凝固后，将平板倒置于（28±1）℃温箱培养 5d，观察并记录。

3. 菌落计数

（1）肉眼观察，必要时可用放大镜，记录各稀释倍数和相应的霉菌和酵母菌。以菌落形成单位 CFU 表示。

（2）选取菌落数在 10～150CFU 的平板，根据菌落形态分别计数霉菌和酵母数。霉菌蔓延生长覆盖整个平板的可记录为多不可计。菌落数应采用两个平板的平均数。

（六）结果与报告

（1）计算两个平板菌落数的平均值，再将平均值乘以稀释倍数计算。

①若所有平板上菌落数均大于150CFU，则对稀释度最高的平板进行计数，其他平板可记录为多不可计，结果按平均菌落数乘以最高稀释倍数计算。

②若所有平板上菌落数均小于10CFU，则应按稀释度最低的平均菌落数乘以稀释倍数计算。

③若所有稀释度平板均无菌落生长，则以小于1乘以最低稀释倍数计算；如为原液，则以小于1计数。

（2）报告。

①菌落数在100以内时，按"四舍五入"原则修约，采用2位有效数字报告。

②菌落数大于或等于100时，前3位数字采用"四舍五入"原则修约后，取前2位数字，后面用0代替位数来表示结果；也可用10的指数形式来表示，此时也按"四舍五入"原则修约，采用两位有效数字。

③称重取样以CFU/g为单位报告，体积取样以CFU/ml为单位报告，报告或分别报告霉菌和/或酵母数。

三、霉菌直接镜检计数法

对霉菌计数，可以采用直接镜检的方法进行计数。常用的为郝氏霉菌计测法，该方法适用于番茄酱罐头。

（一）检验原理

霉菌是丝状真菌，在显微镜下，霉菌菌丝具有如下特征。

（1）平行壁。霉菌菌丝呈管状，多数情况下，整个菌丝的直径是一致的。因此在显微镜下菌丝壁看起来像两条平行的线。这是区别霉菌菌丝和其他纤维时最有用的特征之一。

（2）横隔。许多霉菌的菌丝具有横隔，毛霉、根霉等少数霉菌的菌丝没有横隔。

（3）菌丝内呈粒状。薄壁、呈管状的菌丝含有原生质，在高倍显微镜下透过细胞壁可见其呈粒状或点状。

（4）分枝。如菌丝不太短，则多数呈分枝状，分枝与主干的直径几乎相同，有分枝是鉴定霉菌最可靠的特征之一。

（5）菌丝的顶端。常呈钝圆形。无折射现象。

凡有以上特征之一的丝状菌丝可判定为霉菌菌丝。

（二）设备和材料

折光仪、显微镜、郝氏计测玻片（具有标准计测室的特制玻片）、盖玻片、测微器（具有标准刻度的玻片）、烧杯、玻璃棒。

（三）操作步骤

（1）检样的制备。取定量检样，加蒸馏水稀释至折光指数为1.3447～1.3460（即浓度为7.9%～8.8%）备用。

（2）显微镜标准视野的校正。将显微镜按放大率90～125倍调节标准视野，使其直径为1.382mm。

（3）涂片。洗净郝氏计测玻片，将制好的标准液，用玻璃棒均匀地摊布于计测室，以备观察。

（4）观测。将制好的载玻片放于显微镜标准视野下进行霉菌观测，一般每一检样观察50个视野，同一检样应由两人进行观察。

（四）结果与计算

（1）结果的观察。在标准视野下，观察视野中有无霉菌菌丝，凡符合下列情况之一者为阳性（＋）视野：有一根菌丝长度超过标准视野（1.382mm）的1/6；两根菌丝总长度超过视野的1/6（即测微器的一格）；三根菌丝总长度超过标准视野的1/6；一丛菌丝可视为一个菌丝，所有菌丝（包括分枝）总长度超过标准视野的1/6。否则为阴性（－）。

（2）计算。根据对所有视野的观察结果，计算阳性视野所占比例，并以阳性视野百分数（％）报告结果。计算公式如下：

$$每件样品阳性视野（％）＝（阳性视野数/观察视野数）×100$$

第二节　常见产毒霉菌的鉴定

霉菌通过孢子繁衍，霉菌孢子普遍存在于土壤和一些腐烂植物的碎叶中。土壤中的霉菌孢子经空气、水及昆虫传播到植物上，一旦孢子接触到破裂的种子，便迅速生长，使种子出现明显的发霉现象。霉菌毒素是一类在霉菌生长过程中产生的有毒次级代谢物，在目前已知的5万多种霉菌菌种中，有200多种可产生100余种霉菌毒素，在这些霉菌毒素中有14种能致癌，其中2种是剧毒的致癌剂。

产毒霉菌主要包括：曲霉属、青霉属、镰刀菌属、木霉属、葡萄状穗霉菌属、头孢霉属、单端孢霉属、交链孢霉属和节菱孢属。这几类霉菌涵盖了大多数产毒菌种，并且也代表了不同生长环境的产毒霉菌。

一、霉菌的分类鉴定

适用于曲霉属、青霉属、镰刀霉属及其他菌属的产毒霉菌鉴定。

（一）设备和材料

恒温培养箱：25～28℃；显微镜：10×～100×；目镜测微计；物镜测微计；冰箱；无菌接种罩；放大镜；滴瓶；接种针；分离针；载玻片；盖玻片；灭菌刀。

（二）培养基和试剂

（1）察氏培养基。硝酸钠3g、磷酸氢二钾1g、硫酸镁（$MgSO_4 \cdot 7H_2O$）0.5g、氯化钾0.5g、硫酸亚铁0.01g、蔗糖30g、琼脂20g、蒸馏水1 000ml。加热溶解，分装后121℃灭菌20min。

（2）马铃薯—葡萄糖琼脂培养基（PDA）。马铃薯（去皮切块）300g、葡萄糖20g、琼脂20g、蒸馏水1 000ml。将马铃薯去皮切块，加1 000ml蒸馏水，加热煮沸10～20min，用纱布过滤，补加蒸馏水至 1 000ml，加入葡萄糖和琼脂，加热溶解，分装，121℃高压蒸汽灭菌 20min。

（3）马铃薯琼脂培养基。马铃薯（去皮切块）200g、琼脂 20g、蒸馏水 1 000ml。将马铃薯去皮切块，加 1 000ml 蒸馏水，加热煮沸 10～20min，用纱布过滤，补加蒸馏水至 1 000ml，加入琼脂，加热溶解，分装，121℃高压蒸汽灭菌 20min。

（4）玉米粉琼脂培养基。玉米粉 60g、琼脂 15～18g、蒸馏水 1 000ml。将玉米粉加入蒸馏水中，搅匀，文火煮沸 1h，纱布过滤，加琼脂后加热溶解，补足水量至 1 000ml。分装，121℃高压蒸汽灭菌 20min。

（5）乳酸—苯酚溶液。苯酚 10g、乳酸 10g、甘油 20g、蒸馏水 10ml。将苯酚在水中加热溶解，然后加入乳酸及甘油。

（三）操作步骤

（1）菌落的观察。为了培养完整的巨大菌落以供观察记录，可将纯培养物点植于平板上。方法是：将平板倒转，向上接种一点或三点，每菌接种两个平板，倒置于 25～28℃恒温培养箱中进行培养。当刚长出小菌落时，取出一个平皿，以无菌操作，用小刀将菌落连同培养基切下 1cm×2cm 的小块，置菌落一侧，继续培养，于 5～14d 进行观察。此法代替小培养法，可直接观察子实体着生状态。

（2）斜面观察。将霉菌纯培养物划线接种（曲霉、青霉）或点种（链刀菌或其他菌）于斜面，培养 5～14d，观察菌落形态，同时还可以将菌种管置显微镜下用低倍镜直接观察孢子的形态和排列。

（3）制片。取载玻片加乳酸—苯酚液一滴，用接种针钩取一小块霉菌培养物，置乳酸 – 苯酚液中，用两支分离针将培养物撕开成小块，切忌涂抹，以免破坏霉菌结构。然后加盖玻片，如有气泡，可在酒精灯上加热排除。制片时最好是在接种罩内操作，以防孢子飞扬。

（4）镜检。观察霉菌的菌丝和孢子的形态和特征、孢子的排列等，并做详细记录。

（5）报告。根据菌落形态及镜检结果，参照以下各种霉菌的形态描述及检索表，确定菌种名称。

（四）各种霉菌的形态特征

1. 曲霉属

本属的产毒霉菌主要包括黄曲霉、寄生曲霉、杂色曲霉、构巢曲霉和棕曲霉。这些霉菌的代谢产物为黄曲霉毒素、杂色曲霉素和棕曲霉毒素。曲霉属的颜色多样，而且比较稳定。营养菌丝体由具横隔的分枝菌丝构成，无色或有明亮的颜色，一部分埋伏型，一部分气生型。分生孢子梗大都无横隔，光滑、粗糙或有麻点。梗的顶端膨大形成棍棒形、椭圆形、半球形或球形的顶囊，在顶囊上生出一层或二层小梗，双层时下面一层为梗基，每个梗基上再着生两个或几个小梗。从每个小梗的顶端相继生出一串分生孢子。由顶囊、小梗以及分生孢子链构成一个头状体的结构，称为分生孢子头。分生孢子头有各种不同颜色和形状，如球形、放射形、棍棒形或直柱形等。曲霉属只少数种形成有性阶段，产生封闭式的闭囊壳。某些种产生菌核或菌核结构。少数种可产生不同形状的壳细胞。

（1）黄曲霉。属于黄曲霉群。在察氏琼脂培养基上菌落生长较快，10～14d 直径 3～4cm 或 4～7cm，最初带黄色，然后变为黄绿色，老后颜色变暗，平坦或有放射状沟纹，反面无色或带褐色。在低倍显微镜下观察可见分生孢子头疏松放射状，继变为疏松柱状。分生孢子梗多从基质生出，长度一般小于1mm。有些菌丝产生带褐色的菌核。制片镜检观察可见分生孢子梗极粗糙，直径 10～20μm。顶囊烧瓶形或近球形，直径 10～65μm，一般多为 25～45μm。全部顶囊着生小梗，小梗单层、双层或单、双层同时生在一个顶囊上；梗基（6～10）μm×（4～5.5）μm。小梗（6.5～10）μm×（3～5）μm。分生孢子球形、近球形或稍作洋梨形，3～6μm，粗糙（图7-2）。黄曲霉产生黄曲霉毒素，该毒素能引起动物急性中毒死亡，如长期食用含微量黄曲霉毒素的食物，能引起肝癌。

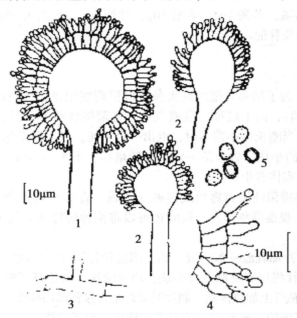

1. 双层小梗的分生孢子头；2. 单层小梗的分生孢子头；
3. 分生孢子梗的基部（足细胞）；4. 双层小梗的细微结构；5. 分生孢子

图7-2 黄曲霉

（2）寄生曲霉。亦属于黄曲霉群，8～10d菌落2.5～4cm，平坦或带放射状沟纹，幼时带黄色，老后呈暗绿色，反面奶油色至淡褐色。低倍显微镜下观察见分生孢子头疏松放射状，直径400～500μm，分生孢子梗长短不一，一般为200～1 000μm，制片镜检观察，见分生孢子梗光滑或粗糙，近顶囊处宽10～12μm，顶囊近球形或烧瓶形或杵状，直径20～35μm，小梗单层，（7～9）μm×（3～4）μm，排列紧密。分生孢子球形，极粗糙，具小刺，直径3.5～5.5μm，未报道过产生菌核。

寄生曲霉的菌株都能产生黄曲霉毒素。

（3）杂色曲霉。属于杂色曲霉群。在察氏琼脂培养基上菌落生长局限，14d 直径2～3cm，绒状、絮状或两者同时存在。颜色变化相当广泛，不同菌系可能局部淡绿、灰绿、浅黄甚至粉红色；反面近于无色至黄橙色或玫瑰色。有的菌落有无色至紫红色的液滴。分生孢子头疏松放射状，大小为100～125μm。分生孢子梗长度可达500～700μm，宽12～16μm，光滑，无色或略带黄色。顶囊半椭圆形至半球形，上半部或3/4部位上着生小梗。小梗双层，梗基（5.5～8）μm×3μm，小梗（5～7.5）μm×（2～2.5）μm，分生孢子球形，粗糙，直径 2.5 ~ 3μm 或稍大。有些菌系产生球形的壳细胞（图 7 - 3）。

杂色曲霉产生杂色曲霉素，该毒素引起肝和肾的损害，并能引起肝癌。

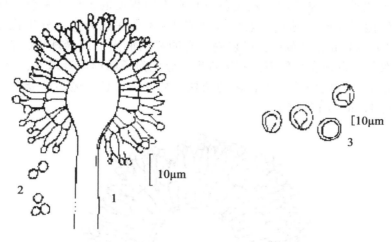

1. 分生孢子头；2. 分生孢子；3. 壳细胞

图 7 - 3　杂色曲霉

（4）构巢曲霉。属于构巢曲霉群。菌落生长较快，14d 直径 5 ~ 6cm，绒状，绿色，有的菌系由于产生较多的闭囊壳而显现黄褐色，反面紫红色。分生孢子头短柱形，（40 ~ 80）μm ×（25 ~ 40）μm。分生孢子梗极短，常弯曲，一般 75 ~ 100μm，近顶囊处直径 3.5 ~ 5μm，褐色，壁光滑。顶囊半球形，直径 8 ~ 10μm。小梗双层，梗基（5 ~ 6）μm ×（2 ~ 3）μm，小梗（5 ~ 6）μm ×（2 ~ 2.5）μm。分生孢子球形，粗糙，直径 3 ~ 3.5μm。闭囊壳球形，暗紫红色，直径 135 ~ 150μm。子囊孢子双凸镜形，紫红色，约 5μm × 4μm，有两个鸡冠状突起。闭囊壳外面包围着一层壳细胞，淡黄色，球形，壁厚，直径约 25μm（图 7 - 4）。

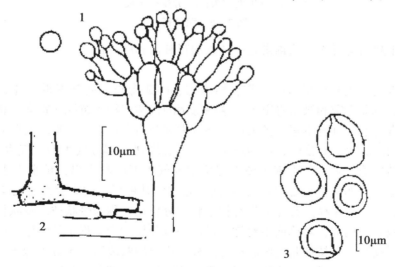

1. 分生孢子头；2. 足细胞；3. 壳细胞

图 7 - 4　构巢曲霉

构巢曲霉产生杂色曲霉素。

（5）赭曲霉。属于赭曲霉群。在察氏琼脂培养基上菌落生长稍局限，10～14d 直径 3～4cm，褐色或浅黄色，基质中菌丝无色或具有不同程度的黄色或紫色，反面呈黄褐色或绿褐色。分生孢子头幼时球形，老后分裂成 2～3 个柱状分叉。分生孢子梗长达 1～1.5mm，直径 10～14μm，带黄色，极粗糙，有明显的麻点。顶囊球形，直径 30～50μm 或更大。小梗双层，自顶囊全部表面密集着生。分生孢子球形至近球形，直径 2.5～3μm 或更大，常略粗糙。有些菌系产生较多的菌核，初期为白色，老后淡紫色，球形、卵形至柱形，直径达 1mm（图 7－5）。

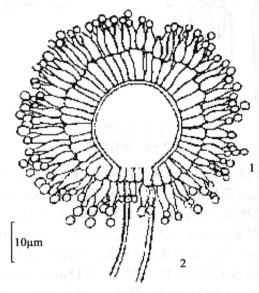

10μm

1. 分生孢子头；2. 分生孢子梗

图 7－5 赭曲霉

赭曲霉产生赭曲霉毒素，该毒素是一种强的肾脏毒和肝脏毒。

2. 青霉属

本属产毒霉菌，主要包括黄绿青霉、桔青霉、圆弧青霉、展开青霉、纯绿青霉、红青霉、产紫青霉、冰岛青霉和皱褶青霉等。这些霉菌的代谢产物为黄绿青霉素、桔青霉素、圆弧偶氮酸、展青霉素、红青霉素、黄天精、环氯素和皱褶青霉素。青霉属的营养菌丝体呈无色、淡色或鲜明的颜色，具横隔，或为埋伏型或部分埋伏型部分气生型。气生菌丝密毡状、松絮状或部分结成菌丝索。分生孢子梗由埋伏型或气生型菌丝生出，稍垂直于该菌丝（除个别种外，不像曲霉那样生有足细胞），单独直立或作某种程度的集合乃至密集为一定的菌丝束，具横隔，光滑或粗糙。其先端生有扫帚状的分枝轮，称为帚状枝。帚状枝是由单轮或两次到多次分枝系统构成，对称或不对称，最后一级分枝即产生孢子的细胞，称为小梗。着生小梗的细胞叫梗基，支持梗基的细胞称为副枝。小梗用断离法产生分生孢子，形成不分枝的链，分生孢子呈球形、椭圆形或短柱形，光滑或粗糙，大部分生长时呈蓝绿色，有时呈无色或呈别种淡色，但绝不呈污黑色。少数种产生闭囊壳，或结构疏松柔软，较快地形成子囊和子囊孢子，或质地坚硬如菌核状由中央向外缓慢地成熟。还有少数菌种产生菌核。

（1）黄绿青霉。异名：毒青霉。属单轮青霉组，斜卧青霉系。菌落生长局限，10～12d
直径2～3cm，表面皱褶，有的中央凸起或凹陷，淡黄灰色，仅微具绿色，表面绒状或稍现
絮状，营养菌丝细，带黄色。渗出液很少或没有，
有时呈现柠檬黄色，略带霉味。反面及培养基呈
现亮黄色。分生孢子梗自紧贴于基质表面的菌丝
生出，一般（50～100）μm×（1.6～2.2）μm，
壁光滑。帚状枝大部为单轮，偶尔有作一、二次
分枝者。分生孢子链约略平行或稍散开。小梗为
紧密的一簇，8～12个，大多（9～12）μm×
（2.2～2.8）μm。分生孢子呈球形，壁薄，光滑
或近于光滑，成链时具明显的孢隔（图7-6）。
黄绿青霉的代谢产物为黄绿青霉素，该毒素是一
种很强的神经毒。

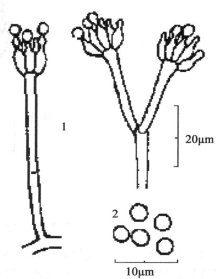

1. 帚状枝；2. 分生孢子
图7-6　黄绿青霉

（2）桔青霉。属于不对称青霉组，绒状青霉
亚组，桔青霉系。菌落生长局限，10～14d直径
2～2.5cm，有放射状沟纹，大多数菌系为绒状，
另一些则呈现絮状，艾绿色。反面黄色至橙色，
培养基颜色相仿或带粉红色。渗出液呈淡黄色。
低倍显微镜下分生孢子链为明确的分散柱状。分
生孢子梗大多自基质生出，也有自菌落中央气生菌丝生出者，一般（50～200）μm×
（2.2～3）μm，壁光滑，一般不分枝。帚状枝由3～4个轮生而略散开的梗基构成，（12～
20）μm×（2.2～3）μm，每个梗基上簇生6～10个略密集而平行的小梗，（8～11）μm×
（2～2.8）μm。分生孢子呈球形或近球形，直径2.2～3.2μm，光滑或近于光滑（图7-7）。
桔青霉产生桔青霉素，该毒素是一种强的肾脏毒。

（3）圆弧青霉。属于不对称青霉组，
束状青霉亚组，圆弧青霉系。菌落生长较
快，12～14d直径4.5～5cm，略带放射状皱
纹，老后或显现环纹，暗蓝绿色，在生长期
有宽1～2mm之白色边缘，质地绒状或粉粒
状，但在较幼区域为显著束状，渗出液无或
较多，色淡。反面无色或初期带黄色，继变
为橙褐色。帚状枝不对称，紧密，常具三层
分枝，长度50～60μm，上生纠缠的分生孢
子链。分生孢子梗大多（200～400）μm×
（3～3.5）μm，典型地粗糙，但也有一些菌
系近于光滑。副枝（15～30）μm×
（2.5～3.5）μm。梗基（10～15）μm×
（2.5～3.3）μm。小梗4～8个轮生，（7～

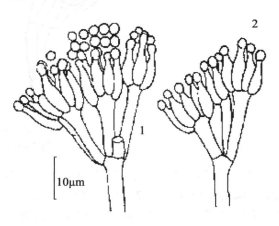

1. 帚状枝；2. 分生孢子
图7-7　桔青霉

10）μm×（2.2～2.8）μm。分生孢子大多近球形，3～4μm，光滑或略显粗糙（图7-8）。

圆弧青霉的代谢产物为圆弧偶氮酸，该毒素是一种神经毒。

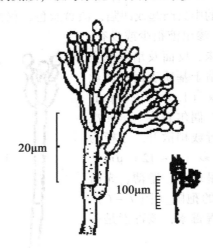

20μm

100μm

图 7 – 8　圆弧青霉的帚状枝及分生孢子链

（4）岛青霉。属于双轮对称青霉组，绳状青霉系。在察氏琼脂培养基上菌落生长局限，致密丛状，呈橙色、红色及暗绿色的混合体。反面浊橙色至红色，变至浊褐色。低倍显微镜下分生孢子链纠缠链状，分生孢子梗短，长 50 ~ 75μm，由气生菌丝或菌丝索上生出，壁光滑，帚状枝典型对称双轮生，稍短，小梗有些骤然变尖，（7 ~ 9）μm×2μm。分生孢子椭圆形，光滑，（3 ~ 3.5）μm×（2.5 ~ 3）μm（图 7 – 9）。岛青霉产生黄天精和环氯素，该毒素均为肝脏毒，能引起动物的肝损害，并能引起肝癌。

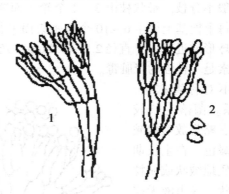

1. 帚状枝；2. 分生孢子
图 7 – 9　岛青霉

（5）展开青霉。又名荨麻青霉，属于不对称青霉组，束状青霉亚组。在察氏琼脂培养基上，菌落生长局限，12 ~ 14d 直径 2 ~ 2.5cm，大多有放射状沟纹，边缘陡峭，中央稍凸起，表面呈现粒状，有些在边缘有明显的菌丝束，有的则呈现絮状，厚密。灰绿色至亮灰色。有的菌系产生近于无色的渗出液，气味不明显。反面暗黄色渐变为橙褐色乃至红褐色，稍扩散于培养基中。帚状枝疏松散开，可具 3 ~ 4 层分枝，其大小和复杂程度差别很大，一般 40 ~ 50μm，极限 20 ~ 80μm。分生孢子链略散开，长达 50 ~ 100μm。分生孢子梗一部分单生，一部分集结成束，多弯曲，壁光滑，一般（400 ~ 520）μm×（3 ~ 4）μm。副枝散开，大多（15~20）μm×（3~3.5）μm。梗基较短，大多为（7~9）μm×（3~3.5）μm。小梗短，（4.5~6.5）μm×（2~2.5）μm，8~10个密集一簇。分生孢子椭圆形，后变为近球形，长轴2.5~3μm，光滑（图7-10）。

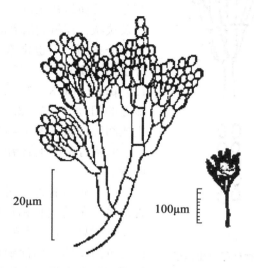

20μm　　100μm

图7-10　展开青霉的帚状枝及分生孢子链

展开青霉产生展青霉素，该毒素能引起动物中毒死亡。皮下反复注射展青霉素，可引起注射部位的肉瘤。展青霉素也是一种神经毒。

（6）纯绿青霉。属于不对称青霉组，束状青霉亚组，纯绿青霉系。菌落生长局限，12~14d 直径 2~3.5cm，亮黄绿色，有时有狭的带蓝绿色的带紧邻于白色边缘的内侧，极厚，通常为显著的粒状，老年时变为浊褐色。反面纯淡黄色至纯褐色。帚状枝正常的有三层分枝，常常副枝及梗基生在同一高度。分生孢子梗大部分直径 3.5~4.5μm，有时达 6μm，粗糙至很粗糙，小梗（7~10）μm×（2.5~3）μm。分生孢子椭圆形，达 4.5μm×3.3μm，或亚球形，直径约 3.5μm，略粗糙，成纠缠链状或不稳定的直柱状（图7-11）。

纯绿青霉产生赭曲霉毒素和桔青霉素。

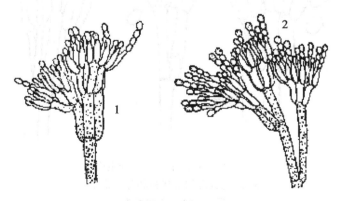

1. 帚状枝；2. 分生孢子
图7-11　纯绿青霉

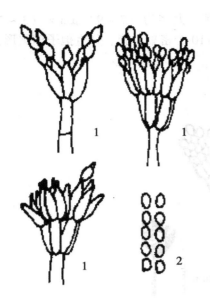

1. 帚状枝；2. 分生孢子

图 7 – 12　皱褶青霉的帚状枝和分生孢子

（7）皱褶青霉。属于对称二轮青霉组，皱褶青霉系。菌落生长局限，12 ~ 14d 直径 1.0 ~ 1.5cm，为绒毛状至一定的絮状，浓绿继变为稍灰色。反面最初无色，慢慢变为深色至橙色的点状及块状，在斜面培养时尤以边缘为然。帚状枝大部分典型，但也常常不规则。梗基长短不一，分生孢子梗光滑，直径 2.5 ~ 3μm。小梗（10 ~ 12）μm×（1.8 ~ 2）μm。分生孢子呈椭圆形，显著的粗糙，（3 ~ 3.5）μm×（2.5 ~ 3）μm，生成纠缠链状（图 7 – 12）。

皱褶青霉产生皱褶青霉素，该毒素是一种肝脏毒。

（8）产紫青霉。属于对称二轮青霉组，产紫青霉系。菌落生长稍局限，12 ~ 14d 直径 1.5 ~ 2.5cm，绒状或稍呈现絮状；孢子多，在黄色至橙红色菌丝体上为深绿色，继而变为深暗绿色。反面深红色至紫红色并扩散至培养基中。分生孢子梗多自基质生出，（100 ~ 150）μm×（2.5 ~ 3.5）μm，自气生菌丝分枝而出者则较短、光滑。帚状枝为典型的双轮对称型，紧密。梗基 5 ~ 8 个轮生，（10 ~ 14）μm×（2.5 ~ 3）μm。小梗细长，端尖，4 ~ 6 个成为紧密而平行的一簇，（10 ~ 12）μm×（2 ~ 2.5）μm。分生孢子呈椭圆形至近球形，具厚壁，大多数菌丝是粗糙的，偶尔光滑，（3 ~ 3.5）μm×（2.5 ~ 3）μm（图 7 – 13）。

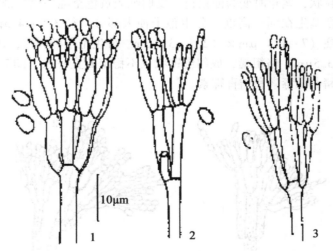

10μm

1，2. 产紫青霉的帚状枝和分生孢子；
3. 红色青霉的帚状枝和分生孢子

图 7 – 13　产紫青霉

红色青霉与产紫青霉很类似，其区别在于它的较淡的灰绿色，分生孢子光滑并为球形。

产紫青霉和红色青霉均产生红青霉毒素，该毒素为肝脏毒。

3. 镰刀菌属

本属的产毒霉菌主要包括禾谷镰刀菌、串珠镰刀菌、雪腐镰刀菌、三线镰刀菌、梨孢镰刀菌、拟枝孢镰刀菌、尖孢镰刀菌、茄病镰刀菌、木贼镰刀菌等。这些霉菌的代谢产物为单端孢霉烯族化合物、玉米赤霉烯酮和丁烯酸内酯等。

在马铃薯—葡萄糖琼脂或察氏培养基上气生菌丝发达，高 0.5 ~ 1.0cm 或较低 0.3 ~ 0.5cm，或更低为 0.1 ~ 0.2cm；稀疏的气生菌丝，甚至完全无气生菌丝而由基质菌丝直接生出粘孢层，内含大量的分生孢子，大多数种小型分生孢子通常假头状着生，较少为链状着生或者假头状和链状着生兼有。小型分生孢子生于分枝或不分枝的分生孢子梗上，形状多样，卵形、梨形、椭圆形、长椭圆形、纺锤形、披针形、柱形、锥形、逗点形、圆形等。1 ~ 3 隔，通常小型分生孢子的量较大型分生孢子为多。大型分生孢子产生在菌丝的短小爪状突起上或产生在分生孢子座上，或产生在粘孢团中；大型分生孢子形态多样，镰刀形、线形、纺锤形、披针形、柱形、腊肠形、蠕虫形、鳗鱼形、弯曲、直或近于直。顶端细胞多种形态，短啄形、锥形、钩形、线形、柱形，逐渐变窄或突然收缩。气生菌丝、子座、粘孢团、菌核可呈各种颜色，基质亦可被染成各种颜色。厚垣孢子间生或顶生，单生或多个成串或成结节状，有时也生于大型分生孢子的孢室中，无色或具有各种颜色，光滑或粗糙。

镰刀菌属的一些种，当初次分离时，只产生菌丝体，常常还需诱发产生正常的大型分生孢子以供鉴定。因此须同时接种无糖马铃薯琼脂或察氏培养基等。

（1）串珠镰刀菌。在马铃薯—葡萄糖琼脂培养基上气生菌丝呈棉絮状，蔓延，高 0.2 ~ 0.8cm，有些菌株平铺或局部低陷，试管壁或菌落中央有一定程度的绳状或束状的趋势，气生菌丝的色泽随菌株及培养基而异；白色、浅粉色、淡紫色。基质反面为较浅的黄、赭、紫红乃至蓝色，或它们之间的颜色。野生型菌株一般产孢子良好，在气生菌丝层上有一层稍稍反光的、松散的细粉就是散落成堆的孢子。某些菌株在菌落中央产生粉红色、粉红—肉桂色的黏孢团，个别菌株则为暗蓝色，黏孢团含大量的小型分生孢子及较多的大型分生孢子。

小型分生孢子呈椭圆形、纺锤形、卵形、梨形、腊肠形。透明，单细胞或有 1 ~ 2 个隔，直或稍弯 [3μm ~ 7（~14）μm] ×（2 ~ 4.8）μm，液体培养时较大为（9 ~ 18）μm ×（2.5 ~ 6）μm。小型分生孢子成串或假头状（图 7 - 14）。

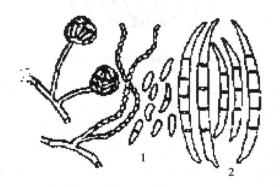

1. 小型分生孢子；2. 大型分生孢子

图 7 - 14 串珠镰刀菌

大型分生孢子为镰刀形、纺锤形、棍棒形、线形，直或稍弯。孢子两端窄细或粗细均一，或一端较锐，透明，壁薄，一般多为 3~6 隔，7 隔者罕见（见图 7-14）。3 隔的大小平均为 36μm×3μm；5 隔的大小平均为 49μm×3.1μm；6 隔的大小平均为（56~60）μm×（4.5~4.8）μm。

在马铃薯培养基上有些菌株可产生子座，呈黄色、褐色或紫色，有些菌株还可形成菌核。

子囊阶段：藤仓赤霉。

串珠镰刀菌主要寄生于禾谷类作物，如稻谷、甘蔗、玉米和高粱等，其代谢产物为串珠镰刀菌素和玉米赤霉烯酮。

（2）禾谷镰刀菌。菌株在马铃薯—葡萄糖琼脂培养基上菌丝棉絮状至丝状，生长茂盛，高度可达 5~7mm。白色，然后白—洋红色或白—砖红色，中央常遗留黄色气生菌丝区。反面深洋红色或淡砖红—赭色。菌丝分枝，有隔，透明，或浅玫瑰色，直径 1.5~5μm。一般野生型菌株在培养基上不产孢子，但在菌丝中可见膨大细胞。膨大细胞球形或卵形，单个或成串，顶生或间生，壁薄，透明，直径 6μm~12（~14）μm。大型分生孢子近镰刀形、纺锤形、披针形、稍弯，两端稍窄细，顶端细胞末端稍尖或略钝，脚孢有或无，大多数 3~5 隔，极少 1~2 隔或 6~9 隔，单个孢子无色，聚集时呈浅粉红色（图 7-15）。大型孢子 3 隔［（25~）28μm~40（~47）μm］×［（3.3~）4μm~5（~6）μm］；5 隔［（28~）30μm~55（~60）μm］×［（3.3~）4μm~5.5（~6）μm］；6~7 隔［（40~）45μm~60（~70）μm］×［（4~）4.5μm~6（~6.5）μm］。

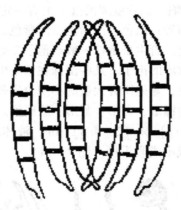

图 7-15 禾谷镰刀菌的大型分生孢子

本种无小型分生孢子，一般无厚垣孢子，如有也极少，间生。子囊阶段：玉米赤霉。

禾谷镰刀菌是赤霉病麦的主要病原菌，主要引起小麦、大麦和元麦的赤霉病，禾谷镰刀菌还可以感染玉米和水稻等，能产生 T-2 毒素，脱氧雪腐镰刀菌烯醇和玉米赤霉烯醇等。

（3）三线镰刀菌。在马铃薯—葡萄糖琼脂培养基上，气生菌丝生长茂盛，棉絮状，呈白色、洋红色、红色至紫色。小型分生孢子散生在气生菌丝中或聚成假头状，梨形或柠檬形、纺锤-近披针形或稍呈镰刀形，0~1 隔。大型分生孢子生于分生孢子梗座及气生菌丝中，镰状弯曲或椭圆形弯曲，脚孢很明显。3~5 隔。3 隔（26~38）μm×（3~4.7）μm；5 隔（34~53）μm×（3~4.8）μm。

厚垣孢子呈球形，壁光滑，间生，单生或成串（图7－16）。

本菌主要寄生于玉米和小麦的种子上，可产生T－2毒素，丁烯酸内酯，二乙酸藤草镰刀菌细醇和玉米赤霉烯酮。

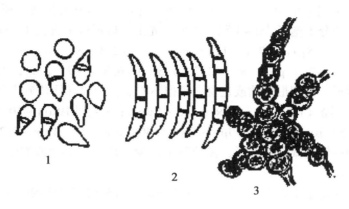

1. 小型分生孢子；2. 大型分生孢子；3. 厚垣孢子
图7－16　三线镰刀菌

（4）雪腐镰刀菌。在马铃薯—葡萄糖琼脂培养基上，菌落呈白色、浅桃红色、粉红色至杏黄色。基质稍呈浅黄色菌丝呈稀疏的棉絮状、蛛丝状。生长速度：4d后平均菌落直径超过1cm以上，在4℃低温发育良好，培养7～10d可见分生孢子。分生孢子直接产生于气生菌丝中，但在某些菌株中，分生孢子可自小的分生孢子梗座上生出，粘孢团呈鲜橙色、浅橙色，干时呈肉桂色。菌丝直径1.5～5μm，瓶状小梗（7～9）μm×（2.5～3）μm。分生孢子纺锤—镰刀形至香肠形弯曲，两端渐变窄，末端钝圆，基部无脚孢，有时呈楔状，典型的有0～3隔（图7－17）。0隔（5～8）μm×（2～4）μm；1隔（9～23）μm×（2.2～4.5）μm；3隔（13～16）μm×（2.3～4.5）μm。

本菌无厚垣孢子，子座小，透明，呈粉红至砖红色，后期变为深褐色。子囊阶段：雪腐丽赤壳。

雪腐镰刀菌在小麦、大麦和玉米等谷物上生长，可产生镰刀菌烯酮－X，需腐镰刀烯醇和二乙酸雪腐镰刀菌烯醇等有毒代谢产物。

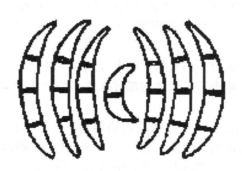

图7－17　雪腐镰刀菌的大型分生孢子

（5）梨孢镰刀菌。菌株在马铃薯—葡萄糖琼脂上，气生菌丝生长良好，蛛丝状、丝状有时带粉状，高可达 7~8mm，苍白—玫瑰色、浅粉红色—洋红色、洋红赭色。反面呈深浅不同的洋红色或浅紫洋红色。菌丝分枝，有隔，透明，直径 1.5~5μm，菌丝及分生孢子梗的分枝常对生及轮生。小型分生孢子通常假头状着生，有时短链状，分生孢子脱落后使菌丝层撒铺为细粉状。小型分生孢子球形、梨形、柠檬形、倒卵形占优势，还有椭圆形、纺锤形、窄瓜子形的小型分生孢子。0~1 隔，透明，光滑。球形孢子直径 4~8μm，其他形状的小孢子无隔，［（5~）8μm~10（~12）μm］×［（2.5~3）μm~6（~8）μm］。1 隔［（9~）12μm~20（~26）μm］×［（2.5~3）3μm~6.5（~9）μm］，大型分生孢子镰刀形、披针形、纺锤形、椭圆形弯曲或近直。脚孢不明显，少数有具乳头状突起的脚孢，2~5 隔，光滑，透明；2 隔（15~30μm）×（2.5~5μm）；3 隔［19μm~30（~35）μm］×［3.5μm~5（~5.5）μm］；5 隔［30μm~36（~40）μm］×［4μm~5.2（~6）μm］。

厚垣孢子矩圆—椭圆或似椭圆形，多数间生，少数顶生、单生或数个成串，或结节状，赭黄色（图 7-18）。

梨孢镰刀菌主要寄生于谷类，可产生 T-2 毒素、新茄病镰刀菌烯醇和丁烯酸内酯等。

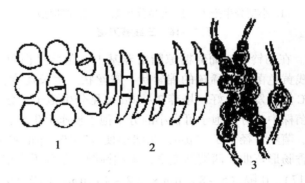

1. 小型分生孢子；2. 大型分生孢子；3. 厚垣孢子

图 7-18 梨孢镰刀菌

（6）拟枝孢镰刀菌。在马铃薯—葡萄糖琼脂培养基上，气生菌丝生长茂盛，棉絮状，表面稍呈粉状，初为白色，很快变为樱桃红色。菌落反面呈暗紫红色。小型分生孢子自分生孢子梗的假分枝（多芽产孢细胞）上形成，通常稍稀疏。小型分生孢子球形、梨形、椭圆形、近披针形或近镰刀形，0~1 隔。大型分生孢子产于气生菌丝或分生孢子梗座中，镰刀形、纺锤—镰刀形、披针形，弯曲，有脚胞，3~5 隔。3 隔（22~35）μm×（3.6~4.7）μm；5 隔（37~45）μm×（4.0~5.2）μm。

厚垣孢子间生，单个或成对，结节状或成串（图 7-19）。

本菌主要寄生于小麦、燕麦、玉米和甜瓜等作物，能产生 T-2 毒素、丁烯酸内酯和新茄病镰刀菌烯醇。

（7）木贼镰刀菌。在马铃薯—葡萄糖琼脂培养基上，气生菌丝生长较快，棉絮状，白色、乳黄色至褐色。缺乏真正的小型分生孢子。大型分生孢子纺锤—镰刀形、弧弓形、鳗状弯曲、抛物线形弯曲、双曲线弯曲或近于直，中央细胞明显膨大，顶端细胞窄细，成长刺或线状，脚胞明显，4~7 隔。3 隔（22~45）μm×（3.5~5）μm；5 隔（40~58）μm×（3.7~5）μm；7 隔（42~60）μm×（4~5.9）μm。

厚垣孢子间生于菌丝中，成串或成结节状，有极粗的疣状突起或光滑，黄褐色或透明，

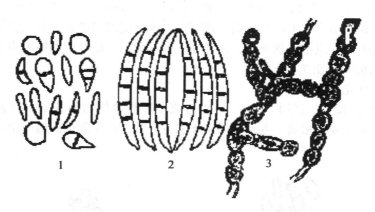

1. 小型分生孢子；2. 大型分生孢子；3. 厚垣孢子

图7-19　拟枝孢镰刀菌

单个厚垣孢子直径6~10μm（图7-20）。

子囊阶段：错综赤霉。

木贼镰刀菌主要寄生于大豆种子和幼苗、小麦、大麦和黑麦上，能产生二醋酸藨草镰刀菌烯醇、玉米赤霉烯酮、新茄病镰刀菌烯醇和丁烯酸内酯。

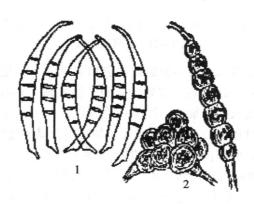

1. 大型分生孢子；2. 厚垣孢子

图7-20　木贼镰刀菌

（8）茄病镰刀菌。菌株在马铃薯—葡萄糖琼脂培养基上，气生菌丝生长良好，棉絮状、低平，或蛛丝状、稍高。在试管壁上常有编结成菌丝绳的趋势，白色、苍白—浅紫色、苍白—浅赭色、苍白—浅黄色。反面浅赭色、浅赭—暗蓝色、浅黄奶油色。气生菌丝的粘孢团有或无，如有则呈白、褐、黄、绿色或它们之间的颜色。

小型分生孢子假头状着生，椭圆形、卵圆形、长椭圆形、短腊肠形、逗点形，0~1隔，光滑，（4~15）μm×（3~5）μm［变化幅度（3~19）μm×（2~6）μm］。

大型分生孢子近镰刀形、纺锤—镰刀形、纺锤—披针形、纺锤—柱形、稍弯，极个别菌株有双曲线弯曲的大型孢子，在很大距离的长度上直径相等，顶端细胞短，稍窄细或变钝，脚孢有或无。大型分生孢子壁显著厚，2~7隔，以3隔居多。3隔［17μm~44（~52）μm］×［4μm~5（~7）μm］；4~5隔　［35μm~55（~60）μm］×［4.5μm~5.5

（~7）μm］；6~7隔　［45μm~65（~70）μm］×［5μm~6.5（~7.2）μm］。

厚垣孢子在察氏培养基上产生，顶生或间生，单细胞或双细胞，有较少数的菌株则呈短链或结节状，表面光滑或小疣状突起，浅黄赭色，或无色，单细胞的厚垣孢子通常圆形或椭圆形，直径7~16μm（图7-21）。

子囊阶段：红壳赤壳。

茄病镰刀菌可引起蚕豆的枯萎病，还可造成多种栽培作物如花生、甜茶、马铃薯、番茄、芝麻、玉米和小麦的根腐、茎腐和果实干腐等，并能产生新茄病镰刀菌烯醇和玉米赤霉烯酮。

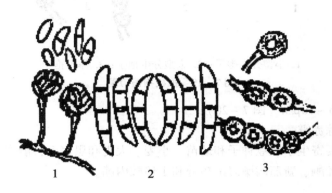

1. 小型分生孢子；2. 大型分生孢子；3. 厚垣孢子

图7-21　茄病镰刀菌

（9）尖孢镰刀菌。菌株在马铃薯—葡萄糖琼脂培养基上，气生菌丝生长良好，棉絮状或蛛丝状，通常白色、苍白—玫瑰色、浅奶油黄色、浅玫瑰—赤红色、浅紫或苍白—浅紫色。反面无色、浅赭色或微灰—浅紫色、浅赭—玫瑰色。气生菌丝有或无编结成绳状的趋势，在气生菌丝上的粘孢团有或无，菌核有或无，如有则为绿—蓝黑色或其他色。气生菌丝有隔，分枝，透明，直径1.5~5μm。小型分生孢子生于气生菌丝中，假头状着生，或生于粘孢团中。小型分生孢子形状可以是椭圆形、纺锤—椭圆形、近柱形、窄腊肠形、逗点形、拟肾形、卵形，具0~1隔，光滑，［（4~）6μm~14（~18）μm］×［（1.8~）2μm~3（~3.5）μm］。大型分生孢子纺锤形、镰刀形、椭圆形弯曲、纺锤—柱形、稍弯，顶端细胞较长，逐渐窄细、稍尖、很尖或稍窄钝，脚胞有或无，孢壁薄，有1~5隔，有的多达7隔。3隔［（16~）23μm~45（~50）μm］×［（2~）2.5μm~3.5（~4.5）μm］；5隔［（22~）30μm~40（~55）μm］×［（2.2~）3μm~4（~4.8）μm］；6~7隔［（45~）50μm~55（~60）μm］×［（3~4（~4.8）μm］。

菌丝中的厚垣孢子顶生或间生，单细胞或双细胞，光滑或粗糙或有疣状突起，单细胞的厚垣孢子圆形或椭圆形，直径5~16μm（图7-22）。

尖孢镰刀菌可寄生于玉米、小麦和大麦的种子上，可产生玉米赤霉烯酮和T-2毒素。

4. 木霉属

木霉生长迅速，菌落棉絮状或致密丛束状，产孢丛束区常排列成同心轮纹，菌落表面颜色为不同程度的绿色，有些菌株由于产孢子不良几乎白色。菌落反面无色或有色，气味有或无，菌丝透明，有隔，分枝繁复。厚垣孢子有或无，间生于菌丝中或顶生于菌丝短侧分枝

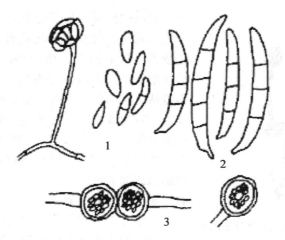

1. 小分生孢子和假头状着生；2. 大分生孢子；3. 厚垣孢子

图7－22　尖孢镰刀菌

上，球形、椭圆形，无色，壁光滑。分生孢子梗为菌丝的短侧枝，其上对生或互生分枝，分枝上又可继续分枝，形成二级、三级分枝，终而形成似松柏式的分枝轮廓，分枝角度为锐角或几乎直角，束生、对生、互生或单生瓶状小梗。分枝的末端即为小梗，但有的菌株主梗的末端为一鞭状而弯曲不孕菌丝。分生孢子由小梗相继生出而靠黏液把它们聚成球形或近球形的孢子头，有时几个孢子头汇成一个大的孢子头。分生孢子近球形或椭圆形、圆筒形、倒卵形等，壁光滑或粗糙，透明或亮黄绿色（图7－23）。

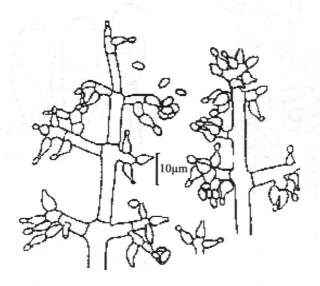

图7－23　木霉的分生孢子梗、小梗和分生孢子

木霉产生木霉素，属于单端孢霉烯族化合物。

5. 头孢霉属

在合成培养基及马铃薯—葡萄糖琼脂培养基上各个种的菌落类型不一，有些种缺乏气生菌丝，湿润或呈细菌状菌落，有些种气生菌丝发达，呈茸毛状或絮状菌落，或有明显的绳状

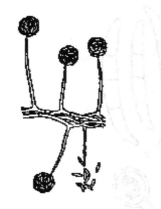

图7-24　顶孢头孢霉的分生头及分生孢子

菌丝索或孢梗束。菌落的色泽可由粉红至深红，白、灰色或黄色。营养菌丝丝状有隔，分枝，无色或鲜色或者在少数情况下由于盛产厚垣孢子而呈暗色。菌丝常编结成绳状或孢梗束。分生孢子梗很短，大多数从气生菌丝上生出，基部稍膨大，呈瓶状结构，互生、对生或轮生。分生孢子从瓶状小梗顶端溢出后推至侧旁，靠黏液把它们粘成假头状，遇水即散开，成熟的孢子近圆形、卵形、椭圆形或圆柱形，单细胞或偶而有一隔，透明（图7-24）。有些种具有性阶段可形成子囊壳。

头孢霉能引起芹菜、大豆和甘蔗等的植物病害，它所产生的毒素属于单端孢霉烯族化合物。

6. 单端孢霉属

本属菌落薄，絮状蔓延，分生孢子梗直立，有隔，不分枝，分生孢子2~4室。透明或浅粉红色，分生孢子是以向基式连续形成的形式产生的。孢子靠着生痕彼此连接成串，分生孢子梨形或倒卵形，两胞室的孢子上胞室较大，下胞室基端明显收缩变细，着生痕在基端或其一侧（图7-25）。

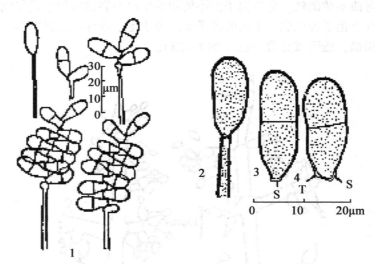

1. 分生孢子与孢子的形成顺序；2. 分生孢梗的第一个孢子的形成；3. 脱落的第一个分生孢子（S处指着生脐）；4. 后来形成的（非第一个）分生孢子，T处指与隔邻孢子相接触处的加厚部

图7-25　粉红单端孢霉

该类菌能产生单端孢霉素，属于有毒性的单端孢霉烯族化合物。

7. 葡萄状穗霉属

葡萄状穗霉菌丝匍匐、蔓延，有隔，分枝，透明或稍有色。分生孢子梗从菌丝直立生出，最初透明然后烟褐色，规则地互生分枝或不规则分枝，每个分枝的末端生瓶状小梗，透明或浅褐色，在分枝末端单生、两个对生至数个轮生。分生孢子单个地生在瓶状小梗的末

端，椭圆形、近柱形或卵形，暗褐色，有刺状突起
（图7-26）。

该菌产生黑葡萄状穗霉毒素，属于单端孢霉烯族化
合物，能使牲畜特别是马中毒，症状是口腔、鼻腔黏膜
溃烂，颗粒性白细胞减少，死亡。接触有毒草料的人，
出现皮肤炎、咽峡炎、血性鼻炎。

8. 交链孢霉属

交链孢霉的不育菌丝葡萄，分隔。分生孢子梗单生
或成簇，大多不分枝，较短，与营养菌丝几乎无区别。
分生孢子倒棒状，顶端延长成喙状，淡褐色，有壁砖状
分隔，暗褐色，成链生长，孢子的形态及大小极不规律
（图7-27）。

该菌能产生7种细胞毒素。

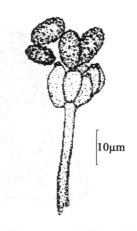

图7-26　黑葡萄状穗霉

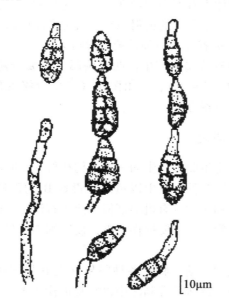

图7-27　交链孢霉的分生孢子链

9. 节菱孢属

在马铃薯—葡萄糖琼脂培养基上，菌落生长蔓延，5~6d 直径达 9cm，白色或略带黄色
絮状，背面（基质菌丝）微黄至深褐。有的菌落中间呈褐色，背面黑褐色，有的菌落带粉
红色，有的菌丝较稀疏，并具有大量黑色孢子团。分生孢子梗从母细胞垂直于菌丝而生出，
分生孢子顶生或侧生。孢子褐色，光滑。双凸镜形、正面直径 6.8~13.3μm，有的菌株具
有腊肠形孢子，褐色、光滑、大小为（10.6~14.7）μm×（4.0~5.3）μm（图7-28）。

二、霉菌毒素的测定

霉菌毒素是毒性很强的霉菌次级代谢产物，通常一种霉菌能产生一种或多种次级代谢产
物，而同种霉菌毒素又可由不同的霉菌产生。迄今为止已经有超过 300 种霉菌毒素被分离和

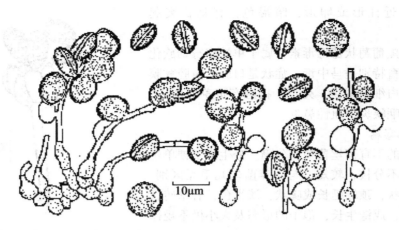

10μm

图 7 – 28　节菱孢霉的分生孢子链

鉴定出来，这些毒素在动物体内有不同的毒性、代谢途径和靶器官。霉菌毒素造成的危害是一个全球性的问题，存在于几乎所有的饲料原料和人类食品原料中。根据联合国粮农组织报道，世界上每年大约有 25% 的谷物被各种霉菌毒素污染。

霉菌毒素主要是由 4 种霉菌属所产生：曲霉菌属（主要分泌黄曲霉毒素、赭曲霉毒素等）、青霉菌属（主要分泌桔霉素等）、麦角菌属（主要分泌麦角毒素）、梭菌属（主要分泌呕吐毒素、玉米赤霉烯酮毒素等）。

（一）黄曲霉毒素的测定

黄曲霉毒素是黄曲霉和寄生曲霉产生的一类结构相似的二呋喃香豆素的代谢混合物，包括 B_1、B_2、G_1、G_2、M_1、M_2 等 17 种，其中以黄曲霉毒素 B_1 的毒性最强。黄曲霉毒素难溶于水，易溶于油、甲醇、丙酮和氯仿等有机溶剂但不溶于石油醚、己烷和乙醇中。黄曲霉毒素非常稳定，耐热，其毒性非常强，主要损伤肝脏，使肝细胞坏死、出血，是目前所知致癌性最强的化学物质之一。

黄曲霉毒素常存在于土壤、动植物、各种坚果（尤其是核桃、花生）中，在大豆、玉米、稻谷、奶制品、食用油、调味品等制品中也经常被检测出。

以下就食品中黄曲霉毒素的免疫亲和层析净化—高效液相色谱法和层析净化—荧光光度法两种测定方法进行介绍。该测定方法适用于玉米、花生及其制品（花生酱、花生仁、花生米）、大米、小麦、植物油脂、酱油、食醋等食品中黄曲霉毒素的测定。

样品中黄曲霉毒素的检出限：免疫亲和层析净化—高效液相色谱法测定黄曲霉毒素 B_1 以及黄曲霉毒素 B_1、B_2、G_1、G_2 总量检出限为 $1\mu g/kg$。免疫亲和层析净化—荧光光度法测定黄曲霉毒素 B_1、B_2、G_1、G_2 总量检出限为 $1\mu g/kg$，酱油样品中黄曲霉毒素检出限为 $2.5\mu g/kg$。

1. 免疫亲和层析净化高效液相色谱法

（1）方法提要。试样经过甲醇—水提取，提取液经过滤、稀释后，滤液经过含有黄曲霉毒素特异抗体的免疫亲和层析净化，此抗体对黄曲霉毒素 B_1、B_2、G_1、G_2 具有专一性，黄曲霉毒素交联在层析介质中的抗体上。用水或吐温 –20/PBS 将免疫亲和柱上杂质除去，以甲醇通过免疫亲和层析柱洗脱，洗脱液通过带荧光检测器的高效液相色谱仪柱后碘溶液的衍生测定黄曲霉毒素的含量。

（2）试剂和溶液。除非另有规定，仅使用分析纯试剂、重蒸馏水。甲醇（CH_3OH）：色谱纯；甲醇—水（70＋30）：取70ml甲醇加30ml水；甲醇—水（80＋20）：取80ml甲醇加20ml水；甲醇—水（45＋55）：取45ml甲醇加55ml水；苯：色谱纯；乙腈：色谱纯；苯—乙腈（98＋2）：取2ml乙腈加98ml苯；氯化钠（NaCl）；磷酸氢二钠（Na_2HPO_4）；磷酸二氢钾（KH_2PO_4）；氯化钾（KCl）；PBS缓冲溶液：称取8.0g氯化钠，1.2g磷酸氢二钠，0.2g磷酸二氢钾，0.2g氯化钾，用990ml纯水溶解，然后用浓盐酸调节pH值至7.0，最后用纯水稀释至1 000ml；吐温 – 20/PBS溶液（0.1%）：取1ml吐温 – 20，加入PBS缓冲溶液并定容至1 000ml；pH值7.0磷酸盐缓冲溶液：取25.0ml 0.2mol/L的磷酸二氢钾溶液与29.1ml 0.1mol/L的氢氧化钠溶液混匀后，稀释到100ml；黄曲霉毒素标准品（黄曲霉毒素B_1、B_2、G_1、G_2）：纯度≥99%；黄曲霉毒素标准贮备溶液：用苯—乙腈（98＋2）溶液分别配制0.100mg/ml的黄曲霉毒素B_1、B_2、G_1、G_2标准贮备液，保存于4℃备用；黄曲霉毒素混合标准工作液：准确移取适量的黄曲霉毒素B_1、B_2、G_1、G_2标准贮备液，用苯—乙腈（98＋2）溶液稀释成混合标准工作液；柱后衍生溶液（0.05%碘溶液）：称取0.1g碘，溶解于20ml甲醇后，加纯水定容至200ml，以0.45μm的尼龙滤膜过滤，4℃避光保存。

（3）仪器和设备。高速均质器：18 000～220 000r/min；黄曲霉毒素免疫亲和柱；玻璃纤维滤纸：直径11cm，孔径1.5μm；玻璃注射器：10ml，20ml；玻璃试管：直径12mm，长75mm，无荧光特性；高效液相色谱仪：具有360nm激发波长和大于420nm发射波长的荧光检测器；空气压力泵；微量注射器：100μl；色谱柱：C_{18}柱（柱长150mm，内径4.6mm，填料直径5μm）。

（4）分析步骤。

①提取。

A. 大米、玉米、小麦、花生及其制品。准确称取经过磨细（粒度小于2mm）的试样25.0g于250ml具塞锥形瓶中，加入5.0g氯化钠及甲醇—水（70＋30）至125.0ml（V_1），以均质器高速搅拌提取2min。定量滤纸过滤，准确移取15.0ml（V_2）滤液并加入30.0ml（V_3）水稀释，用玻璃纤维滤纸过滤1～2次，至滤液澄清，备用。

B. 植物油脂。准确称取试样25.0g于250ml具塞锥形瓶中，加入5.0g氯化钠及加入甲醇—水（70＋30）至125.0ml（V_1），以均质器高速搅拌提取2min。定量滤纸过滤，准确移取15.0ml（V_2）滤液并加入30.0ml（V_3）水稀释，用玻璃纤维滤纸过滤1～2次，至滤液澄清，备用。

C. 酱油。称取试样50.0g于250.0ml具塞锥形瓶中，加入2.5g氯化钠及加入甲醇—水（80＋20）至100.0ml（V_1），以均质器高速搅拌提取1min。定量滤纸过滤，准确移取10.0ml（V_2）滤液并加入40.0ml（V_3）水稀释，用玻璃纤维滤纸过滤1～2次，至滤液澄清，备用。

D. 食醋。准确称取5.0g样品，加入1.0g氯化钠，以pH值7.0磷酸盐缓冲溶液稀释至25.0ml（V_1），混匀，定量滤纸过滤。取10.0ml（V_2）滤液加入10.0ml（V_3）缓冲液，混匀。以玻璃纤维滤纸过滤1～2次，至滤液澄清，备用。

②净化。

A. 大米、玉米、小麦、花生及其制品、植物油脂。将免疫亲和柱连接于20.0ml玻璃注射器下。准确移取15.0ml（V_4）样品提取液注入玻璃注射器中，将空气压力泵与玻璃注射器连接，调节压力使溶液以约6ml/min流速缓慢通过免疫亲和柱。以10.0ml水淋洗柱子2次，弃去全部流出液，并使2~3ml空气通过柱体。准确加入1.0ml（V）色谱级甲醇洗脱，流速为1~2ml/min，收集全部洗脱液于玻璃试管中，供检测用。

B. 酱油。将免疫亲和柱连接于10.0ml玻璃注射器下。准确移取10ml（V_4）酱油样品提取液注入玻璃注射器中，将空气压力泵与玻璃注射器连接，调节压力使溶液以约6ml/min流速缓慢通过免疫亲和柱。用10.0ml 0.1%的吐温-20/PBS溶液清洗，再以10.0ml水清洗柱子2次，弃去全部流出液，并使2~3ml空气通过柱体。准确加入1.0ml（V）色谱级甲醇洗脱，流速为1~2ml/min，收集全部洗脱液于玻璃试管中，供检测用。

C. 食醋。将免疫亲和柱连接于10.0ml玻璃注射器下。准确移取10.0ml（V_4）食醋样品提取液注入玻璃注射器中，将空气压力泵与玻璃注射器连接，调节压力使溶液以约6ml/min流速缓慢通过免疫亲和柱，用10ml 0.1%的吐温-20/PBS溶液溶液清洗，再以10.0ml水清洗柱子2次，弃去全部流出液，并使2~3ml空气通过柱体。准确加入1.0ml（V）色谱级甲醇洗脱，流速为1~2ml/min，收集全部洗脱液于玻璃试管中，供检测用。

③测定。

A. 高效液相色谱条件。流动相：甲醇—水（45+55）；流速：0.8ml/min；柱后衍生化系统衍生溶液：0.05%碘溶液；衍生溶液流速：0.2ml/min；反应管温度：70℃；反应时间：1min。

B. 定量。用进样器吸取100μl配制好的黄曲霉毒素标准工作液注入高效液相色谱仪，在上述色谱条件下测定标准溶液的响应值（峰高或峰面积），得到黄曲霉毒素B_1、B_2、G_1、G_2标准溶液高效液相色谱图。参考图谱见图7-29。

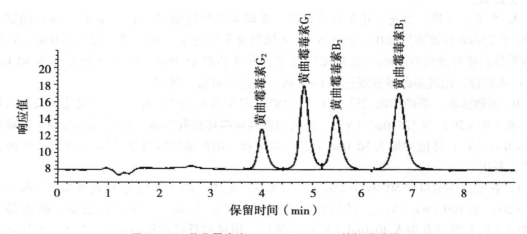

图7-29 黄曲霉毒素B_1、B_2、G_1、G_2的标准谱图

取样品洗脱液1.0ml加入重蒸馏水定容至2.0ml，用进样器吸取100μl注入高效液相色谱仪，在上述色谱条件下测定试样的响应值（峰高或峰面积）。经过与黄曲霉毒素标准溶液谱图比较响应值得到试样中黄曲霉毒素B_1、B_2、G_1和G_2的浓度c。

④空白试验。用水代替试样，按提取、净化、测定步骤做空白试验。

⑤结果计算。样品中黄曲霉毒素 B_1、B_2、G_1、G_2 的含量（X_1）以 μg/kg 表示，按式（7－1）计算：

$$X_1 = \frac{(c_1 - c_0) \cdot V}{W} \qquad (7-1)$$

其中：

$$W = \frac{m}{V_1} \times \frac{V_2}{(V_2 + V_3)} \times V_4 \qquad (7-2)$$

式中：X_1——样品中黄曲霉毒素 B_1、B_2、G_1 或 G_2 的含量，μg/kg；

　　　　c_1——试样中黄曲霉毒素 B_1、B_2、G_1 或 G_2 的含量，μg/L；

　　　　c_0——空白试验黄曲霉毒素 B_1、B_2、G_1 或 G_2 的含量，μg/L；

　　　　V——最终甲醇洗脱液体积，ml；

　　　　W——最终净化洗脱液所含的试样质量，g；

　　　　m——试样称取的质量的数值，g；

　　　　V_1——样品和提取液总体积，ml；

　　　　V_2——稀释用样品滤液体积，ml；

　　　　V_3——稀释液体积，ml；

　　　　V_4——通过亲和柱的样品提取液体积，ml。

黄曲霉毒素总量为 B_1、B_2、G_1、G_2 浓度之和，即 $B_1 + B_2 + G_1 + G_2$。

计算结果精确到小数点后两位。

2. 免疫亲和层析净化荧光光度法

（1）方法提要。试样经过甲醇—水提取，提取液经过滤、稀释后，滤液经过含有黄曲霉毒素特异抗体的免疫亲和层析净化，此抗体对黄曲霉毒素 B_1、B_2、G_1、G_2 具有专一性，黄曲霉毒素交联在层析介质中的抗体上。用蒸馏水将免疫亲和柱上杂质除去，以甲醇通过免疫亲和层析柱洗脱，加入溴溶液衍生，以提高测定灵敏度。洗脱液通过荧光光度计测定黄曲霉毒素（黄曲霉毒素 $B_1 + B_2 + G_1 + G_2$）总量。

（2）试剂和溶液。除非另有规定，仅使用分析纯试剂、重蒸馏水。甲醇（CH_3OH）：色谱纯；甲醇—水（70＋30）：取 70ml 甲醇加 30ml 水；甲醇—水（80＋20）：取 80ml 甲醇加 20ml 水；氯化钠（NaCl）；磷酸氢二钠（Na_2HPO_4）；磷酸二氢钾（KH_2PO_4）；氯化钾（KCl）；溴溶液储备液（0.01%）：称取适量溴，溶于水，配成 0.01% 的储备液，4℃ 避光保存；溴溶液工作液（0.002%）：取 10ml 0.01% 的溴溶液加入 40ml 水混匀，于棕色瓶中保存备用。需每次使用前配制；二水硫酸奎宁（$C_{20}H_{24}N_2O_2 \cdot H_2SO_4 \cdot 2H_2O$）；硫酸溶液（0.05mol/L）：取 2.8ml 浓硫酸，缓慢加入适量水中，冷却后定容至 1 000ml；荧光光度计校准溶液：称取 3.40g 硫酸奎宁（$C_{20}H_{24}N_2O_2 \cdot H_2SO_4 \cdot 2H_2O$）用 0.05mol/L 硫酸溶液稀释至 100ml，此溶液荧光光度计读数相当于 20μg/L 黄曲霉毒素标准溶液。

（3）仪器和设备。荧光光度计；高速均质器：1 8000～22 000r/min；黄曲霉毒素免疫亲和柱；玻璃纤维滤纸：直径 11cm，孔径 1.5μm；玻璃注射器：10ml，20ml；玻璃试管：直径 12mm，长 75mm，无荧光特性；空气压力泵。

（4）分析步骤。

①提取。同免疫亲和层析净化高效液相色谱法中的提取方法。

②净化。同免疫亲和层析净化高效液相色谱法中的净化方法。

③测定。

A. 荧光光度计校准。在激发波长360nm，发射波长450nm条件下，以0.05mol/L硫酸溶液为空白，调节荧光光度计的读数值为0.0μg/L；以荧光光度计校准溶液调节荧光光度计的读数值为20.0μg/L。

B. 样液测定。取上述净化后的甲醇洗脱液加入1.0ml 0.002%溴溶液，混匀，静置1min，按A中荧光光度计校准条件进行操作，于荧光光度计中读取样液中黄曲霉毒素（$B_1 + B_2 + G_1 + G_2$）的浓度 c（μg/L）。

④空白试验。用水代替试样，按提取、净化、测定步骤做空白试验。

⑤结果计算。样品中黄曲霉毒素（$B_1 + B_2 + G_1 + G_2$）的含量（X_2）以μg/kg表示，按式（7-3）计算：

$$X_2 = \frac{(c_2 - c_0) \cdot V}{W} \tag{7-3}$$

其中：

$$W = \frac{m}{V_1} \times \frac{V_2}{(V_2 + V_3)} \times V_4 \tag{7-4}$$

式中：X_2——样品中黄曲霉毒素（$B_1 + B_2 + G_1 + G_2$）含量，μg/kg；

c_2——试样中黄曲霉毒素（$B_1 + B_2 + G_1 + G_2$）的含量，μg/L；

c_0——空白试验黄曲霉毒素（$B_1 + B_2 + G_1 + G_2$）的含量，μg/L；

V——最终甲醇洗脱液体积，ml；

W——最终净化洗脱液所含的试样质量，g；

m——试样称取的质量的数值，g；

V_1——样品和提取液总体积，ml；

V_2——稀释用样品滤液体积，ml；

V_3——稀释液体积，ml；

V_4——通过亲和柱的样品提取液体积，ml。

计算结果精确到小数点后一位。

（二）赭曲霉毒素的检测

赭曲霉毒素是一种肾脏毒素，肝脏毒素，并具有致畸、致癌、致突变和免疫抑制作用的真菌毒素。是继黄曲霉毒素后又一个引起世界广泛关注的霉菌毒素。它是由赭曲霉属和几种青霉属真菌产生的一组重要的、污染食品的真菌毒素。赭曲霉毒素是包括A、B、C等7种结构类似的化合物，其中毒性最大、分布最广、产毒量最高、对农产品的污染最重、与人类健康关系最密切的是赭曲霉毒素A。

赭曲霉毒素对农作物的污染比较严重，广泛存在于谷类、豆类、花生、香料、干果和咖啡豆中，在饮料（啤酒、葡萄酒和葡萄汁）中也已经检测到。赭曲霉毒素A的检测方法很多，有液相色谱—荧光检测法、液相—质谱联用法、酶联免疫吸附法、免疫亲和层析净化高效液相色谱法、毛细管电泳—二极管阵列检测法和薄层色谱测定法。以下以免疫亲和层析净化高效液相色谱法对赭曲霉毒素A的检测进行介绍。

该方法适用于粮食和粮食制品、酒类、酱油、醋、酱及酱制品中赭曲霉毒素 A 含量的测定。

样品中赭曲霉毒素 A 的检出限：粮食和粮食制品的检出限为 1.0μg/kg，酒类的检出限为 0.1μg/kg，酱油、醋、酱及酱制品的检出限为 0.5μg/kg。

1. 方法提要

用提取液提取试样中的赭曲霉毒素 A，经免疫亲和柱净化后，用高效液相色谱荧光检测器测定，外标法定量。

2. 试剂和溶液

除非另有规定，所用试剂均为分析纯，水为符合国标规定的一级水。甲醇：色谱纯；乙腈：色谱纯；冰乙酸：色谱纯；提取液 1：甲醇—水（80＋20）；提取液 2：称取 150g 氯化钠、20g 碳酸氢钠溶于 950ml 水中，加水定容至 1L；冲洗液：称取 25g 氯化钠、5g 碳酸氢钠溶于 950ml 水中，加水定容至 1L；真菌毒素清洗缓冲液：称取 25.0g 氯化钠、5.0g 碳酸氢钠溶于水中，加入 0.1ml 吐温 －20，用水稀释至 1L；赭曲霉毒素 A 标准品：纯度≥98%；赭曲霉毒素 A 标准储备液：准确称取一定量的赭曲霉毒素 A 标准品，用甲醇＋乙腈（1＋1）溶解，配成 0.1mg/ml 的标准储备液，在 －20℃保存，可使用 3 个月；赭曲霉毒素 A 标准工作液：根据使用需要，准备吸取一定量的赭曲霉毒素 A 储备液，用流动相稀释，分别配成相当于 1ng/ml、5ng/ml、10ng/ml、20ng/ml、50ng/ml 的标准工作液，4℃保存，可使用 7d；赭曲霉毒素 A 免疫亲和柱；玻璃纤维滤纸：直径 11cm，孔径 1.5μm，无荧光特性。

3. 仪器和设备

天平：感量 0.001g；高效液相色谱仪：配有荧光检测器；均质器：转速大于 10 000r/min；高速万能粉碎机：转速 10 000r/min；玻璃注射器：10ml；试验筛：1mm 孔径；空气压力泵；超声波发生器：功率大于 180W。

4. 分析步骤

（1）试样的制备与提取。

①粮食和粮食制品。将样品研磨，硬质的粮食等用高速万能粉碎机研细并通过孔径为 1mm 试验筛，不要磨成粉末，称取 20g（精确到 0.01g）磨碎的试样于 100ml 容量瓶中，加入 5g 氯化钠，用甲醇—水（80＋20）的提取液 1 定容至刻度，混匀，转移至均质杯中，高速搅拌提取 2min。定量滤纸过滤，移取 10.0ml 滤液于 50ml 容量瓶中，加水定容至刻度，混匀，用玻璃纤维滤纸过滤至滤液澄清，收集滤液 A 于干净的容器中。

②酒类。取脱气酒类试样（含 CO_2 的酒类样品使用前先置于 4℃冰箱冷藏 30min，过滤或超声脱气）或其他不含 CO_2 的酒类试样 20g（精确到 0.01g），置于 25ml 容量瓶中，加提取液 2 定容至刻度，混匀，用玻璃纤维滤纸过滤至滤液澄清，收集滤液 B 于干净的容器中。

③酱油、醋、酱及酱制品。称取 25g（精确到 0.01g）混匀的试样，用提取液 1 定容至 50.0ml，超声提取 5min。定量滤纸过滤，移取 10.0ml 滤液于 50ml 容量瓶中，加水定容至刻度，混匀，用玻璃纤维滤纸过滤至滤液澄清，收集滤液 C 于干净的容器中。

（2）净化。

①粮食和粮食制品。将免疫亲和柱连接于 10ml 玻璃注射器下，准确移取前述滤液 A 10.0ml，注入玻璃注射器中，将空气压力泵与玻璃注射器连接，调节压力，使溶液以约 1 滴/s 的流速通过免疫亲和柱，直至空气进入亲和柱中，依次用 10ml 真菌毒素清洗缓冲液、

10ml 水淋洗免疫亲和柱，流速通常为 1~2 滴/s，弃去全部流出液，抽干小柱。

②酒类。将免疫亲和柱连接于 10ml 玻璃注射器下，准确移取前述滤液 B 10.0ml，注入玻璃注射器中。将空气压力泵与玻璃注射器连接，调节压力，使溶液以约 1 滴/s 的流速通过免疫亲和柱，直至空气进入亲和柱中，依次用 10ml 冲洗液、10ml 水淋洗免疫亲和柱，流速通常为 1~2 滴/s，弃去全部流出液，抽干小柱。

③酱油、醋、酱及酱制品。将免疫亲和柱连接于 10ml 玻璃注射器下，准确移取前述滤液 C 10.0ml，注入玻璃注射器中。将空气压力泵与玻璃注射器连接，调节压力，使溶液以约 1 滴/s 的流速通过免疫亲和柱，直至空气进入亲和柱中，依次用 10ml 真菌毒素清洗缓冲液、10ml 水淋洗免疫亲和柱，流速通常为 1~2 滴/s，弃去全部流出液，抽干小柱。

（3）洗脱。准确加入 1.0ml 甲醇洗脱，流速约为 1 滴/s，收集全部洗脱液于干净的玻璃试管中，用甲醇定容至 1ml，供 HPLC 测定。

（4）高效液相色谱参考条件。色谱柱：C_{18} 柱，5μm，150mm×4.6mm 或相当者；流动相：乙腈 + 水 + 冰乙酸（99 + 99 + 2）；流速：0.9ml/min；柱温：35℃；进样量：10~100μl；检测波长：激发波长 333nm，发射波长 477nm。

（5）定量测定。以赭曲霉毒素 A 标准工作溶液浓度为横坐标，以峰面积积分值为纵坐标，绘制标准工作曲线，用标准工作曲线对试样进行定量，标准工作溶液和试样溶液中赭曲霉毒素 A 的响应值均应在仪器检测线性范围内。在上述色谱条件下，赭曲霉毒素 A 标准色谱图参见图 7-30。

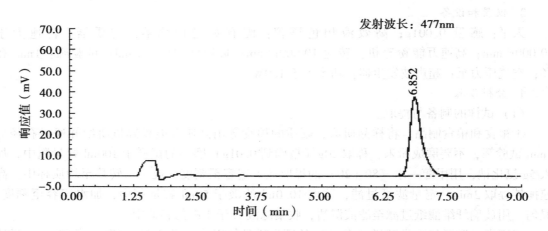

图 7-30　赭曲霉毒素 A 标准品液相色谱

（6）空白试验。除不加试样外，空白试验应与测定平行进行，并采用相同的分析步骤。

（7）平行试样。按以上步骤，对同一试样进行平行试验测定。

5. 结果计算

试样中赭曲霉毒素 A 的含量按式（7-5）计算：

$$X = \frac{(c_1 - c_0) \times V \times 1\,000}{m \times 1\,000} \times f \tag{7-5}$$

式中：X—— 试样中赭曲霉毒素 A 的含量，μg/kg；

c_1——试样溶液中赭曲霉毒素 A 的浓度，ng/ml；

c_0——空白试样溶液赭黄曲霉毒素 A 的浓度，ng/ml；

V——甲醇洗脱液体积，ml；

m——试样的质量，g；

f——稀释倍数。

检测结果以两次测定值的算术平均值表示。计算结果精确到小数点后 1 位。

6. 回收率

添加浓度在 $1.0 \sim 10.0\mu g/kg$ 时，回收率在 $70\% \sim 100\%$。

7. 重复性

在重复性条件下，获得的赭曲霉毒素 A 的两次独立测试结果的绝对差值不大于其算术平均值的 10%。

思考题

1. 如何进行霉菌和酵母菌的计数？
2. 常见产毒霉菌主要存在于哪几个属中？各属的形态特征是什么？
3. 常见产毒霉菌怎样鉴定？
4. 黄曲霉毒素容易造成哪些食品的污染？请简述两种测定黄曲霉毒素的方法。

第八章 其他检验项目

学习目标

1. 了解罐头食品的微生物污染来源和引起罐头食品腐败变质的微生物，掌握罐头食品的商业无菌检验技术。
2. 掌握食品中乳酸菌的检验技术。
3. 熟悉食品中双歧杆菌、亚硫酸盐还原梭状芽孢杆菌、破伤风梭菌等厌氧菌的检验技术。
4. 了解食品中常见腐败菌的检验。
5. 掌握发酵酒微生物检验技术。
6. 掌握鲜乳中抗生素残留量检验技术。

第一节 罐头食品商业无菌的检验

一、罐头食品中的微生物

罐头食品是将食品原料经一系列处理后，再装入容器，经密封、杀菌而制成的一种特殊形式保藏的食品。罐头食品经密封、加热杀菌等处理后，其中的微生物几乎均被灭活，而外界微生物又无法进入罐内，同时容器内的大部分空气已被抽除，食品中多种营养成分不被氧化，从而使这种食品可保存较长时间而不变质。但杀菌不彻底导致罐头内残留有微生物或杀菌后发生漏罐等都会引起罐头食品的变质。

罐头食品由于微生物作用而造成的腐败变质，可分为嗜热芽孢细菌、中温芽孢细菌、不产芽孢细菌、酵母菌、霉菌等引起的腐败变质。

（一）嗜热芽孢细菌引起的腐败变质

发生这类变质大多数是由于杀菌温度不够造成的，通常发生 3 种主要类型的腐败变质现象。

1. 平酸腐败

平酸腐败也叫平盖酸败，变质的罐头外观正常，内容物却已变质。呈轻重不同的酸味，pH 值可下降 0.1 ~ 0.3。导致平酸腐败的微生物习惯上称为平酸菌，大多数是兼性厌氧菌。例如，嗜热脂肪芽孢杆菌（*bacillus stearothermophilus*），耐热性很强，能在 49 ~ 55℃温度中生长，最高生长温度 65℃，一般 pH 值 6.8 ~ 7.2 的条件下生长良好，当 pH 值接近 5 时不能生长。因此，这种菌只能在 pH 值 5 以上的罐头中生长。另一类细菌是凝结芽孢杆菌（*Bacillus cogulans*），它是肉类和蔬菜罐头腐败变质的常见菌，它的最高生长温度是 54 ~ 60℃，该菌的突出特点是能在 pH 值 4.0 或酸性更低的介质中生长，所以又称为嗜热酸芽孢杆菌，在酸性罐头，如番茄汁或番茄酱罐头腐败变质时常见此菌。

平酸腐败无法通过不开罐检查发现，必须通过开罐检查或细菌分离培养才能确定。平酸菌在自然界分布很广，糖、面粉、香辛料等辅料常常是平酸菌的污染来源。平酸菌中除有专性嗜热菌外，还有兼性嗜热菌和中温菌。

2. TA 菌腐败

TA 菌是不产硫化氢的嗜热厌氧菌（*Thermoanaerobion*）的缩写，是一类能分解糖、专性嗜热、产芽孢的厌氧菌。它们在中酸或低酸罐头中生长繁殖后，产生酸和气体，气体主要有 CO_2 和 H_2。如果这种罐头在高温中放置时间太长，气体积累较多，就会使罐头膨胀最后引起破裂，变质的罐头通常有酸味。这类菌中常见的有嗜热解糖梭状芽孢杆菌（*Clostridium thermasaccharolyticun*），它的适宜生长温度是 55℃，温度低于 32℃ 时生长缓慢。由于 TA 菌在琼脂培养基上不易生成菌落，所以通常只采用液体培养法来检查，例如，用肝、玉米、麦芽汁、肝块肉汤或乙醇盐酸肉汤等液体培养基，培养温度 55℃，检查产气和产酸的情况。

3. 硫化物腐败

腐败的罐头内产生大量的黑色硫化物，沉积于罐内壁和食品上，致使罐内食品变黑并产生臭味，罐头的外观一般保持正常，或出现隐胀或轻胀，敲击时有浊音。引起这种腐败变质的细菌是黑梭状芽孢杆菌（*clostridium migrificans*），属厌氧性嗜热芽孢杆菌，生长温度在 35～70℃，最适生长温度是 55℃，耐热力较前几种菌弱，分解糖的能力也弱，但能较快的分解含硫的氨基酸而产生硫化氢气体。此菌能在豆类罐头中生长，由于形成硫化氢，开盖时会散发出一种强烈臭鸡蛋味，在玉米等谷物类罐头中生长会产生蓝色的液体；在鱼类罐头中也常发现，该菌的检查可以通过硫化亚铁的培养基 55℃ 保温培养来检查，形成黑斑即证明该菌存在，罐头污染该菌一般是原料被粪便污水污染，再加上杀菌不彻底造成的。

（二）中温芽孢细菌引起的腐败变质

中温芽孢细菌最适的生长温度是 37℃，包括需氧芽孢细菌和厌氧芽孢细菌两大类。

1. 中温需氧芽孢细菌引起的腐败变质

这类细菌的耐热性比较差，许多细菌的芽孢在 100℃ 或更低一些温度下，短时间就能被杀死，少数种类芽孢经过高压蒸汽处理而存活下来，常见的引起罐头腐败变质的中温芽孢细菌有：枯草芽孢杆菌、巨大芽孢杆菌和蜡样芽孢杆菌等，它们能分解蛋白质和糖类，分解产物主要有酸及其他一些物质，一般不产生气体，少数菌种也产生气体。如多黏芽孢杆菌、浸麻芽孢杆菌等分解糖时除产酸外还有产气，所以产酸不产气的中温芽孢杆菌引起平酸腐败，而产酸产气的中温芽孢杆菌引起平酸腐败时有气体产生。

2. 中温厌氧梭状芽孢杆菌引起的腐败变质

这类细菌属于厌氧菌，最适宜生长温度为 37℃，但许多种类在 20℃ 或更低温度都能生长，还有少量菌种能在 50℃ 或更高的温度中生长。这类菌中有分解糖类的丁酸梭菌和巴氏固氮梭状芽孢杆菌，它们可在酸性或中性罐头内发酵丁酸，产生氢气和 CO_2，造成罐头膨胀变质。还有一些能分解蛋白质的菌种，如魏氏梭菌、生芽孢梭菌及肉毒梭菌等，这些菌主要造成肉类、鱼类罐头的腐败变质，分解其中的蛋白质产生硫化氢、硫醇、氨、吲哚、粪臭素等恶臭物质并伴有膨胀现象，此外往往还产生毒素较强的外毒素，细菌产生毒素释放到介质中，使整个罐头充满毒素，可造成严重的食物中毒。据目前的研究证明，肉毒梭菌所产生的外毒素是生物毒素中最强的一种，该菌也是引起食物中毒病原菌中耐热性最强的菌种之一。所以罐头食品杀菌时，常以此菌作为杀菌是否彻底的指示细菌。

（三）不产芽孢细菌引起的腐败变质

不产芽孢细菌的耐热性不及产芽孢的细菌。如罐头中发现不产芽孢细菌，常常是由于漏气造成的，冷却水是重要的污染源，当然不产芽孢细菌的检出也有因为杀菌温度不够造成。罐头中污染的不产芽孢细菌有两大类群：一类是肠道细菌，如大肠杆菌，它们的生长可造成罐头膨胀；另一类不产芽孢细菌主要是链球菌，特别是嗜热链球菌、乳链球菌、粪链球菌等，这些菌多发现于果蔬罐头中，它们生长繁殖会产生酸并产生气体，造成罐头膨胀，在火腿罐头中常可检出粪链球菌和尿链球菌等不产芽孢的细菌。

（四）酵母菌引发的腐败变质

这些变质往往发生在酸性罐头中，主要种类有圆酵母、假死酵母和啤酒酵母等。酵母菌及其孢子一般都容易被杀死。罐头中如果发现酵母菌污染，主要是由于漏气造成的，有时也因为杀菌温度不够造成。常见变质罐头有果酱、果汁、水果、甜炼乳、糖浆等含糖量高的罐头，这些酵母菌污染的一个重要的来源是蔗糖。发生变质的罐头往往出现浑浊、沉淀、风味改变、爆裂膨胀等现象。

（五）霉菌引起的腐败变质

霉菌引起罐头腐败变质说明罐头内有较多的气体，可能由于罐头真空度不够或者漏罐造成，因为霉菌属需氧性微生物，它的生长繁殖需要一定的气体。霉菌腐败变质常见于酸性罐头，变质后外观无异常变化，内容物却已经烂掉，果胶物质被破坏，水果软化解体。引起罐头变质的霉菌主要有：青霉、曲霉、柠檬酸霉属等。少数霉菌特别耐热，尤其是能形成菌核的种类耐热性更强。例如：纯黄丝衣菌霉（$byssochamys\ fulva$），是一种能分解果胶的霉菌，它能形成子囊孢子，加热至85℃、30min 或加热至87.7℃、10min 还能生存，在氧气充足条件下生长繁殖，并产生 CO_2，造成罐头膨胀。

二、污染罐头食品的微生物的来源

（一）杀菌不彻底致罐头内残留有微生物

罐头食品在加工过程中，为了保持产品正常的感官性状和营养价值，在进行加热杀菌时，不可能使罐头食品完全无菌，只强调杀死病原菌、产毒菌，实质上只是达到商业无菌程度，即罐头内所有的肉毒梭菌芽孢和其他致病菌以及在正常的储存、销售条件下能引起内容物变质的嗜热菌均被杀灭，但罐内可能残留一定的非致病微生物。这部分非致病微生物在一定的保存期内，一般不会生长繁殖，但是如果罐内条件或储存条件发生改变，就会生长繁殖，造成罐头腐败变质。一般经高压蒸汽杀菌的罐头内残留的微生物大都是耐热性的芽孢，如果罐头储存温度不超过43℃，通常不会引起内容物变质。

（二）杀菌后发生漏罐

罐头泄漏是指罐头密封结构有缺陷，或由于撞击而破坏密封，或罐壁腐蚀而穿孔致使微生物侵入的现象。一旦发生泄漏后则容易造成微生物污染，其污染源如下。

1. 冷却水

冷却水是重要的污染源，因为罐头经热处理后需通过冷却水进行冷却，冷却水中的微生物就有可能通过漏罐处进入罐内。杀菌后的罐头如发现有不产芽孢的细菌，通常就是由于漏罐使得冷却水中细菌伺机进入引起的。

2. 空气

空气中含有各种微生物，也是造成漏罐污染的污染源，但较次要，而且外界的一些耐热菌、酵母菌和霉菌很容易从漏气处进入罐头，引起罐头腐败。

3. 内部微生物

漏罐后罐内氧含量升高，导致罐内各种微生物生长旺盛，其代谢过程使罐头内容物 pH 值下降，严重的会呈现感官变化。如平酸腐败就是由杀菌不足所残留的平酸菌造成的。

罐头食品微生物污染的最主要来源就是杀菌不彻底和发生漏罐，因此，控制罐头食品污染最有效的办法就是切断这两个污染源，在保持罐头食品营养价值和感官性状正常的前提下，应尽可能地杀灭罐内存留的微生物，尽可能减少罐内氧气的残留量，热处理后的罐头需充分冷却，使用的冷却水一定要清洁卫生。封罐一定要严，切忌发生漏罐。

三、罐头食品的商业无菌检验

罐头食品的商业无菌检验是建立在罐头食品的商业灭菌行为之上的一种检验标准。所谓罐头食品的商业无菌，是指罐头食品经过适度的热杀菌以后，不含有致病的微生物，也不含有在通常温度下能在其中繁殖的非致病性微生物，这种状态称作商业无菌。

（一）相关概念

胖听：由于罐头内微生物活动或化学作用产生气体，形成正压，使一端或两端外凸的现象，称之为胖听。

泄漏：罐头密封结构有缺陷，或由于撞击而破坏密封，或罐壁腐蚀而穿孔致使微生物侵入的现象。

低酸性罐头食品：除酒精饮料之外，凡杀菌后平衡 pH 值大于 4.6、水分活度大于 0.85 的罐头食品，原来是低酸性的水果、蔬菜或蔬菜制品，为加热杀菌的需要而加酸降低 pH 值的，属于酸化的低酸性罐头食品。

酸性罐头食品：杀菌后平衡 pH 值等于或小于 4.6 的罐头食品，pH 值小于 4.7 的番茄、梨和菠萝以及由其制成的汁，以及 pH 值小于 4.9 的无花果均属于酸性罐头食品。

（二）仪器设备和培养基

1. 仪器设备

除微生物实验室常规灭菌及培养基设备外，其他设备和材料如下：冰箱（2~5℃）；恒温培养箱［(30±1)℃；(36±1)℃；(55±1)℃］；恒温水浴箱［(55±1)℃］；均质器及无菌均质袋、均质杯或乳钵；pH 计（精确度 pH 值 0.05 单位）；显微镜（10×~100×）；开罐器和罐头打孔器；电子秤或台式天平；超净工作台或百级洁净实验室。

2. 培养基和试剂

（1）无菌生理盐水。称取 8.5g 氯化钠溶于 1 000ml 蒸馏水中，121℃高压灭菌 15min。

（2）结晶紫染色液。将 1.0g 结晶紫完全溶解于 95% 乙醇中，再与 1% 草酸铵溶液混合。将涂片在酒精灯火焰上固定，滴加结晶紫染液，染 1min，水洗。

（3）二甲苯。

（4）含 4% 碘的乙醇溶液。4g 碘溶于 100ml 的 70% 乙醇溶液。

（三）检验程序

商业无菌检验程序见图 8 - 1。

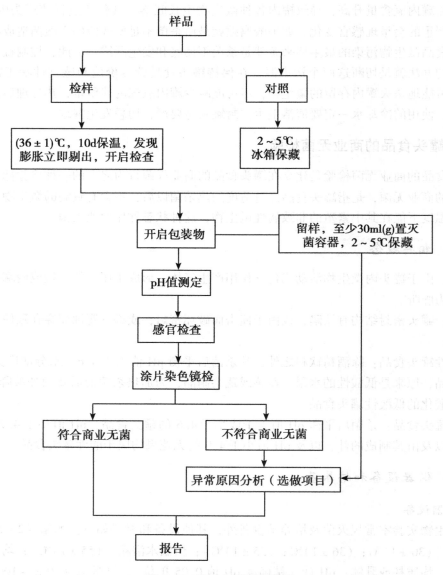

图 8 - 1　商业无菌检验程序

（四）操作步骤

1. 样品准备

去除表面标签，在包装容器表面用防水的油性记号笔做好标记，并记录容器、编号、产品性状、泄漏情况、是否有小孔或锈蚀、压痕、膨胀及其他异常情况。

2. 称重

1kg 及以下的包装物精确到 1g，1kg 以上的包装物精确到 2g，10kg 以上的包装物精确到 10g，并记录。

3. 保温

（1）每个批次取 1 个样品置 2～5℃冰箱保存作为对照，将其余样品在（36±1）℃下保温 10d。保温过程中应每天观察，如有膨胀或泄漏现象，应立即剔出，开启检查。

（2）保温结束时，再次称重并记录，比较保温前后样品重量有无变化。如有变轻，表明样品发生泄漏。将所有包装物置于室温直至开始检查。

4. 开启

（1）如有膨胀的样品，则将样品先置于 2～5℃冰箱内冷藏数小时后开启。

（2）如无膨胀，用冷水和洗涤剂清洗待检查样品的光滑面。水冲洗后用无菌毛巾擦干。以含 4% 碘的乙醇溶液浸泡消毒光滑面 15min 后用无菌毛巾擦干，在密闭罩内点燃至表面残余的碘乙醇溶液全部燃烧完。膨胀样品以及采用易燃包装材料包装的样品不能灼烧，以含 4% 碘的乙醇溶液浸泡消毒光滑面 30min 后用无菌毛巾擦干。

（3）在超净工作台或百级洁净实验室中开启。带汤汁的样品开启前应适当振摇。使用无菌开罐器在消毒后的罐头光滑面开启一个适当大小的口，开罐时不得伤及卷边结构，每一个罐头单独使用一个开罐器，不得交叉使用。如样品为软包装，可以使用灭菌剪刀开启，不得损坏接口处。立即在开口上方嗅闻气味，并记录。（严重膨胀样品可能会发生爆炸，喷出有毒物。可以采取在膨胀样品上盖一条灭菌毛巾或者用一个无菌漏斗倒扣在样品上等预防措施来防止这类危险的发生）。

5. 留样

开启后，用灭菌吸管或其他适当工具以无菌操作取出内容物至少 30ml（g）至灭菌容器内，保存 2～5℃冰箱中，在需要时可用于进一步试验，待该批样品得出检验结论后可弃去。开启后的样品可进行适当的保存，以备日后容器检查时使用。

6. 感官检查

在光线充足，空气清洁无异味的检验室中，将样品内容物倾入白色搪瓷盘内，对产品的组织、形态、色泽和气味等进行观察和嗅闻，按压食品检查产品性状，鉴别食品有无腐败变质的迹象，同时观察包装容器内部和外部的情况，并记录。

7. pH 值测定

（1）样品处理。液态制品混匀备用，有固相和液相的制品则取混匀的液相部分备用。对于稠厚或者半稠厚制品以及难以从中分出汁液的制品（如：糖浆，果酱，果冻，油脂等），取一部分样品在均质器或研钵中研磨，如果研磨后的样品仍太稠厚，加入等量的无菌蒸馏水，混匀备用。

（2）测定。将电极插入被测试样液中，并将 pH 计的温度校正器调节到被测液的温度。

221

当读数稳定后，从仪器的标度上直接读出 pH 值，精确到 0.05。同一个制备试样至少进行两次测定。两次测定结果之差应不超过 0.1。取两次测定的算术平均值作为结果，报告精确到 0.05。

（3）分析结果。与同批中冷藏保存对照样品相比，比较是否有显著差异。pH 值相差 0.5 及以上判为显著差异。

8. 涂片染色镜检

（1）涂片。取样品内容物进行涂片。带汤汁的样品可用接种环挑取汤汁涂于载玻片上，固态食品可直接涂片或用少量灭菌生理盐水稀释后涂片，待干后用火焰固定。油脂性食品涂片自然干燥并火焰固定后，用二甲苯流洗，自然干燥。

（2）染色镜检。上述涂片用结晶紫染色液进行单染色，干燥后镜检，至少观察 5 个视野，记录菌体的形态特征以及每个视野的菌数。与同批冷藏保存对照样品相比，判断是否有明显的微生物增殖现象。菌数有百倍或百倍以上的增长则判为明显增殖。

（五）结果判断

样品经保温试验未出现泄漏，则可报告该样品为商业无菌。

样品经保温试验出现泄漏，保温后开启，经感官检验，pH 值测定，涂片镜检，确证有微生物增殖现象，则可报告该样品为非商业无菌。

若需核查样品出现膨胀，pH 值或感官异常，微生物增殖等原因，可取样品内容物的留样进行接种培养并报告。若需判断样品包装容器是否出现泄漏，可取开启后的样品进行密封性检查并报告。

（六）异常原因分析（选做项目）

1. 培养基和试剂

溴甲酚紫葡萄糖肉汤；庖肉培养基；营养琼脂；酸性肉汤；麦芽浸膏汤；沙氏葡萄糖琼脂；肝小牛肉琼脂；革兰氏染色液。

2. 低酸性罐藏食品的接种培养（pH 值大于 4.6）

（1）对低酸性罐藏食品，每份样品接种 4 管预先加热到 100℃并迅速冷却到室温的庖肉培养基内；同时接种 4 管溴甲酚紫葡萄糖肉汤。每管接种 1~2ml（g）样品（液体样品为 1~2ml，固体为 1~2g，两者皆有时，应各取一半）。培养条件见表 8-1。

表 8-1　低酸性罐藏食品（pH 值 >4.6）接种的庖肉培养基和溴甲酚紫葡萄肉汤

培养基	管数	培养温度（℃）	培养时间（h）
庖肉培养基	2	36 ± 1	96 ~ 120
庖肉培养基	2	55 ± 1	24 ~ 72
溴甲酚紫葡萄糖肉汤	2	55 ± 1	24 ~ 48
溴甲酚紫葡萄糖肉汤	2	36 ± 1	96 ~ 120

（2）经过表 8-1 规定的培养条件培养后，记录每管有无微生物生长。如果没有微生物生长，则记录后弃去。

（3）如果有微生物生长，以接种环沾取液体涂片，革兰氏染色镜检。如在溴甲酚紫葡萄糖肉汤管中观察到不同的微生物形态或单一的球菌、真菌形态，则记录并弃去。在庖肉培养基中未发现杆菌，培养物内含有球菌、酵母、霉菌或其混合物，则记录并弃去。将溴甲酚紫葡萄糖肉汤和庖肉培养基中出现生长的其他各阳性管分别划线接种 2 块肝小牛肉琼脂或营养琼脂平板，一块平板作需氧培养，另一平板作厌氧培养。培养程序见图 8 - 2。

（4）挑取需氧培养中单个菌落，接种于营养琼脂小斜面，用于后续的革兰氏染色镜检；挑取厌氧培养中的单个菌落涂片，革兰氏染色镜检。挑取需氧和厌氧培养中的单个菌落，接种于庖肉培养基，进行纯培养。

（5）挑取营养琼脂小斜面和厌氧培养的庖肉培养基中的培养物涂片镜检。

（6）挑取纯培养中的需氧培养物接种肝小牛肉琼脂或营养琼脂平板，进行厌氧培养；挑取纯培养中的厌氧培养物接种肝小牛肉琼脂或营养琼脂平板，进行需氧培养。以鉴别是否为兼性厌氧菌。

（7）如果需检测梭状芽孢杆菌的肉毒毒素，挑取典型菌落接种庖肉培养基作纯培养。36℃培养 5d，按照 GB/T 4789.12 进行肉毒毒素检验。

3. 酸性罐藏食品的接种培养（pH 值小于或等于 4.6）

（1）每份样品接种 4 管酸性肉汤和 2 管麦芽浸膏汤。每管接种 1～2ml（g）样品（液体样品为 1～2ml，固体为 1～2g，两者皆有时，应各取一半）。培养条件见表 8 - 2。

表 8 - 2　酸性罐藏食品（pH 值≤4.6）接种的酸性肉汤和麦芽浸膏汤

培养基	管数	培养温度（℃）	培养时间（h）
酸性肉汤	2	55 ± 1	48
酸性肉汤	2	30 ± 1	96
麦芽浸膏汤	2	30 ± 1	96

（2）经过表 8 - 2 中规定的培养条件培养后，记录每管有无微生物生长。如果没有微生物生长，则记录后弃去。

（3）对有微生物生长的培养管，取培养后的内容物的直接涂片，革兰氏染色镜检，记录观察到的微生物。

（4）如果在 30℃培养条件下在酸性肉汤或麦芽浸膏汤中有微生物生长，将各阳性管分别接种 2 块营养琼脂或沙氏葡萄糖琼脂平板，一块作需氧培养，另一块作厌氧培养。

（5）如果在 55℃培养条件下，酸性肉汤中有微生物生长，将各阳性管分别接种 2 块营养琼脂平板，一块作需氧培养，另一块作厌氧培养。对有微生物生长的平板进行染色涂片镜检，并报告镜检所见微生物型别。培养程序见图 8 - 2 和图 8 - 3。

（6）挑取 30℃需氧培养的营养琼脂或沙氏葡萄糖琼脂平板中的单个菌落，接种营养琼脂小斜面，用于后续的革兰氏染色镜检。同时接种酸性肉汤或麦芽浸膏汤进行纯培养。挑取 30℃厌氧培养的营养琼脂或沙氏葡萄糖琼脂平板中的单个菌落，接种酸性肉汤或麦芽浸膏汤进行纯培养。挑取 55℃需氧培养的营养琼脂平板中的单个菌落，接种营养琼脂小斜面，用于后续的革兰氏染色镜检。同时接种酸性肉汤进行纯培养。挑取 55℃厌氧培养的营养琼脂平板中的单个菌落，接种酸性肉汤进行纯培养。

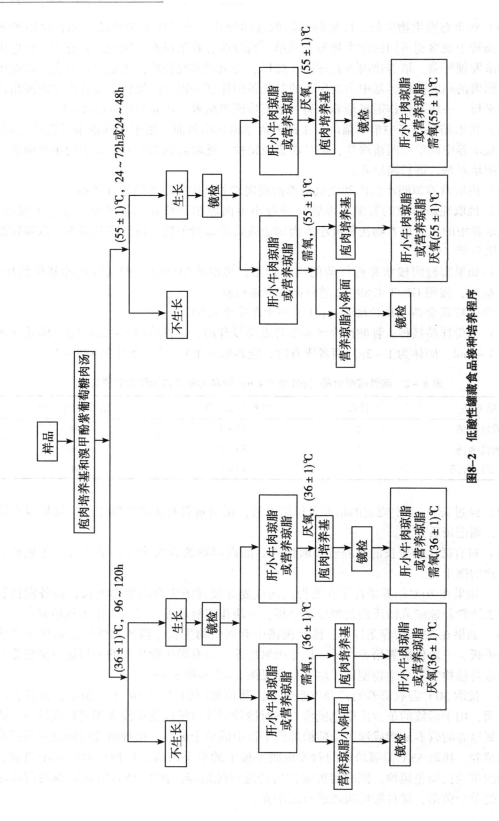

图8-2 低酸性罐藏食品接种和培养程序

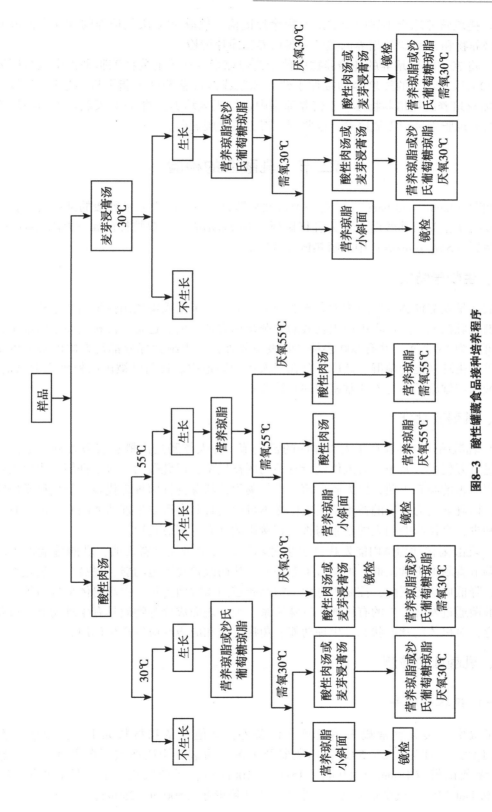

图8-3　酸性罐藏食品接种培养程序

（7）挑取营养琼脂小斜面中的培养物涂片镜检。挑取30℃厌氧培养的酸性肉汤或麦芽浸膏汤培养物和55℃厌氧培养的酸性肉汤培养物涂片镜检。

（8）将30℃需氧培养的纯培养物接种于营养琼脂或沙氏葡萄糖琼脂平板中进行厌氧培养，将30℃厌氧培养的纯培养物接种于营养琼脂或沙氏葡萄糖琼脂平板中进行需氧培养，将55℃需氧培养的纯培养物接种于营养琼脂中进行厌氧培养，将55℃厌氧培养的纯培养物接种于营养琼脂中进行需氧培养，以鉴别是否为兼性厌氧菌。

第二节　乳酸菌的检验

乳酸菌（lactic acid bacteria）是一类可发酵糖类、主要产生大量乳酸的细菌的通称。与食品工业密切相关的乳酸菌主要为乳杆菌属（*Lactobacillus*）、双歧杆菌属（*Bifidobacterium*）和链球菌属（*Streptococcus*）中的嗜热链球菌等。

一、生物学特征

乳酸菌是发酵糖类主要产物为乳酸的一类无芽孢、革兰氏染色阳性细菌的总称，凡是能从葡萄糖或乳糖的发酵过程中产生乳酸的细菌统称为乳酸菌。这是一群相当庞杂的细菌，目前至少可分为18个属，共有200多种。除极少数外，其中绝大部分都是人体内必不可少的且具有重要生理功能的菌群，其广泛存在于人体的肠道中。目前已被国内外生物学家证实，肠内乳酸菌与健康长寿有着非常密切的直接关系。

二、乳酸菌功能

（1）乳酸菌是一种存在于人类体内的益生菌。在人体肠道内栖息着数百种的细菌，其数量超过百万亿个。其中，对人体健康有益的叫益生菌，以乳酸菌、双歧杆菌等为代表；对人体健康有害的叫有害菌，以大肠杆菌、产气荚膜梭状芽孢杆菌等为代表。长期科学研究结果表明，以乳酸菌为代表的益生菌是人体必不可少的且具有重要生理功能的有益菌，它们数量的多和少，直接影响到人的健康与否，直接影响到人的寿命长短。

（2）乳酸菌在动物体内能发挥许多生理功能。大量研究资料表明，乳酸菌能促进动物生长，调节胃肠道正常菌群、维持微生态平衡，从而改善胃肠道功能，提高食物消化率和生物效价，降低血清胆固醇，控制内毒素，抑制肠道内腐败菌生长，提高机体免疫力等。

乳酸菌通过发酵产生的有机酸、特殊酶系、细菌表面成分等物质具有生理功能，可刺激组织发育，对机体的营养状态、生理功能、免疫反应和应激反应等产生作用。

三、乳酸菌的检测

（一）设备和材料

除了微生物实验室常规灭菌及培养设备外，其他设备和材料如下：恒温培养温箱［（36±1）℃］；冰箱（2～5℃）；均质器及无菌均质袋、均质杯或灭菌乳钵；天平感量0.1g）；无菌试管（18mm×180mm、15mm×100mm）；无菌吸管（1ml具0.01ml刻度、10ml具0.1ml刻度）或微量移液器及吸头，无菌锥形瓶（500ml、250ml）。

（二）培养基和试剂

（1）MRS 培养基及莫匹罗星锂盐改良 MRS 培养基。MRS 培养基：蛋白胨 10.0g，牛肉粉 5.0g，酵母粉 4.0g，葡萄糖 20.0g，吐温 801.0ml，磷酸氢二钾 2.0g，乙酸钠 5.0g，柠檬酸三铵 2.0g，硫酸镁 0.2g，硫酸锰 0.05g，琼脂粉 15.0g，将上述成分加入 1 000ml 蒸馏水中，加热溶解，调节 pH 值，分装后 121℃ 高压灭菌 15 ~ 20min。

莫匹罗星锂盐改良 MRS 培养基：称取莫匹罗星锂盐 50g，加入 50ml 蒸馏水中，用 0.22μm 微孔滤膜过滤除菌，制备莫匹罗星锂盐储备液。将 MRS 培养基的成分加入到 950ml 蒸馏水中，加热溶解，调节 pH 值，分装后于 121℃ 高压灭菌 15 ~ 20min。临用时加热熔化琼脂，在水中冷却至 48℃，用带有 0.22μm 微孔滤膜的注射器将莫匹罗星锂盐储备液加入到熔化琼脂中，使培养基中莫匹罗星锂盐的浓度 50g/ml。

（2）MC 培养基。大豆蛋白胨 5g，牛肉膏粉 3g，酵母膏粉 3g，葡萄糖 20g，乳糖 20g，碳酸钙 10g，琼脂 15g，蒸馏水 100ml，1% 中性红溶液（pH 值 = 6.0）5ml。

将上述 7 种成分加入蒸馏水中，加热溶解，调节 pH 值，加入中性红溶液分装后 121℃ 高压灭菌 15 ~ 20min。

（3）0.5% 的蔗糖发酵管。牛肉膏 5g，蛋白胨 5g，酵母膏 5g，吐温 800.5ml，琼脂 1.5g，1.6% 溴甲酚紫酒精溶液 1.4ml，蒸馏水 1 000ml。

按 0.5% 加入所需糖类，并分装小试管 121℃ 高压灭菌 15 ~ 20min。

（4）七叶苷发酵管。蛋白胨 5.0g，磷酸氢二钾 1.0g，七叶苷 3.0g，柠檬酸 0.5g，1.6% 溴甲酚紫酒精溶液 1.4ml，蒸馏水 100ml。

将上述成分加入蒸馏水中，加热溶解，121℃ 高压灭菌 15 ~ 20min。

（5）革兰氏染色液。

①结晶紫染色液。结晶紫 1.0g，草酸铵 0.8g，95% 酒精 20ml，蒸馏水 80ml。先将结晶紫溶于酒精，草酸铵溶于蒸馏水中，然后将两液混合，静置 48h 使用。此染液稳定，置密闭的棕色瓶中可储存数月。

②革兰氏碘液。碘 1.0g，碘化钾 2.0g，蒸馏水 300ml。先将碘与碘化钾混合，加水少许，略加摇动，待碘完全溶解后再加蒸馏水至定量。

③沙黄复染剂。沙黄 0.25g，95% 乙醇 10ml，蒸馏水适量。

将沙黄溶解于 95% 乙醇中，待完全溶解再加蒸馏水至 100ml。

④染色法。将涂片在酒精灯上固定，用草酸铵结晶紫染 1min，自来水冲洗，加碘液覆盖涂面，染约 1min 后水洗，用吸水纸吸去水分，再加 95% 酒精数滴，并轻轻摇动进行脱色，20s 后水洗，吸去水分。最后番红染色液染 2min 后，自来水冲洗。干燥，镜检。

⑤莫匹罗星锂盐。化学纯。

（三）检验程序

乳酸菌的检验程序见图 8 - 4。

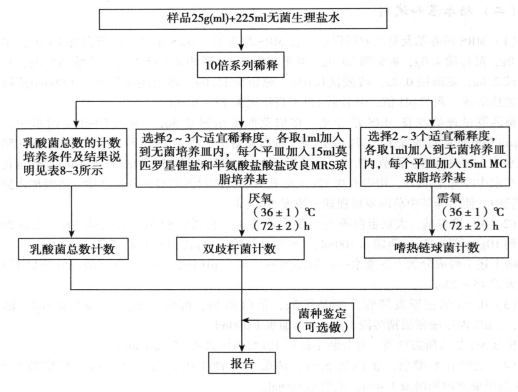

图 8 – 4 乳酸菌检验程序图

（四）操作方法

1. 样品制备

（1）样品的全部制备过程均应遵循无菌操作程序。

（2）冷冻样品可先使其在 2～5℃ 条件下解冻，时间不超过 18h，也可在温度不超过 45℃ 的条件解冻，时间不超过 15min。

（3）固体和半固体食品：以无菌操作称取 25g 样品，置于装有 225ml 生理盐水的无菌均质杯，于 8 000～10 000r/min 均质 1～2min，制成 1：10 样品匀液；或置于 225ml 生理盐水的无菌均质袋中，用拍击式均质器拍打 1～2min 制成 1：10 的样品匀液。

（4）液体样品：液体样品应先将其充分摇匀后以无菌吸管吸取样品 25ml 放入装有 225ml 生理盐水的无菌锥形瓶（瓶内预置适当数量的无菌玻璃珠）中，充分振摇，制成 1：10 的样品匀液。

2. 步骤

（1）用 1ml 无菌吸管或微量移液器吸取 1：10 样品匀液 1ml，沿管壁缓慢注于装有 9ml 生理盐水的无菌试管中（注意吸管尖端不要触及稀释液），振摇试管或换用 1 支无菌吸管反复吹打使其混合均匀，制成 1：100 的样品匀液。

（2）另取 1ml 无菌吸管或微量移液器吸头，按上述操作顺序，做 10 倍递增样品匀液。每递增稀释一次，即换用 1 次 1ml 灭菌吸管或吸头。

（3）乳酸菌计数。

①乳酸菌总数。乳酸菌总数计数培养条件的选择及结果说明见表 8 – 3。

表 8 – 3 乳酸菌总数计数培养条件的选择及结果说明

样品中所包括乳酸菌菌属	培养条件的选择及结果说明
仅包括双歧杆菌属	按 GB 4789.34 的规定执行
仅包括乳杆菌属	按照④操作。结果即为乳杆菌属总数
仅包括嗜热链球菌	按照③操作。结果即为嗜热链球菌总数
同时包括双歧杆菌属和乳杆菌属	1. 按照④操作。结果即为乳酸菌总数； 2. 如需单独计数双歧杆菌属数目，按照②操作
同时包括双歧杆菌属和嗜热链球菌	1. 按照②和③操作，二者结果之和即为乳酸菌总数 2. 如需单独计数双歧杆菌属数目，按照②操作
同时包括乳杆菌属和嗜热链球菌	1. 按照③和④操作，二者结果之和即为乳酸菌总数； 2. 结果为嗜热链球菌总数； 3. 结果为乳杆菌属总数
同时包括双歧杆菌属乳杆菌属和嗜热链球菌	1. 按照③和④操作，二者结果之和即为乳酸菌总数； 2. 如需单独计数双歧杆菌属数目，按照②操作

②双歧杆菌计数。根据对待检样品双歧杆菌含量的估计，选择 2 ~ 3 个连续的适宜稀释度，每个稀释度吸取 1ml 样品匀液于灭菌平皿内，每个稀释度做两个平皿。稀释液移入平皿后，将冷却至 48℃的莫匹罗星锂盐和半胱氨酸盐酸盐改良的 MRS 培养基倾注入平皿约 15ml，转动平皿使混合均匀。（36 ±1）℃厌氧培养（72 ±2）h，培养后计数平板上的所有菌落数。从样品稀释到平板倾注要求在 15min 内完成。

③嗜热链球菌计数。根据待检样品嗜热链球菌活菌数的估计，选择 2 ~ 3 个连续的适宜稀释度，每个稀释度吸取 1ml 样品匀液于灭菌平皿内，每个稀释度做两个平皿。稀释液移入平皿后，将冷却至 48℃的 MC 培养基倾注入平皿约 15ml，转动平皿使混合均匀。（36 ±1）℃需氧培养（72 ±2）h，培养后计数。嗜热链球菌在 MC 琼脂平板上的菌落特征为：菌落中等偏小，边缘整齐光滑的红色菌落，直径（2 ±1）mm，菌落背面为粉红色。从样品稀释到平板倾注要求在 15min 内完成。

④乳杆菌计数。据待检样品活菌总数的估计，选择 2 ~ 3 个连续的适宜稀释度，每个稀释度吸取 1ml 样品匀液于灭平皿内，每个稀释度做两个平皿。稀释液移入平皿后，将冷却至 48℃的 MRS 琼脂培养基倾注入平皿约 15ml，转动平皿使混合均匀。（36 ±1）℃厌氧培养（72 ±2）h。从样品稀释到平板倾注要求在 15min 内完成。

3. 菌落计数

注：可用肉眼观察，必要时用放大镜或菌落计数器，记录稀释倍数和相应的菌落数量。菌落计数以菌落形成单位（colony – forming units，CFU）表示。

（1）选取菌落数在 30 ~ 300CFU 之间、无蔓延菌落生长的平板计数菌落总数。低于 30CFU 的平板记录具体菌落数，大于 300CFU 的可记录为多不可计。每个稀释度的菌落数应采用两个平板的平均数。

（2）其中一个平板有较大片状菌落生长时，则不宜采用，而应以无片状菌落生长的平板作为该稀释度的菌落数；若片状菌落不到平板的一半，而其余一半中菌落分布又很均匀，即可计算半个平板后乘以 2，代表一个平板菌落数。

（3）当平板上出现菌落间无明显界线的链状生长时，则将每条单链作为一个菌落计数。

4. 结果的表述

（1）若只有一个稀释度平板上的菌落数在适宜计数范围内，计算两个平板菌落数的平均值，再将平均值乘以相应稀释倍数，作为每克或每毫升中菌落总数结果。

（2）若有两个连续稀释度的平板菌落数在适宜计数范围内时，按下式计算：

$$N = \frac{\sum C}{(n_1 + 0.1\, n_2)\; d}$$

式中：N——样品中菌落数；

$\sum C$——平板（含适宜范围菌落数的平板）菌落数之和；

n_1——第一稀释度（低稀释倍数）平板个数；

n_2——第二稀释度（高稀释倍数）平板个数；

d——稀释因子（第一稀释度）。

（3）若所有稀释度的平板上菌落数均大于 300CFU，则对稀释度最高的平板进行计数，其他平板可记录为多不可计，结果按平均菌落数乘以最高稀释倍数计算。

（4）若所有稀释度的平板菌落数均小于 30CFU，则应按稀释度最低的平均菌落数乘以稀释倍数计算。

（5）若所有稀释度（包括液体样品原液）平板均无菌落生长，则以小于 1 乘以最低稀释倍数计算。

（6）若所有稀释度的平板菌落数均不在 30~300CFU 之间，其中一部分小于 30CFU 或大于 300CFU 时，则以最接近 30CFU 或 300CFU 的平均菌落数乘以稀释倍数计算。

5. 菌落数的报告

（1）菌落数小于 100CFU 时，按"四舍五入"原则修约，以整数报告。

（2）菌落数大于或等于 100CFU 时，第 3 位数字采用"四舍五入"原则修约后，取前 2 位数字，后面用 0 代替位数；也可用 10 的指数形式来表示，按"四舍五入"原则修约后，采用两位有效数字。

（3）称重取样以 CFU/g 为单位报告，体积取样以 CFU/ml 为单位报告。

6. 结果与报告

根据菌落计数结果出具报告，报告单位以 CFU/g（ml）表示。

第三节　食品中其他厌氧菌检测

一、双歧杆菌

（一）分布

双歧杆菌（*Bifidobacterium*）是由法国巴斯德研究院学者 Tissier 于 1899 年用厌氧培养法首次从健康母乳婴幼儿的粪便中分离出来的一种专性厌氧菌，是目前公认的一类对机体健康有促进作用的益生菌。它可定殖于人的小肠下段与大肠管壁上，为吃母乳婴儿肠道中的优势菌（占肠道总菌数90%以上），其数量的多少与人体健康密切相关。具有免疫调节、抗肿瘤、抗菌消炎、抗衰老、降血脂等一系列保健功能，与人类的许多病理、生理现象密切相关。现已确认，双歧杆菌是人体健康的重要指标之一，目前已引起了国内外医学界的普遍关注。

（二）生物学特性

双歧杆菌属革兰氏阳性、不运动、无芽孢的杆菌。双歧杆菌是专性严格厌氧菌，对氧气非常敏感。最适生长温度37～41℃，初始最适pH值6.5～7.0，pH值低于4.5和高于8.5时不生长。染色不规则，过氧化氢酶呈阴性。一般有2～3个颗粒，形态多变，常因种、菌龄及生长环境不同而呈现弯曲杆形、L、V或Y形等多种形态，菌落光滑，凸圆，边缘完整，乳脂呈白色，闪光并有柔软质地。双歧杆菌的营养要求非常复杂，需要多种生长促进因子。

（三）检验方法

双歧杆菌菌落数是指在一定条件下培养后，所得1ml（g）检样中所含双歧杆菌菌落数。

1. 培养基

TPY琼脂培养基、BL琼脂培养基、BBL琼脂培养基、双歧杆菌生化用基础培养基、PYG液体培养基。

2. 检验步骤

（1）以无菌操作技术将检样25g（ml）与225ml灭菌生理盐水充分混匀，制成1∶10的均匀稀释液。

（2）对样品悬液进行系列10倍梯度稀释。

（3）选择2～3个适宜连续稀释度，各取0.1ml分别加入计数培养基平皿，均匀涂布，每个稀释度涂布两个平皿。最好同时选用2～3种培养基（BL、BBL、TPY培养基），同时用灭菌生理盐水做空白对照。

（4）待琼脂表面干后，翻转平皿，放至厌氧罐内，操作全过程须在20min内完成，且要保持无菌操作。将厌氧罐置（36±1）℃温箱内培养（72±3）h，观察双歧杆菌菌落特征见表8－4。

表8－4　双歧杆菌在不同培养基上菌落生长形态特征

培养基	双歧杆菌特征
BL培养基（黄色）	菌落中等大小，表面光滑，边缘整齐呈瓷白色、奶油色、质地柔软、细腻
BBL培养基（黄色）	菌落中等大小，表面光滑，凸起，边缘整齐呈奶油色、质地柔软、细腻
TPY培养基（黄色）	菌落表面光滑，凸起，边缘整齐呈奶油色、瓷白色，质地柔软、细腻

（5）选取菌落数在30～300CFU的平板对可疑菌落进行计数，随机挑取5个可疑菌落进行革兰氏染色、显微镜检查和过氧化氢酶试验。过氧化氢酶阴性、无芽孢、着色不均匀、出现"Y"或"V"形的分叉状，或棒状等多形态的杆菌可判定为双歧杆菌。

（6）菌落计数。根据证实为双歧杆菌的菌落数，计算出平皿内的双歧杆菌数，然后乘以样品的稀释倍数，得每毫升（克）样品中双歧杆菌数。取3种培养基中计数最高的为最终结果。

（7）生化鉴定。双歧杆菌一般不还原硝酸盐（但当培养基有溶解的红细胞时，可以还原硝酸盐），不产靛基质和硫化氢。双歧杆菌种内鉴定见表8-5。

表8-5　常见双歧杆菌属内种的生化鉴定要点

常见双歧杆菌	D-核糖	L-阿拉伯糖	乳糖	纤维二糖	松三糖	棉子糖	山梨醇	淀粉	葡萄糖酸盐
分叉双歧杆菌（B. bifidum）	-	-	+	-	-	-	-	-	-
常双歧杆菌（B. longum）	+	+	-	-	+	+	-	-	-
婴儿双歧杆菌（B. infantis）	+	+	+	-	-	-	-	-	-
短双歧杆菌（B. breve）	+	-	+	d	d	+	d	-	-
青春双歧杆菌（B. adolescentis）	+	+	+	+	+	+	d	+	+

注：d表示有些菌株阳性，有些阴性。

二、亚硫酸盐还原梭状芽孢杆菌

（一）分布

亚硫酸盐还原梭状芽孢杆菌是梭状芽孢杆菌属的一群细菌，而不是一个生物学分类单位。多指厌氧芽孢杆菌，代表性菌株是致黑梭状芽孢杆菌，其他常见的还有产气荚膜梭菌、肉毒梭菌、破伤风梭菌、双酶梭菌、溶血梭菌、诺氏梭菌、生孢梭菌等。这类细菌的主要特征是将亚硫酸盐还原为硫化物，多为有动力的革兰氏阳性菌，可形成芽孢，厌氧生长。亚硫酸盐还原梭状芽孢杆菌的孢子在自然环境中广泛存在，通常出现在人和动物的粪便排泄物，废水和土壤中。与大肠杆菌和其他杆菌不同的是，由于它们的孢子比营养体对物理和化学因子具有更强的抵抗力，所以可以在自然环境中存活很长时间。因而，通常将它们作为长期污染或间断污染的指示菌。

由于此类细菌抵抗力强，即使在经适当加工处理的加工食品中其芽孢仍会存活，条件适宜时又会生长繁殖，造成食品品质降低或腐败，甚至有引起食物中毒的危险。因此在食品的制备、贮存以及食品加工厂环境卫生控制上颇受重视，作为食品、矿泉水、加工设备卫生、生产环境的卫生状况的评估指标，得到越来越广泛的应用。

（二）检验原理

检测方法一般包括以下3部分：检样接种前在80~100℃水浴中处理10~15min，以杀灭抵抗力弱的芽孢细菌的营养体，同时刺激芽孢的繁殖；通过选择性培养，如亚硫酸铁盐琼脂培养等，判定是否具有还原亚硫酸盐的能力，如果有则进一步与培养基中的亚铁盐如枸橼酸铁反应，使菌落呈现黑色；培养基接种后置于厌氧环境中培养确认其厌氧特征。也可在培养基中加入抗生素等抑制剂抑制其他非亚硫酸盐还原菌的生长。

（三）检验方法

1. 培养基和试剂

氯化钠胰蛋白胨稀释液、亚硫酸铁琼脂、过氧化氢试剂、庖肉培养基。

2. 检验步骤

（1）菌落计数法。

①无菌操作称取剪碎后的样品 25g，置于装有 225ml 氯化钠胰蛋白胨稀释液的广口瓶中。若检测亚硫酸盐还原梭菌的芽孢，可 75℃20min 或煮沸保持 10min 热处理样品，之后以流水迅速冷却至室温后再称取。充分混匀后根据样品污染情况做进一步的系列 10 倍梯度稀释。

②对每一份试样，选用适宜的 3 个连续稀释度的样液，分别用灭菌吸管吸取 1ml，一式双份地接种于每个灭菌的培养皿中。

③倾注约 15ml 制备好的并于水浴箱保温至 45℃的亚硫酸铁琼脂。从制备最初稀释液结束到倾注培养基于最后一个平皿所用的时间不应超过 15min。仔细将接种物和培养基充分混匀，水平放置，使其凝固。

④待混合物凝固后，再倾注 10ml 同样的培养基于已凝固的培养基上作为隔层以防氧吸附，并防止细菌蔓延生长。

⑤待该隔层凝固后反转制备好的平板，于（37±1）℃厌氧培养 24～48h。若对培养温度有特殊要求（如 46℃），可依据情况进行培养。

⑥亚硫酸盐还原梭菌在亚硫酸铁琼脂上呈暗灰色或黑色菌落。（37±1）℃厌氧培养 24h 后，计数典型的菌落；若平板上无特征性菌落或菌落较小（<0.5mm），则需继续培养 24h 再计数；若 48h 后的菌落增大以至相连，则以 24h 的计数为准，反之则以 48h 为准。那些仅产生氢（而不是 H_2S）的厌氧菌生长时也可还原亚硫酸盐而导致培养基出现弥散的、非典型的普遍变黑，这种现象不应计数。

⑦取特征性菌落（不少于 5 个）移种于庖肉培养基中，（37±1）℃厌氧培养 24～72h。待出现生长特征（培养液浑浊、产气、出现异味）后，进行证实试验。对阳性结果进行计数。

⑧读取带有 10～100 个黑色菌落的平皿，结果以相应稀释度的两个平板的菌落数平均值乘以相应稀释倍数来计算每克样品中亚硫酸盐还原梭菌数。结果报告如下：估计亚硫酸盐还原梭状芽孢杆菌数/g（ml）。若相应测试试样的两个平板上均无特征性菌落，以 <10/g（ml）报告。

（2）最近似值（MPN）法。适用于检查亚硫酸盐还原梭菌计数≤10g（ml）及含有受损伤的亚硫酸盐还原梭菌的加工食品。

①增菌。选用适宜的 3 个连续稀释的样液，从每个样液中分别吸取 1ml，一式三份地接种于 3 个装有庖肉培养基的试管中，接种后上面覆盖一层无菌的液体石蜡，（37±1）℃培养 24～72h。待出现生长特征（培养液浑浊、产气、出现异味）后，进行镜检。反之，则报告阴性。

②分离培养。增菌培养物 1ml 置于灭菌的培养皿中，倾注约 15ml 45℃的亚硫酸铁琼脂。

仔细将接种物和培养基充分混匀，待其凝固后，再倾注 10ml 同样的培养基作为隔层，于 (37±1)℃厌氧培养 24～48h。生成的暗灰色或黑色菌落，进行证实试验；反之，则报告阴性。

③结果计算。计数每个稀释度得到的阳性反应管数。利用 MPN 表，由阳性管数估算每克（毫升）试样中亚硫酸盐还原梭菌最近似值。结果报告如下：估计亚硫酸盐还原梭菌数/g（ml）。

（3）证实试验。

①形态观察。取庖肉培养物涂片，镜检，作革兰氏染色，检查培养物细菌形态。亚硫酸盐还原梭菌为革兰氏阳性杆菌，单个散状、成对、成小链状或并列地聚堆存在。产芽孢时，芽孢呈卵圆形或球形，位于中央、次终端或终端。

②过氧化氢酶试验。在洁净载玻片上滴 1 滴培养物，再滴加 1～2 滴 3% 的过氧化氢。出现小气泡说明有过氧化氢酶活性。亚硫酸盐还原梭菌不形成过氧化氢酶。

三、破伤风梭菌

（一）分布

破伤风梭菌是引起人和动物破伤风病的病原菌。该菌大量存在于人和动物的肠道内，随粪便污染环境及食品，其在土壤中可形成芽孢而长期存在。以植物的根、茎为原料的药物也可能被破伤风梭菌的芽孢污染。

（二）生物学特性

破伤风梭菌为革兰阳性厌氧芽孢杆菌，芽孢呈正圆形，位于菌体顶端，其直径大于菌体横径，使菌体膨大呈鼓槌状，形成破伤风梭菌特有的形态学特征。破伤风梭菌多数菌株有鞭毛，无荚膜。最适生长温度为 37℃。一般不发酵乳糖，能液化明胶，产生硫化氢；大多数菌株产生吲哚，不还原硝酸盐，分解蛋白质的能力轻微而缓慢。在庖肉培养基内生长时使培养液变浑浊，肉渣变黑，有腐败性恶臭；在血平板上生长可形成 α 溶血环。破伤风梭菌产生的痉挛毒素毒性极强，可选择性作用于中枢神经系统，影响抑制性神经介质的释放，导致肌肉强直性痉挛。

（三）检测方法

1. 培养基及试剂
庖肉培养基、血琼脂平板、破伤风抗毒素。

2. 检验步骤
（1）直接镜检。可疑样品直接涂片革兰氏染色，显微镜检见有革兰阳性大杆菌，菌体顶端有圆形芽孢，呈鼓槌状，可初步报告。

（2）增菌培养。将样品接种于庖肉培养基，于 75～85℃水浴加热 30min，以杀灭杂菌，激活芽孢；然后置 35～37℃下，厌氧培养 2～4d，必要时可延长至 12d。涂片镜检，如有典型鼓槌状杆菌，再进行分离培养，必要时做动物实验。

（3）分离培养。将增菌培养物离心，沉淀接种于有新霉素或卡那霉素等抑制其他厌氧菌生长的加热血琼脂或葡萄糖血琼脂平板的一边，于严格厌氧环境中37℃培养24h。破伤风梭菌常呈迁徙状生长，在边缘上形成蔓丝状菌落。取前端部分再接种增菌培养基，有时须重复接种2~3次才能得到纯培养。

（4）动物实验。常用小白鼠做毒理实验和保护性实验。每次实验用2只小白鼠，其中1只预先皮下注射破伤风抗毒素0.5ml。作为对照，然后给2只小白鼠后腿肌内注射培养滤液各0.1~0.25ml。经12~24h后，未接种破伤风抗毒素的小白鼠出现尾部僵直竖起，后肢肌肉强直痉挛，甚至死亡。而接种破伤风抗毒素的小白鼠无任何症状，称为保护性实验阳性。证实培养物中存在破伤风毒素。

（5）鉴定。根据直接涂片镜检见革兰阳性大杆菌、菌体呈典型鼓槌状，即可作出初步鉴定。再根据本菌在厌氧血琼脂平板上呈扩散生长，扩散生长可被特异性抗毒素所抑制。在庖肉培养基中，肉渣部分消化呈微黑色。生化反应特征为不发酵糖类，不分解蛋白质。必要时做动物保护性实验以作出最后鉴定。

四、无芽孢厌氧菌检验

（一）分布

无芽孢厌氧菌包括一大群专性厌氧繁殖、无芽孢的菌属，包括革兰阳性和阴性的球菌与杆菌。它们广泛分布于人和动物的皮肤、口腔、胃肠道和泌尿生殖道，是人体正常菌群的重要组成部分。同时也是人体的条件致病菌，常引起内源性混合感染。无芽孢厌氧菌种类繁多，如乳杆菌、丙酸杆菌、丁酸杆菌、普雷沃菌、脆弱类杆菌、消化链球菌、产黑色素普雷沃菌等，多引起内源性感染。这些菌污染食品后，可在特殊条件下生长繁殖，使食品受到污染。对这类细菌的检验主要依靠细菌的形态、染色性、菌落特征、色素、溶血性及生化反应等对细菌进行鉴定。

（二）微生物学检验方法

1. 初步鉴定

无芽孢厌氧菌的鉴定可依据革兰染色镜检结果、菌体形态、菌落特征（形态、大小、色素、荧光等）以及对某些抗生素的敏感性等进行初步鉴定。

（1）形态与染色。形态与染色对厌氧菌的鉴定极为重要，但应注意厌氧菌的染色可受到培养基种类和培养时间的影响。由于培养时间长，可使革兰染色阳性变为阴性，从而作出错误判断。

（2）菌落特性。包括菌落的形态、大小、色素、溶血以及荧光等，均对厌氧菌的鉴定具有一定的参考价值。

（3）色素。产黑色素普雷沃菌与不解糖紫单胞菌培养2~10d后，可产生黑普雷沃菌褐色或黑色色素；龋齿放线菌培养2~10d后可产生粉红色色素；奈氏放线菌延长培养时间可产生黄褐色色素。

（4）荧光。产黑色素普雷沃菌与不解糖紫单胞菌的某些菌株的菌落，在紫外线（360nm）的照射下可发出红色荧光；梭杆菌的菌落常发出黄绿色荧光。

（5）抗生素敏感性鉴定试验。常用的抗生素纸片有卡那霉素（1 000μg）、万古霉素

（5μg）和多黏菌素（10μg），一般抑菌环直径＜10mm，可视为耐药。如根据对卡那霉素的敏感性，可区别梭杆菌属（敏感）与类杆菌属（多数耐药）；对万古霉素敏感而对多黏菌素耐药，可能为革兰氏阳性厌氧菌，反之则可能为革兰氏阴性厌氧菌，这有助于一些可能被染成革兰氏阳性的幼龄产黑色素普雷沃菌的鉴定。

（6）聚茴香脑磺酸钠（SPS）敏感试验。可用于快速鉴定厌氧消化链球菌，该菌对50g/ml 的 SPS 特别敏感，而其他革兰氏阳性球菌则对 SPS 耐药。

2. 快速鉴定

用快速试验能迅速鉴定出下列细菌。

（1）脆弱类杆菌。本菌对卡那霉素、万古霉素耐药，20%胆汁（或2g1L 胆盐）可促进其生长。绝大多数细菌触酶试验阳性。

（2）产黑色素普雷沃菌和不解糖紫单胞菌。这两类细菌对卡那霉素、万古霉素耐药。在生产色素之前有红色荧光，但一旦菌落变黑则荧光消失。

（3）具核梭杆菌。菌体呈梭状是本菌的最大特征。吲哚试验阳性，酯酶试验阴性，在20%胆汁中不生长，某些菌落呈珍珠样光斑点或毛玻璃状外观，用放大镜观察易于看见。一些菌落可呈面包屑状。本菌对卡那霉素、万古霉素耐药。

（4）痤疮丙酸杆菌。此菌触酶试验和吲哚试验均阳性。若发现触酶试验阳性，而吲哚试验阴性的革兰氏阳性杆菌，则可能是迟钝优杆菌或黏液优杆菌。

（5）小韦永球菌。此菌为革兰氏阴性小球菌。具有还原硝酸盐为亚硝酸盐的能力，借此可与其他革兰阴性菌相鉴别。

（6）厌氧消化链球菌。此菌为革兰氏阳性球菌，菌体常呈球杆菌。此菌对 SPS 特别敏感，据此可与其他革兰阳性球菌相鉴别。

3. 最终鉴定

必须依据生化反应、终末代谢产物的检测及分子生物学方法等来确定菌种。

（1）生化试验。包括多种糖类发酵试验、吲哚试验、硝酸盐还原试验、触酶试验、卵磷脂酶试验、酯酶试验、蛋白溶解试验、明胶液化试验、胆汁肉汤生长试验及硫化氢试验等。其试验方法除常规方法外，还有如 VITEK – ANI、MicroScan – ANI 等自动化细菌鉴定系统。

（2）细菌终末代谢产物的检测。Guillaumie（1956）等观察到，细菌的终末代谢产物中有甲酸、乙酸、丙酸和丁酸等，细菌的种类不同，其代谢产物各异。Beerens 等（1962）根据上述观察，提出应用细菌发酵葡萄糖产生的挥发性脂肪酸的类型来鉴定细菌，以解决分类中的定种问题。如需氧菌和兼性厌氧菌只能产生乙酸，若检测出其他短链脂肪酸，如丙酸和丁酸等则提示为厌氧菌。目前利用气液相色谱法分析厌氧菌的终末代谢产物，已成为鉴定无芽孢厌氧菌中较可靠的方法之一。

（3）分子生物学方法。利用核酸杂交技术、PCR 等分子生物学方法，可对一些重要的无芽孢厌氧菌做出迅速和特异性诊断。

第四节 食品中常见腐败菌的检测

一、假单胞菌属细菌

（一）分布

假单胞菌属（*Pseudomonas*）是假单胞菌科的代表菌属。本属细菌种类很多，达200余种，多数为腐生菌，少数为植物和动物的寄生菌。假单胞菌属广泛分布于土壤、水、人及动物的体表、口腔和肠道及一系列食品中。本菌属于条件致病菌，可引起尿路、呼吸道感染及脑膜炎、耳炎及肺炎等全身性疾病。通常认为假单胞菌不是一种食源性致病菌，不会引起食源性感染；但在适当条件下，在食品中大量繁殖可造成食品的腐败变质，如在肉制品中大量繁殖，可引起肉制品表面发绿、变黏和腐败。

（二）生物学特性

假单胞菌为革兰氏阴性、有运动性的直杆菌或弯曲菌，大小一般为（1.5~4）μm×（0.5~1）μm。大多数菌的适温为30℃，严格需氧，触酶试验阳性，大部分氧化酶实验阳性。DNA中G+C含量为58%~71%。假单胞菌对营养要求不高，在普通琼脂培养基上生长良好，少数假单胞菌能产生多β–羟基丁酸盐，一些菌能产脂肪酶，有些在特殊培养基上能产生荧光化合物。

（三）检验原理

采用CFC琼脂培养基（Cetrimide, fucidin and cephaloridine agar）分离假单胞菌。CFC琼脂培养基是由King's培养基改良的，但比King's培养基更具特异性，也比其他用于从水中分离假单胞菌的早期改良培养基更具有特异性。由于CFC琼脂培养基中加入了抗生素添加物，因此具有强选择性，可允许所有产色素和不产色素嗜冷假单胞菌生长，并可产生荧光色素。

（四）检验方法

1. 培养基与材料
CFC琼脂、基础培养基。
2. 假单胞菌的计数方法
（1）对培养基和检测方法采用经过合格验证的阳性菌株（如绿脓杆菌）和阴性菌株（如金黄色葡萄球菌）进行阳性质控和阴性质控。
（2）用样品稀释液（0.1%蛋白胨+0.85%氯化钠）制备样品初始悬液。
（3）用稀释液对样品初始悬液进行系列10倍梯度稀释。
（4）取适当稀释度的样品悬液0.1ml涂布CFC琼脂平板。
（5）25℃需氧培养24~48h。
（6）在24h和48h时，在紫外灯下检查有细菌生长。

（7）直接计数 CFC 琼脂平板上生长的菌落。

3. 结果报告

计算并报告出每克或每平方厘米样品含假单胞菌数（CFU/g 或 CFU/cm²）。

二、黄杆菌属细菌

（一）分布

黄杆菌属（*Flavobacterium*）在自然界中分布很广，广泛分布在土壤、空气、淡水和海水中。包括水生黄杆菌（*F. mizutaii*）、短黄杆菌（*F. breve*）、芳香黄杆菌（*F. odoratum*）、嗜糖黄杆菌（*F. multivorum*）、嗜醇黄菌（*F. spiritivorum*）、嗜温黄杆菌（*F. thalpophilum*）和薮内黄杆菌（*F. yabuuchiae*）等。黄杆菌属不是人体正常菌群，但某些健康人的皮肤、口腔黏膜、呼吸道均可检出，为机会致病菌。在食品中，可引起多种食品如贝壳类、禽、鱼、蛋、乳等腐败变色。

（二）生物学特性

黄杆菌属为革兰氏阴性杆菌，长 1.0～3.0μm，宽 0.5μm，无鞭毛，无动力，严格需氧代谢。触酶、氧化酶、磷酸酶均阳性。绝大多数菌株产生不溶性黄色素。细菌可分解某些碳水化合物，产酸，但不产气，不消化琼脂，有机化能营养。DNA 中 G + C 含量为31%～42%。

（三）微生物学检验

1. 培养基与材料

血琼脂平板、麦康凯琼脂平板、触酶试剂（3%过氧化氢）。

2. 黄杆菌的计数方法

（1）用样品稀释液（0.1%蛋白胨 + 0.85%氯化钠）制备样品初始悬液。

（2）用稀释液对样品初始悬液进行系列 10 倍梯度稀释。

（3）取适当稀释度的样品悬液涂布血琼脂及麦康凯琼脂平板。

（4）35℃需氧培养 24～48h。

（5）直接计数在血平板上形成中等大小、圆形、光滑、湿润、微凸、不溶血、边缘整齐的淡黄色菌落，随培养时间的延长，色素由淡黄色、黄色至金黄色。

3. 确证实验

（1）氧化酶试验阳性，触酶试验阳性。

（2）与其他菌属相区别：产生黄色素是本菌重要特征，但是阪崎肠杆菌、聚团肠杆菌、嗜麦芽假单胞菌等细菌也可产生黄色素。所以在鉴定时须注意其相互区别。利用氧化酶试验与产黄色素的肠杆菌科细菌相区别；利用动力试验与产黄色素的假单胞菌相区别。

（3）属内各菌种的鉴定：利用表中列的各菌种的生化反应特性即可把 7 个菌种区别开。最简便的方法是使用其中的乳糖、甘露醇、木糖、七叶苷、硝酸盐还原、麦芽糖 6 个试验即可达到种间互相鉴别的目的（表 8 - 6）。

表 8 – 6　常见黄杆菌主要生化培养特性

试验	水生黄杆菌	短黄杆菌	芳香黄杆菌	嗜糖黄杆菌	嗜醇黄杆菌	嗜温黄杆菌	薮内黄杆菌
动力	–	–	–	–	–	–	–
氧化酶	+	+	+	+	+	+	+
葡萄糖氧化	+	+	–	+	+	+	+
乳糖氧化	–	–	–	+	+	+	–
吲哚试验	+	+	+	–	–	–	–
分解尿素	–	–	+	+	–	+	–
七叶苷水解	+	–	–	+	+	+	–
明胶液化	+	+	+	–	– / +	+ / –	–
42℃生长	– / +	–	– / +	–	– / +	–	–
产黄色色素	+	+	+	+	+	+	+

注：+，阳性；－，阴性；－ / +，多数阴性，少数阳性；+ / －，多数阳性，少数阴性。

4. 结果报告

根据所占的比例及样品稀释倍数，计算出每克或每平方厘米样品含黄杆菌数（CFU/g 或 CFU/cm^2）。

三、热杀索丝菌

（一）分布

热杀索丝菌（*Brochothrix thermosphacta*）是一种非食源性致病菌，于 1951 年首先被从香肠和碎猪肉中分离出来，是一种重要的肉及肉制品腐败菌，特别是真空包装的冷藏肉制品中的腐败菌。热杀索丝菌是一种耐受性相对较强的微生物，能耐受高盐（10%）、高亚硫酸盐和低 pH 值（5.5 ~ 6.5），可在冷藏温度下生长。热杀索丝菌可以在真空包装的肉中生长，对热灵敏，在熏制等熟制品加工过程中，如果肉内温度达到 68 ~ 70℃时不能存活。对于真空包装的肉制品，热杀索丝菌的生长情况很大程度上取决于包装内有效氧的含量。当有氧时，热杀索丝菌会成为腐败菌系中的优势菌；而厌氧时，乳酸菌属会成为优势菌。

（二）生物学特性

热杀索丝菌是一种兼性厌氧的革兰氏阳性杆菌，无运动性，无芽孢。菌体形态有规则的杆状至球杆状，通常呈单个、短链或呈折叠成节的长丝状。最适生长温度 20 ~ 25℃，发酵葡萄糖产生乳酸。其他的生物学特性还包括触酶阳性，甲基红试验阳性，V－P 试验阳性，在 35℃下不能生长。通过采用触酶试验可以把热杀索丝菌与乳杆菌区别开。

（三）检验原理

从肉及肉制品中分离热杀索丝菌不需进行增菌，链霉素乙酸亚铊放线菌酮（STAA）琼脂可用作选择分离培养基。STAA 琼脂的选择性是基于热杀索丝菌对高浓度硫酸链霉素（500mg/L）具有抗性，另外放线菌酮和乙酸亚铊也可抑制酵母菌的生长。

（四）检验方法

1. 培养基与试剂

链霉素乙酸亚铊放线菌酮（STAA）琼脂、营养琼脂、触酶试剂（3%过氧化氢）。

2. 热杀索丝菌计数方法

（1）使用标准阳性菌株和标准阴性菌株（如粪肠球菌）对培养基和方法进行质控。

（2）用稀释液（0.1%蛋白胨+0.85%氯化钠）制备样品初始悬液。

（3）用稀释液对样品初始悬液进行系列10倍梯度稀释。

（4）适当稀释度的样品悬液，每个稀释度涂布接种两个STAA平板，每板接种0.1ml样液。室温静置15min，使液体吸收到琼脂内。

（5）22~25℃有氧条件下培养48h。

（6）选择适当稀释度样品的接种平板（15~300个菌落），计数所有菌落数。

（7）从计数过的菌落中选择20~30个可疑性菌落进行确证实验。

3. 确证实验

通过确证实验可将样品中含有的热杀索丝菌与乳酸菌区别开来。

（1）触酶试验。将选择的20~30个可疑菌落接种营养琼脂平板进行纯化培养，22~25℃培养18~24h后进行触酶试验。热杀索丝菌触酶试验阳性，而乳酸菌触酶试验为阴性。

（2）氧化酶试验。对疑似菌落再进行氧化酶试验。热杀索丝菌氧化酶试验阴性，而黄杆菌属氧化酶试验为阳性。

（3）革兰氏染色、镜检。对氧化酶试验阴性的菌株再进行革兰氏染色、镜检。氧化酶阴性的革兰氏阴性菌为假单胞菌，氧化酶阴性的革兰氏阳性菌为热杀索丝菌。

统计触酶阳性、氧化酶阴性和革兰氏阳性的菌落数，计算出热杀索丝菌所占的比例。

4. 结果报告

根据热杀索丝菌所占的比例及样品稀释倍数，计算出每克或每平方厘米样品含热杀索丝菌数（CFU/g 或 CFU/cm^2）。

四、产碱杆菌属细菌

（一）分布

产碱杆菌属（*Alcaligenes*）为腐生菌，包括粪产碱杆菌、芳香产碱杆菌和去硝化产碱杆菌，最常见的为粪产碱杆菌。产碱杆菌属均为动物肠道的正常寄生菌，随粪便排出污染土壤和水域。可引起肉、乳、蛋、鱼、贝类和其他食物发黏变质。在人的创伤感染、脓肿、败血症中常检出。其致病性尚未完全验证。

（二）生物学特性

产碱杆菌为革兰氏阴性的短杆菌或球菌，有时呈弧形，常单在。有时成对或链状排列，具周身鞭毛，能运动，一般无荚膜。专性需氧，生长最适温度为20~37℃，在pH值7.0时生长较快，对营养要求不高，能在普通培养基上生长。在肉汤中培养24h，呈均匀浑浊，表面形成薄膜，管底会形成黏性沉淀，不易摇散。在麦康凯、中国蓝和S-S琼脂平板上形成无色透明的菌落，但少数菌株在 S-S 琼脂上不能生长。在血琼脂平板上可形成灰色、扁平、边缘菲薄的较大菌落。在含有蛋白胨的肉汤中产氨，能使 pH 值上升到 8.6 以上。产碱杆菌属细菌氧化酶和触酶试验均为阳性，能利用枸橼酸盐，部分菌株能还原硝酸盐，不分解糖类，在 O/F 培养基上呈碱性反应。不产生吲哚和 H_2S，不液化明胶，V-P 和 MR 实验阴性。

（三）微生物学检验

1. 培养基与材料

普通血琼脂平板、麦康凯琼脂平板。

2. 产碱杆菌的计数方法

（1）用样品稀释液（0.1 蛋白胨 +0.85% 氯化钠）制备样品初始悬液。

（2）用稀释液对样品初始悬液进行系列 10 倍梯度稀释。

（3）取适当稀释度的样品悬液涂布血琼脂及麦康凯琼脂平板。

（4）35℃ 需氧培养 18~24h。计数在血琼脂平板上形成的灰白色菌落，在麦康凯琼脂平板上形成的无色透明菌落。

（5）生化鉴定：氧化酶、过氧化氢酶试验阳性，不分解任何糖类，动力和枸橼酸盐试验阳性，不产生尿素酶、靛基质、甲基红与 V-P 试验阴性，不液化明胶，不产生 H_2S。

3. 确证实验

（1）3 种产碱杆菌的鉴别。3 种产碱杆菌在普通琼脂平板上经 24h 培养，去硝化产碱杆菌可产生直径为 0.5mm 的圆凸、边缘整齐、有光泽的菌落。芳香产碱杆菌则形成直径为 1~1.5mm 的中间凸起而边缘菲薄的菌落。粪产碱杆菌介于二者之间。粪产碱杆菌的特点是芳香味，在血平板上菌落呈 α 溶血，边缘呈弥散状。粪产碱杆菌不能在 6.5% 氯化钠肉汤中生长。参照表 8-7 可达到种间鉴别。

表 8-7 常见产碱杆菌主要生化培养特性

项目	粪产碱杆菌	芳香产碱杆菌	去硝化产碱杆菌
氧化酶	+	+	+
触酶	+	+	+
麦康凯琼脂	+	+	+
S-S 琼脂	+/-	+	+/-
溴烷铵	-/+	+/-	+/-
分解糖类	-	-	-
尿素酶	-	-	-/+
硝酸盐还原	-/+	-	+
气味	-	水果味	-
苯丙氨酸脱氨酶	-	-	-
乙酰胺水解	-/+	+	+
七叶苷水解	-	-	-
醋酸盐利用	+/-	+	+/-
枸橼酸盐利用	+	+	+
明胶液化	-	-/+	-

注：+，阳性；-，阴性；-/+，多数阴性，少数阳性；+/-，多数阳性，少数阴性。

（2）与产碱假单胞菌的鉴别。采用鞭毛染色区别产碱假单胞菌。粪产碱杆菌周身鞭毛，产碱假单胞菌一端鞭毛。

4. 结果报告

根据所占的比例及样品稀释倍数，计算出每克或每平方厘米样品含产碱杆菌数（CFU/g 或 CFU/cm^2）。

五、沙雷氏菌属细菌

（一）分布

沙雷氏菌属（*Serratia*）是肠杆菌科的一个菌属，广泛分布于水、土壤、蚕体、牛乳和各种食物中。食品被严重污染后，在适宜的条件下，可导致食品的腐败变质，使其表面变红变黏。包括黏质沙雷氏菌（*S. marcescens*）、液化沙雷氏菌（*S. liqucfaciens*）、无花果沙雷氏菌（*S. ficaria*）、普利芳斯沙雷氏菌（*S. plymufhica*）、芳香沙雷氏菌（*S. odorifera*）、嗜线虫沙雷氏菌（*S. enfomophila*）及红色沙雷氏菌（*S. rubideae*）7 个种。

（二）生物学特性

沙雷氏菌为革兰氏阴性以周生鞭毛运动的小杆菌，一些菌株有荚膜。能利用枸橼酸盐或醋酸盐作为唯一碳源。许多菌株产生粉色、红色或深红色素。发酵葡萄糖稍产气或不产气，发酵纤维二糖、肌醇和甘油不产气。木糖和阿东醇的发酵特性不稳定。MR 试验阴性，V–P 试验通常阳性。不利用丙二酸盐和藻朊酸盐，不分解果胶酸盐。通常不分解尿素，但也有些菌株能弱分解。产生脱氧核糖核酸酶。

（三）微生物检验

（1）将样品划线接种在血平板和肠道弱选择性培养基上。

（2）分别置于 25℃、35℃ 培养。根据染色及形态学观察进行初步鉴定。

（3）生化鉴定：生化反应为多数菌株发酵葡萄糖产酸或产酸产气。产生 DNAse（脱氧核糖核酸酶）、明胶酶和脂酶。不产生苯丙氨酸脱氨酶和脲酶，不产生硫化氢。详见表 8-8。

表 8-8　沙雷氏菌属的生化反应

阿拉伯糖	侧金盏花醇	卫矛醇	葡萄糖（产气）	肌醇	乳糖	甘露醇	水杨苷	蔗糖	靛基质	甲基红	V–P试验	枸橼酸盐	明胶（22℃）	氰化钾	苯丙氨酸脱氨酶	脱氧核糖核酸酶	丙二酸钠	赖氨酸脱羧酶	精氨酸双水解酶	鸟氨酸脱羧酶
–	不定	–	+	不定	不定	+	+	+	–	+/–	+	+	+	+	–	+	–	+	–	+

（四）鉴别检验

沙雷氏菌属需注意与邻近类似的菌属相鉴别，见表 8-9。

表 8 - 9 沙雷氏菌与类似菌的鉴别

试验项目	粘质沙雷氏菌	肺炎克雷伯氏菌	产气肠杆菌	阴沟肠杆菌
DNA 酶	+	-	-	-
灵菌红素 22 （一）	db		-	
明胶液化	+	d	-/ （+）	d
赖氨酸脱羧酶	+	+	+	-
鸟氨酸脱羧酶	+	-	+	+
精氨酸双水解酶	-	-	-	+

注：+：90％以上菌株阳性；（+）：75％～89％菌株阳性；d：26％～74％菌株阳性；-：90％以上菌株阴性；db：区分生物变种的试验。

六、不动杆菌属细菌

（一）分布

不动杆菌属（*Acinetobacter*）是一群不发酵糖类的革兰氏阴性杆菌，为腐生菌，广泛存在于水、土壤、动物和人的肠道中，另外在人伤口感染、脑膜炎、中耳炎等病的检材中也常发现。此菌是鱼、贝类和其他食物的腐败变质菌之一，在食品的卫生学上有着重要意义。

（二）生物学特性

不动杆菌呈球状或球杆状，大小为 $2\mu m \times 1.2\mu m$，无芽孢，无鞭毛，无动力，常成对排列，也有单个存在的，有时呈短链，偶尔可见到菌体呈丝状，革兰氏阴性，专性需氧。在普通培养基上生长良好，最适生长温度为 30～35℃，但有些菌株能在 42℃生长。不动杆菌氧化酶阴性，触酶阳性，硝酸盐阴性，该属菌种在初代培养时常呈球形菌体，当生长在含有青霉素或头孢菌素以及次级增殖培养时，即可证实是杆菌。

（三）微生物学检验

（1）将样品进行增菌培养。

（2）增菌液在血琼脂、S－S 琼脂、麦康凯琼脂平板上分离培养。

（3）35℃需氧培养。

（4）形态与染色检查。菌落呈革兰氏阴性球杆菌，单个或成双排列，有时呈丝状或链状。在麦康凯琼脂平板上 35℃培养 18～24h，形成粉红色菌落，48h 后菌落呈深红色，部分菌株呈黏液性菌落。血平板上经 35～37℃培养 24h 后，形成硝酸盐阴性无动力菌落，直径为 2～3mm，劳菲氏不动杆菌较小，0.5～1.0mm，菌落均呈凸起圆形，光滑、边缘整齐，灰白色，有的有带黏性。10％～20％菌株产生宽大的溶血环。有些菌株产生难闻的气味。能在麦康凯琼脂培养基上生长，硝酸盐阴性不动杆菌形成粉红色菌落，劳菲氏不动杆菌形成黄色菌落。部分菌株可在 S－S 琼脂培养基上生长，极少数菌株产生棕黄色或棕色可溶性色素。在氰化钾培养基上，硝酸盐不动杆菌能生长，而劳菲氏不动杆菌则不能。在肉汤中呈均匀浑浊生长，有菌膜及沉淀。不能在溴化十六烷三甲胺培养基上生长。

（5）生化鉴定。氧化酶试验阴性，过氧化氢酶阳性，葡萄糖 O/F 为 +／－，硝酸盐还原试验阴性，42℃时生长。不产生靛基质和 H$_2$S，MR 及 V－P 试验阴性。硝酸盐阴性不动杆菌可氧化葡萄糖、木糖产酸（经 1~2d），对 1% 乳糖与麦芽糖部分菌株迟缓分解（3d 以后），但在 1% 的乳糖琼脂斜面上产酸（1~3d），对甘露醇与蔗糖不分解。劳菲氏不动杆菌则不分解任何糖类。不动杆菌能利用枸橼酸盐，大多数菌株不分解尿素。所有的生物型均能水解吐温－80。对抗生素有明显的耐药性，能产生青霉素酶，对红霉素、氯霉素、四环素、链霉素耐药，对新霉素、羧苄青霉素及多黏菌素敏感。

（6）鉴别性检验。见表 8－10。

表 8－10　不动杆菌与类似细菌比较

项目	硝酸盐阴性不动杆菌	劳菲氏不动杆菌	绿脓杆菌	产碱杆菌
氧化酶	－	－	+	+
H$_2$S	－	－	－／+	
靛基质	－	－	－	－
动力	－	－	+	+
硝酸盐还原	－	－	+	－／+
葡萄糖	+	－	+	－
木胶糖	+	－	+	－
乳糖	（+）	－	－	－
麦芽糖	（－）	－	－	－
甘露糖	－	－	－	－
蔗糖	－	－	－	－
精氨酸水解	－	－	+	－
S－S 培养基	+／－	+／－	+	+
尿素酶	+／－	－	+	－
利用枸橼酸盐	+	+／－	+	+

七、脂环酸芽孢杆菌属细菌

（一）分布

脂环酸芽孢杆菌属（*Alicyclobacillus*）通常主要分布于高酸的热环境、土壤及水果加工产品中，如苹果、橘子、芒果等。模式种为酸热脂环酸芽孢杆菌（*Alicyclobacillus acidocaldarius*）。该属的酸土脂环芽孢杆菌（*A. acidoterrestris*）、酸热脂环芽孢杆菌（*A. acidocaldarius*）等可以引起巴氏灭菌果汁的腐败，产生难以接受的气味，引起果汁腐败变质的主要是它的代谢产物。在腐败初期，产品并不出现明显的胀包或酸败，但该菌代谢产物在万亿分之一浓度就会使果汁口感风味变劣，产生浊度升高乃至形成白色沉淀等质量危害。脂环酸芽孢杆菌属是引起果汁、酸性饮料，尤其是巴氏灭菌果汁腐败变质的主要因素。

（二）生物学特性

脂环酸芽孢杆菌是脂环酸芽孢杆菌属，革兰氏阳性（仅有一株为革兰氏阴性），形态为杆状的芽孢杆菌。45℃需氧培养 1～2d，即在固体培养基上形成明显的菌落。菌落形态一般为圆形饱满、乳白色、半透明或不透明，直径为 0.5～5mm。在某些特殊的培养基中不能生长，如：酸土脂环芽孢杆菌不能生长于含胰酪蛋白胨、牛肉汤琼脂的培养基中，甚至 pH 值达到 3.5 时也无法生长。

可在高温、高酸的条件下生存，最适生长温度为 42～53℃，生长 pH 值 2.0～6.0。当 pH 值<4 时便形成芽孢，芽孢呈椭圆形，端生或次端生，有时会使营养细胞膨大，菌体宽 0.35～1.1μm、长 2～6.3μm，该芽孢的耐热能力为 85℃56min，90℃15min，95℃2.4min。因此，巴氏杀菌机不能除去此菌。

触酶、脲酶试验阳性，可以水解淀粉、液化明胶、利用氮源，氧化酶、V-P 试验阴性，不产生吲哚。

（三）微生物检验

菌落计数原理：样品经热处理，去除样品中的非耐热杂菌，取适量样液用 0.45μm 滤膜过滤后，将滤膜贴于培养基中，培养后进行菌落计数，必要时可于显微镜下检查芽孢。

1. 浓缩汁样品处理

（1）以无菌操作分别取 10ml 浓缩汁于两个 15ml 灭菌的试管中，其中一管插入温度计，作为温度控制管。

（2）将两个样品管置于（80±1）℃的水浴中，观察温度控制管中温度计的温度，当温度计读数达到（80±1）℃时，开始计时，维持 13min，水面应高于试管中的样品。

（3）取出后迅速冷却至室温。

（4）用 90ml 的灭菌蒸馏水将热处理过的样品转入灭菌容器中，摇匀。将稀释后的样品溶液用 0.45μm 的滤膜真空过滤。也可根据样品的污染情况，选择合适的稀释度进行过滤。

2. 清汁、水样品处理

（1）分别取 150ml 清汁（或水）于两个已灭过菌的玻璃样品瓶中，同上操作。

（2）样品冷却至室温，用 0.45μm 的滤膜真空过滤。也可根据样品的污染情况，选择合适的稀释度进行过滤。

3. 浊汁样品处理

（1）分别取 20ml 浊汁于两个已灭过菌的试管中，同上操作。

（2）样品冷却至室温，用 0.45μm 的滤膜真空过滤。也可根据样品的污染情况，选择合适的稀释度进行过滤。

4. 培养与计数

（1）用灭菌的镊子，将过滤膜从过滤器上取下放在 K 氏培养基上，保证滤膜与培养基接触，不能留有气泡。

（2）倒置于 40～41℃恒温培养箱中，可在恒温培养箱底部放置一个有水的盘子，以调整恒温培养箱的湿度，培养 5d。

（3）培养结束后，记录该培养温度下滤膜上的菌落数。脂环酸芽孢杆菌在 K 氏培养基上的菌落大多为奶油色，轻微的凸起，不透明。报告结果：CFU/10ml。

必要时，可进行生理生化鉴定。

5. 生化鉴定

可采用 API50CHB 鉴定系统或常规生理生化试验鉴定。但脂环酸芽孢杆菌的部分菌株之间糖利用情况的差异并不显著，往往需要进一步的鉴定。

6. 快速检测方法

可采用 PCR 等分子生物学技术对其进行快速检测。

八、微球菌属细菌

（一）分布

微球菌属（*Micrococcus*）细菌因为广泛分布于自然界，土壤、水中以及人类的皮肤和呼吸道。包括藤黄微球菌（*M. luteus*）、玫瑰微球菌（*M. roseus*）、不动微球菌（*M. sedentarius*）、易变微球菌（*M. Varians*）、活动微球菌（*M. agilis*）、盐生微球菌（*M. halopius*）、西宫微球菌（*M. nishinomiyaensis*）、莱拉微球菌（*M. lylae*）、克微球菌（*M. kristinae*）9 个种。这些菌在食物中生长后能使食品变色。有些微球菌能在低温环境中生长，引起冷藏食品的腐败变质。

（二）生物学特性

微球菌属细菌形态为细胞球形，革兰阳性，直径 $0.5 \sim 3.5\mu m$，成对、四联或成簇出现，但不成链。罕见运动，不产生芽孢。严格需氧，营养要求不高。在普通营养平板上菌落常形成圆形、凸起、光滑不透明、白色或黄色、粉红色的菌落。菌落有黏性，不易混悬于盐水中。在液体培养液中均匀浑浊生长。某些菌株能产生色素，如藤黄微球菌产生黄色色素，玫瑰微球菌产生粉红色色素。具呼吸化能异养菌，氧化分解糖类，对糖常产少量酸或不产酸，主要为乙酸，完全氧化后可产生 CO_2 和水。不产生吲哚，不液化明胶。触酶阳性，氧化酶常常是阳性的，但很弱。可在 5% 氯化钠中生长，含细胞色素、抗溶菌酶。最适温度 $25 \sim 37℃$。DNA 中 C 摩尔百分含量为 64% ~ 75%。

（三）微生物检验

（1）将样品划线接种于血液琼脂平板。

（2）35℃培养 18 ~ 24h 后，根据菌落特点、革兰氏染色、氧化发酵试验等对本属细菌加以确定。并按表 8 – 11 进行定种。

表 8 – 11　微球菌主要生化培养特性

特性	活动微球菌[①]	盐生微球菌	克微球菌	藤黄微球菌	莱拉微球菌	西宫微球菌	玫瑰微球菌	不动微球菌	易变微球菌
菌落颜色	红色	无色	淡橙	黄色	奶白	橙色	粉红或橙色	奶白或黄色	黄色
运动性	+	－	－	－	－	－	+	+	－
产酸：葡萄糖	－	+	+	－	－	d	+	－	+

（续表）

特性	活动微球菌[①]	盐生微球菌	克微球菌	藤黄微球菌	莱拉微球菌	西宫微球菌	玫瑰微球菌	不动微球菌	易变微球菌
甘油	−	+	+	+	−	−	−	−	−
甘露糖	−	−	+	+	−	−	−	−	−
乳糖	−	+	+	−	−	−	−	−	−
水解七叶苷	+	ND	+	+	−	−	−	−	−
明胶	+	−	−	−	+	+	−	+	+
硝酸盐还原试验	−	−	−	−	−	d	+	−	+
精氨酸双水解酶	−	−	−	−	−	−	−	+	−
生长：7.5% NaCl	−	+	+	+	+	−	−	+	+
营养琼脂	−	+	+	+	+	+	+	+	+

注：＋：＞90%以上菌株阳性；d：11%～89%菌株阳性；－：90%以上菌株阴性；ND：无测定
①在培养基中加5% NaCl。

第五节　发酵酒微生物检验技术

一、发酵酒中的微生物

发酵酒是以粮谷、水果、乳类等为原料，主要经酵母发酵等工艺酿制而成的，酒精含量小于24%的饮料酒。主要包括啤酒、葡萄酒、水果酒和黄酒等。发酵酒的污染主要来自原料或加工过程中不注意卫生操作而污染水、土壤及空气中的细菌，尤其散装生啤酒，因不加热往往存在大量的细菌。发酵酒卫生标准 GB 2758—2012 规定了发酵酒的细菌指标，由表8-12中可以看出沙门氏菌和金黄色葡萄球菌是发酵酒微生物检验的重要指标。

表8-12　发酵酒的微生物限量

项目	采样方案和限量			检验方法
	n	c	m	
沙门氏菌	5	0	0/25ml	GB/T 4789.25
金黄色葡萄球菌	5	0	0/25ml	

注：n为同一批次产品应采集的样品件数；c为最大可允许超出m值的样品数；m为微生物指标可接受水平的限量值。

二、发酵酒的检验

有关检验内容参见第四章第十节。

（一）样品的采集和送检

瓶装酒类应采取原包装样品，散装者应用灭菌容器采取，放入灭菌磨口瓶中。瓶装酒类应采取原包装两瓶，散装者采样500ml。

（二）检验的处理

1. 瓶装酒类

用点燃的酒精棉球灼烧瓶口灭菌，用石炭酸纱布盖好，再用灭菌开瓶器将盖启开，含有 CO_2 的酒类可倒入 500ml 灭菌磨口瓶中，瓶口勿盖紧；覆盖灭菌纱布，轻轻振荡，待气体全部逸出后，进行检验。

2. 散装酒

可直接吸取进行检验。

（三）检验项目

沙门氏菌检验，参照 GB/T 4789.4；金黄色葡萄球菌检验，参照 GB/T 4789.10。

第六节　鲜乳中抗生素残留量检验

一、鲜乳中的抗生素

在人工或机器自动化挤奶过程中，由于经常机械性地刺激奶牛的乳房，而且奶牛饲养环境中存在大量的化脓性细菌，如葡萄球菌、链球菌等，容易引起奶牛的乳房炎。为了预防和治疗奶牛的乳房炎，常常注射大量的抗生素，如青霉素、链霉素、庆大霉素和卡那霉素等，这些抗生素会残留在牛奶中。

鲜乳中含有抗生素有两个方面的缺点：一是对饮用者的健康不利；二是在加工上不能用于生产发酵乳。为了保证饮用者的安全和实际生产的需要，对鲜乳中抗生素残留量进行检验是很有必要的。

鲜乳中抗生素残留量的检验应属于理化检验的范畴，但鉴于此方法是采用的微生物手段，国标中也把此检验放入微生物学部分。在 GB/T 4789.27—2008 中，给出了两种检测方法，第一法适用于鲜乳中能抑制嗜热链球菌的抗生素的检验；第二法适用于鲜乳中能抑制嗜热脂肪芽孢杆菌卡利德变种的抗生素的检验，也可用于复原乳、消毒灭菌乳、乳粉中抗生素的检测。

二、鲜乳中抗生素残留量的检验

（一）嗜热链球菌抑制法

1. 设备和材料

除微生物实验室常规灭菌及培养设备外，其他设备和材料有：冰箱（2～5℃、-20～-5℃），恒温培养箱［（36±1）℃］，带盖恒温水浴锅［（36±1）℃、（80±2）℃］，天平（感量0.1g、0.001g），无菌吸管［1ml（具0.01ml刻度），10.0ml（具0.1ml刻度）］或微量移液器及吸头，无菌试管（18mm×180mm），温度计（0～100℃），旋涡混匀器，菌种（嗜热链球菌），灭菌脱脂乳，4% 2，3，5－氯化三苯四氮唑（TTC）水溶液，青霉素 G 参照溶液。

2. 检验程序

鲜乳中抗生素残留量检验程序如图 8－5 所示。

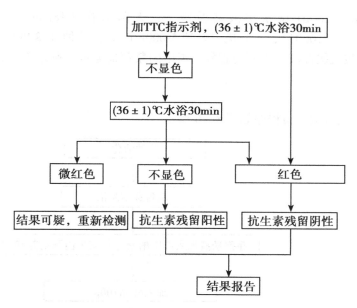

图 8 – 5　鲜乳中抗生素残留量检验程序

3. 操作步骤

（1）活化菌种。取一接种环嗜热链球菌菌种，接种在 9ml 灭菌脱脂乳中，置（36 ± 1）℃恒温培养箱中培养 12 ~ 15h 后，置 2 ~ 5℃冰箱保存备用，每 15d 转种一次。

（2）测试菌液。将经过活化的嗜热链球菌菌种接种灭菌脱脂乳，（36 ± 1）℃培养（15 ± 1）h，加入相同体积的灭菌脱脂乳混匀稀释成为测试菌液。

（3）培养。取样品 9ml，置 18mm ×180mm 试管内，每份样品另外做一份平行样，同时再做阴性和阳性对照各一份，阳性对照管用 9ml 青霉素 G 参照溶液，阴性对照管用 9ml 霉菌脱脂乳。所有试管置（80 ± 2）℃水浴加热 5min，冷却至 37℃以下，加入测试菌液 1ml，轻轻旋转试管混匀。（36 ± 1）℃水浴培养 2h，加 4% TTC 水溶液 0.3ml，在旋涡混匀器上混合 15s 或振动试管混匀。（36 ± 1）℃水浴避光培养 30min，观察颜色变化。如果颜色没有变化，于水浴中继续避光培养 30min 做最终观察。观察时要迅速，避免光照过久出现干扰。

（4）判断方法。在白色背景前观察，试管中样品呈乳的原色时，指示乳中有抗生素存在，为阳性结果。试管中样品呈红色为阴性结果。如最终观察现象仍为可疑，建议重新检测。

4. 报告

最终观察时，样品变为红色，报告为抗生素残留阴性。样品依然呈乳的原色，报告为抗生素残留阳性。

本方法检测几种常见抗生素的最低检出限为：青霉素 0.004IU，链霉素 0.5IU，庆大霉素 0.4IU，卡那霉素 5IU。

（二）嗜热脂肪芽孢杆菌抑制法

1. 设备和材料

除微生物实验室常规灭菌及培养设备外，其他设备和材料有：冰箱（2 ~ 5℃、– 20 ~ – 5℃），恒温培养箱［（36 ± 1）℃、（56 ± 1）℃］，恒温水浴锅［（65 ± 2）℃、（80 ± 2）℃］，无菌吸管或 100μl、200μl 微量移液器及吸头，无菌试管（18mm × 180mm、15mm × 100mm），温度计（0 ~ 100℃），离心机（转速 5 000r/min），菌种（嗜热脂肪芽孢杆菌卡利德变种），无菌磷酸盐缓冲液，灭菌脱脂乳，溴甲酚紫葡萄糖蛋白胨培养基，青霉素 G 参照溶液。

2. 检验程序

样品中抗生素残留量检验程序如图 8 – 6 所示。

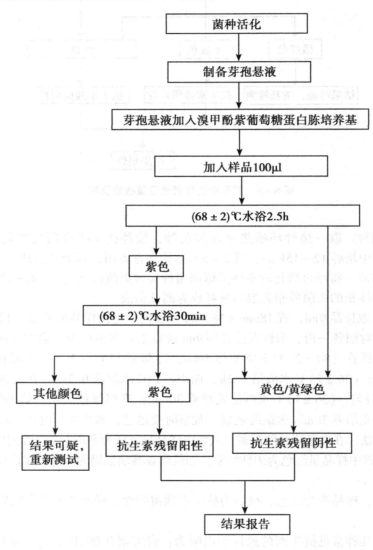

图 8 – 6 鲜乳中抗生素残留量检验程序

3. 操作步骤

（1）芽孢悬液。将嗜热脂肪芽孢杆菌菌种划线移种于营养琼脂平板表面，（56 ±1）℃培养 24h 后挑取乳白色半透明圆形特征菌落，在营养琼脂平板上再次划线培养，（56 ±1）℃培养 24h 后转入（36 ±1）℃培养 3 ~ 4d，镜检芽孢产率达到 95% 以上时进行芽孢悬液的制备。每块平板用 1 ~ 3ml 无菌磷酸盐缓冲液洗脱培养基表面的菌苔（如果使用克氏瓶，每瓶使用无菌磷酸盐缓冲液 10 ~ 20ml），将洗脱液 5 000r/min离心 15min，取沉淀物加 0.03mol/L 的无菌磷酸盐缓冲液（pH 值 7.2），制成 10^9CFU/ml 芽孢悬液，置（80±2）℃恒温水浴中 10min 后，密封防止水分蒸发，置 2 ~ 5℃保存备用。

（2）测试培养基。在溴甲酚紫葡萄糖蛋白胨培养基中加入适量芽孢悬液，混合均匀，使最终的芽孢浓度为 8×10^5 ~ 2×10^6CFU/ml。混合芽孢悬液的溴甲酚紫葡萄糖蛋白胨培养基分装小试管，每管 200μl，密封防止水分蒸发。配制好的测试培养基可以在 2 ~ 5℃保存 6 个月。

（3）培养操作。吸取样品 100μl 加入含有芽孢的测试培养基汇总，轻轻旋转试管混匀。每份检样做两份，另外再做阴性和阳性对照各一份，阳性对照管为 100μl 青霉素 G 参照溶液，阴性对照管为 100μl 无抗生素的脱脂乳。于（65±2）℃水浴培养 2.5h，观察培养基颜色的变化。如果颜色没有变化，须再于水浴中培养 30min 做最终观察。

（4）判断方法。在白色背景前从侧面和底部观察小试管内培养基颜色。保持培养基原有的紫色为阳性结果，培养基变成黄色或黄绿色为阴性结果，颜色处于两者之间，为可疑结果。对于可疑结果应继续培养 30min 再进行最终观察。如果培养基颜色仍然处于黄色—紫色之间，表示抗生素浓度接近方法的最低检出限，此时建议重新检测一次。

4. 报告

最终观察时，培养基依然保持原有的紫色，可以报告为抗生素残留阳性。

培养基变为橙黄色或黄绿色时，可以报告为抗生素残留阴性。

本方法检测几种常见抗生素的最低检出限为：青霉素 3μg/L，链霉素 50μg/L，庆大霉素 30μg/L，卡那霉素 50μg/L。

思考题

1. 罐头食品商业无菌的概念以及检验程序是什么？
2. 乳酸菌的检验程序和操作要点是什么？
3. 发酵酒中微生物检测的方法是什么？
4. 鲜奶中抗生素残留量的检测方法是什么？

第九章　现代食品微生物检验新进展

学习目标

1. 了解现代食品微生物检验技术的发展趋势。
2. 熟悉目前常见的食品微生物检验技术的新进展。
3. 理解食品微生物检验新技术的工作原理。

食源性疾病是危害人类健康的主要因素之一，主要由微生物和化学物质引起。其中，由微生物所引起的食源性疾病占到一半以上的比例，在食品原料采购、加工制作、储存、运输、销售等环节都有可能会遭受微生物的污染。因此，如何快速、准确地检测出致病微生物，并对食品的卫生质量作出评价已成为控制食品安全问题的关键。传统的食品微生物检测技术主要是生物培养和生理生化实验，操作步骤繁琐，检测周期长，无法对难以检测的病原菌进行检测，而一些简单的分子生物学和免疫学假阳性率又较高，所以建立现代化的食品微生物检测技术势在必行，而寻求方便、快速、灵敏、准确的微生物检测方法也成为各国科研人员研究的热点。随着科学技术的快速发展，食品微生物检测领域涌现出许多新技术、新方法，融合了微生物学、生物化学、分子生物学、免疫学、生物物理学、计算机技术等学科的知识，与传统方法相比，更加简便、快速、准确。根据其原理和方法的不同可以分为：免疫学方法、分子生物学方法、电化学方法、仪器分析法和快速测试片法。

第一节　免疫学检测方法

免疫学检测方法是应用免疫学理论设计的一系列测定抗原、抗体、免疫细胞及其分泌的细胞因子的实验方法，其基本原理是抗原抗体反应。抗原抗体反应是指抗原与相应抗体之间所发生的特异性结合反应。不同的微生物有其特异的抗原，并能激发机体产生相应的特异性抗体。目前常用的免疫学方法有免疫荧光技术（IFA）、酶联免疫技术（ELISA）、免疫胶体金技术（GICT）、免疫凝集试验（IA）、放射免疫技术（RIA）、免疫印迹（immunoblotting）和乳胶凝集试验（LAT）等。

一、免疫荧光技术（IFA）

免疫荧光标记技术始创于 20 世纪 40 年代，1942 年 Coons 等首次报道用异氰酸荧光素标记抗体，检查小鼠组织切片中的可溶性肺炎球菌多糖抗原。当时由于异氰酸荧光素标记物的性能较差，未能推广使用。1958 年 Riggs 等合成了性能较为优良的异硫氰酸荧光素（fluorescein isothiocyanate，FITC）。Marshall 等又对荧光抗体标记的方法进行了改进，从而使免疫荧光技术逐渐推广应用。

（一）免疫荧光技术的原理

免疫荧光技术（Immunofluorescence assay，IFA）又称荧光抗体技术，是标记免疫技术中发展最早的一种。它是在免疫学、生物化学和显微镜技术的基础上建立起来的一项技术。是将已知的抗体或抗原分子标记上荧光素，当与其相对应的抗原或抗体起反应时，在形成的复合物上就带有一定量的荧光素，在荧光显微镜下就可以看见发出荧光的抗原抗体结合部位，检测出抗原或抗体。

（二）免疫荧光技术的分类

1. 直接染色法

将标记的特异荧光抗体直接加在抗原标本上，经一定温度和时间的染色，洗去未参加反应的多余荧光抗体，在荧光显微镜下便可见到被检抗原与荧光抗体形成的特异性结合物而发出的荧光，如图9－1。直接染色法的优点是：特异性高，操作简便，比较快速。缺点是：一种标记抗体只能检查一种抗原，敏感性较差。直接法应设阴、阳性标本对照，抑制试验对照。

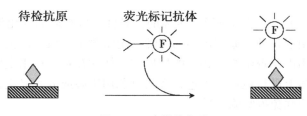

图9－1　直接染色法

2. 间接染色法

如果检查未知抗原，先用已知未标记的特异抗体（第一抗体）与抗原标本进行反应，作用一定时间后，洗去未反应的抗体，再用标记的抗抗体即抗球蛋白抗体（第二抗体）与抗原标本反应，如果第一步中的抗原抗体互相发生了反应，则抗体被固定或与荧光素标记的抗抗体结合，形成抗原—抗体—抗抗体复合物，再洗去未反应的标记抗抗体，在荧光显微镜下可见荧光，如图9－2。在间接染色法中，第一步使用的未用荧光素标记的抗体起着双重作用，对抗原来说起抗体的作用，对第二步的抗抗体又起抗原作用。如果检查未知抗体则抗原标本为已知的待检血清为第一抗体，其他步骤和检查抗原相同。

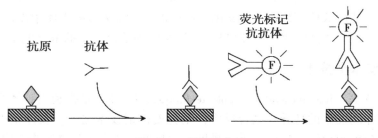

图9－2　间接染色法

3. 抗补体染色法

是间接染色法的一种改良法，利用补体结合反应的原理，用荧光素标记抗补体抗体，鉴定未知抗原或未知抗体（待检血清）。染色程序也分两步：先将未标记的抗体和补体加在抗原标本上，使其发生反应，水洗，然后再加标记的抗补体抗体。如果第一步中抗原抗体发生反应，形成复合物，则补体便被抗原抗体复合物结合，第二步加入的荧光素标记的抗补体抗体便与补体发生特异性反应，使之形成抗原—抗体—补体—抗补体抗体复合物，发出荧光。

二、酶免疫技术

酶免疫法（EIA）是将抗原、抗体的特异性免疫反应和酶的高效催化作用有机结合起来的一种免疫分析方法。和其他免疫技术一样，酶联免疫技术也是以抗原和抗体的特异性结合为基础，其差别在于酶联免疫技术以酶或者辅酶标记抗原或抗体用酶促反应的放大作用来显示初级免疫学反应使检测水平接近放射免疫测定法。酶联免疫测定法可分为非均相免疫测定法和均相免疫测定法，非均相法又分为固相法和液相法。具体的方法有酶联免疫吸附分析法（ELISA）、酶免疫实验法（EMIT）、竞争结合酶免疫分析法（CEIA）和免疫酶分析法（IE-MA）。其中，基于竞争吸附的非均相酶固相免疫测定法，即 ELISE 法，已经成为最广泛最有代表性的方法。

酶联免疫技术（ELISA）是将抗原和抗体的特异性反应与酶的催化作用有机地结合的一种方法，现已广泛应用于各种抗原和抗体的定性、定量测定。最初的免疫酶测定法，是使酶与抗原或抗体结合，用以检查组织中相应的抗原或抗体的存在。后来发展为将抗原或抗体吸附于固相载体，在载体上进行免疫酶染色，底物显色用肉眼或分光光度仪判定。后一种技术就是目前应用最广的酶联免疫吸附试验。

ELISA 技术结合了免疫荧光法和放射免疫测定法两种技术的优点，具有可定量、反应灵敏准确、标记物稳定、适用范围宽、结果判断客观、简便完全、检测速度快以及费用低等特点，且同时可进行上千份样品的分析。

在微生物检测中多采用夹心式设计，即用抗体包被的聚苯乙烯孔捕获抗原，用另一个结合了酶的抗体与抗原结合，并以抗原结合形式形成抗原抗体复合物，再用一种生色酶底物通过肉眼观察或比色法记录结果。随着单克隆抗体酶联免疫技术的出现，免疫检测法的特异性有了明显的提高。此外还有间接法用于测定抗体，竞争法既可以测定抗原也可以测定抗体。

钟青萍等研究双抗夹心 ELISA 方法在食品中志贺菌检测中的应用，研究获得纯化抗志贺菌 IgY，经检测 10mg/ml 纯化抗志贺菌 IgY 的效价为 1∶320；以志贺菌免疫新西兰大耳白兔，获得抗志贺菌的兔抗体，效价可达 1∶12 800。李国等研究了文蛤副溶血弧菌间接 ELISA 检测技术，其最低检测极限为 1×10^5 cfu/moL，患病文蛤内脏团中副溶血弧菌的检出率为 80%，无病症带菌文蛤中检出率为 15%，海水中副溶血弧菌的浓度低于最低检测极限。

三、免疫胶体金技术

免疫胶体金技术（Immune colloidal gold technique，GICT）是指利用胶体金作为标记物，用于指示体外抗体间发生的特异性结合反应，是免疫标记技术之一。胶体金引入免疫检测，最初主要应用于免疫组化染色试验，需要借助光学显微镜或电子显微镜来观察试验结果，经过多年的发展，胶体金技术逐渐得到完善和发展。目前此项技术已经广泛应用于免疫印迹、免疫渗滤及免疫层析技术当中，试验结果也可以用肉眼观察到。

（一）免疫胶体金技术的基本原理

氯金酸（HAuCl$_4$）在还原剂作用下，可聚合成一定大小的金颗粒，形成带负电的疏水胶溶液。由于静电作用而成为稳定的胶体状态，故称胶体金。胶体金颗粒表面负电荷与蛋白质的正电荷基团因静电吸附而形成牢固结合。胶体金对蛋白质有很强的吸附功能，蛋白质等高分子被吸附到胶体金颗粒表面，无共价键形成，标记后大分子物质活性不发生改变。金颗粒具有高电子密度的特性。金标蛋白在相应的配体处大量聚集时，在显微镜下可见黑褐色颗粒或肉眼可见红色或粉红色斑点。

（二）免疫胶体金技术在食品检测中的应用

免疫胶体金技术的应用胶体金标记技术由于标记物的制备简便，方法敏感、特异，不需要使用放射性同位素，或有潜在致癌物质的酶显色底物，也不要荧光显微镜，所以它的应用范围极广。在免疫电镜技术当中，胶体金是用于免疫电镜的最佳标记物，因为它呈球形，非常致密，在电镜下具有强烈反差，容易追踪在电镜下检出抗原抗体复合物，胶体免疫电镜技术已经成为目前最常用的免疫细胞化学方法之一。夏诗琪等采用胶体金标记抗沙门氏菌单克隆抗体，研制能联检甲型副伤寒沙门氏菌等 5 种典型沙门氏菌的胶体金免疫层析试纸条。结果表明，该试纸条能达到同时检测 5 种沙门氏菌的目的，其中甲型副伤寒沙门氏菌的检测灵敏度最高，为 10^5CFU/ml；鼠伤寒沙门氏菌、猪霍乱沙门氏菌、肠炎沙门氏菌和鸭沙门氏菌的检测灵敏度为 10^6CFU/ml。

第二节　分子生物学方法

分子生物学技术是随着生命科学和化学逐步发展而形成的一种新型技术，在微生物检验中，针对常规方法仅能测定活菌总数，对一些特定病原菌或污染菌无法实现定性和定量检测这一局限性，分子生物学的方法可以对病原微生物的核酸分子特征进行鉴定，在分子水平上分析微生物的线性结构来判定微生物的种类，是一种较为高端前沿的微生物检验技术。在食品微生物检测中，常用的方法有核酸分子杂交技术、PCR 技术、基因芯片技术、聚合酶链反应、环介导等温扩增技术等。

一、核酸分子杂交技术

核酸分子杂交技术又名核酸探针技术或基因探针技术，是在基因工程学基础上发展而来的一项新技术，其优点是灵敏度高、特异性强、方法简便。自 20 世纪 70 年代问世以来，已经在食品微生物检测、基因工程及医学等领域得到广泛的应用。所谓探针即带有标记物的已知特异性的分子，它与靶反应后能够被检测到。而核酸探针是指带有标记的特异 DNA 片段。

（一）核酸分子杂交技术的基本原理

因不同种属的生物体都含有相对稳定的 DNA 遗传序列，不同种的生物体中 DNA 序列不同，同种属生物个体中 DNA 序列基本相同，并且 DNA 序列不易受外界环境因素的影响而改变。核酸分子杂交技术的基本原理是两条不同来源的核酸链，如果具有互补的碱基序列，就能够特异性的结合而成为分子杂交链。核酸分子杂交发生于两条 DNA 单链者称之为 DNA 杂交，发生于 RNA 链与 DNA 单链之间者称之为 DNA：RNA 杂交。据此，可在已知的 DNA 或 RNA 片段上加上可识别的标记（如同位素标记、生物素标记等），使之成为探针，用以检测未知样品中是否具有与其相同的序列，并进一步判定其与已知序列的同源程度。该项技术除了具有上述基本优点外，还兼具组织化学染色的可见性和定位性，从而能够特异性地显示微生物细胞的 DNA 或 RNA，从分子水平去研究特定微生物有机体之间是否存在亲缘关系，并可揭示核酸片段中某一特定基因的位置。

（二）核酸探针的种类制备方法

根据核酸分子探针的来源及性质，可以分成四种类型：基因组 DNA 探针、cDNA 探针、RNA 探针和人工合成的寡核苷酸探针，其制备方法也因类而异。

（1）DNA 探针。可分为基因探针和基因片段探针。全基因组基因探针的制备最简单，只要将染色体 DNA 分离纯化，然后进行标记即可。基因片段探针则需要将染色体 DNA 用限制性内切酶酶解，得到许多随机片段，然后与质粒重组，转化大肠杆菌，筛选含特异目的基因片段的克隆株进行扩增，再提取基因片段作探针。

（2）cDNA 探针。通过提取纯度较高的相应 mRNA 或正链 RNA 病毒的 RNA，反转录成 CDNA 作为探针。也可以进一步克隆在大肠杆菌中进行无性繁殖，再从重组质粒中提取 cD-NA 作探针。

（3）RNA 探针。有些双链 RNA 病毒的基因组在标记后，可直接用作探针。另一种是从 cDNA 衍生而来的 RNA 探针，可由 RNA 聚合酶转录而得。因 RNA：RNA 复合物比 DNA：DNA 复合物稳定，故其灵敏度也明显优于 cDNA 探针。

（4）人工合成的寡核苷酸探针。用 DNA 合成仪可以合成 50 个核苷酸以内的任意序列的寡核苷酸片段，以此作为核苷酸探针，也可将它克隆到 M_{13} 系统中使之释放含探针序列的单链 DNA，使探针的制备和标记简化。

（三）核酸分子杂交技术在食品微生物检测中的应用

核酸分子杂交技术的适用范围如下。

（1）用于检测无法培养、不能用作生化鉴定、不可观察的微生物产物以及缺乏诊断抗原等方面的检测，如肠毒素基因。

（2）用于检测同食源性感染有关的病毒病，如检测肝炎病毒，流行病学调查研究，区分有毒和无毒菌株。

（3）检测细菌内抗药基因。

（4）分析食品是否会被某些耐药菌株污染，判定食品污染的特性。

（5）细菌分型，包括 rRNA 分型。

随着食品微生物检测技术的发展，核酸分子杂交技术已被更加频繁地应用到大肠杆菌、沙门氏菌、金黄色葡萄球菌等食源性病菌的检测中来，其特点是特异、敏感而又没有放射性，且因不需要进行复杂的增菌和获得纯培养而节省了时间，减少了由质粒决定的毒力丧失的几率，从而提高了检测的准确性。

二、PCR 技术

PCR（polymerase chain reaction，PCR）即聚合酶链式反应，是指在 DNA 聚合酶催化下，以母链 DNA 为模板，以特定引物为延伸起点，通过变性、退火、延伸等步骤，体外复制出与母链模板 DNA 互补的子链 DNA 的过程。是一种体外酶促合成，扩增特定 DNA 片段的方法。该技术由美国 PE - cetus 公司人类遗传研究室的 Kary Mullis 等人于 1985 年发明，随着热稳定性 TaqDNA 聚合酶的发现和应用及自动化热循环仪的设计成功，使 PCR 技术的操作程序大大简化，PCR 技术迅速广泛地应用于基因研究的各个领域。

（一）PCR 技术的基本原理

以拟扩增的 DNA 分子为模板，以一对分别与模板相互补的寡核苷酸片段为引物，在 DNA 聚合酶的作用下，按照半保留复制的机制沿着模板链延伸直至完成新的 DNA 合成。不断重复这一过程，可使目的 DNA 片段得到扩增。因为新合成的 DNA 也可作为模板，因而 PCR 可使 DNA 的合成量呈指数增长，如图 9 - 3。PCR 包括 7 种基本成分：模板、特异性引物、热稳定 DNA 聚合酶、脱氧核苷三磷酸、二价阳离子、缓冲液及一价阳离子。

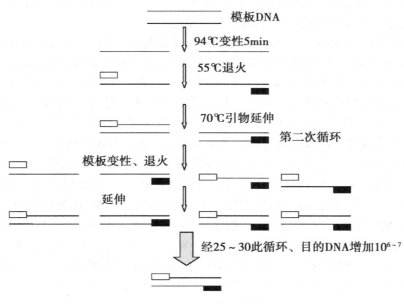

图 9 - 3　PCR 技术原理

（二）PCR 反应基本步骤

PCR 由变性—退火—延伸 3 个基本反应步骤构成。

（1）模板 DNA 的变性。模板 DNA 经加热至 94℃左右一定时间后，使模板 DNA 双链或经 PCR 扩增形成的双链 DNA 解离，使之成为单链，以便它与引物结合，为下轮反应做准备。

（2）模板 DNA 与引物的退火（复性）。模板 DNA 经加热变性成单链后，温度降至 55℃

左右，引物与模板 DNA 单链的互补序列配对结合。

（3）引物的延伸。DNA 模板—引物结合物在 Taq 酶的作用下，以 dNTP 为反应原料，靶序列为模板，按碱基配对与半保留复制原理，合成一条新的与模板 DNA 链互补的半保留复制链。

重复循环变性—退火—延伸三过程，就可获得更多的"半保留复制链"，而且这种新链又可成为下次循环的模板。每完成一个循环需 2~4min，2~3h 就能将待扩增的目的基因扩增放大几百万倍。

（三）PCR 的种类

随着 PCR 技术的不断发展，在常规 PCR 技术的基础上又衍生出了许多技术，如多重 PCR（mutiplex PCR）技术、实时荧光定量 PCR（real-time PCR）技术、单分子 PCR 技术。

（1）多重 PCR 技术（multiplex PCR）。也称为复合 PCR 技术，是在常规 PCR 技术的基础上进行改进发展而来的一种新型的 PCR 扩增技术。为同一管中加入多对特异性引物，与 PCR 管内的多个模板反应，在一个 PCR 管中同时检测多个目标 DNA 分子。多重 PCR 技术可以扩增一个物种的一个片段，也可以同时扩增多个物种的不同片段。选择适宜的反应体系和反应条件，可极大地提高多重 PCR 的扩增效果。主要包括退火温度、退火及延伸时间、PCR 缓冲液成分、dNTP 的用量、引物及模板的量等。

（2）实时荧光定量 PCR（real-time PCR）。是指将荧光基团加入到 PCR 反应体系中，借助于荧光信号，累积实时监测整个 PCR 进程，最后通过标准曲线对未知模板进行定量分析的方法。其原理是在传统的 PCR 技术的基础上加入荧光标记探针，巧妙地把核酸扩增、杂交、光谱分析和实时检测技术结合在一起，借助于荧光信号来检测 PCR 产物。实时监测这一特点是常规 PCR 技术所不具有的，因为其对扩增反应不能进行随时的检测。常规 PCR 技术的扩增终产物需要在凝胶电泳等条件下才能进行，无法对起始模板进行准确的定量，而荧光定量 PCR 技术的反应进程可以根据荧光信号的变化做出准确的判断。

（3）巢式 PCR。是一种 PCR 改良模式，它由两轮 PCR 扩增和利用两套引物对所组成，首先对靶 DNA 进行第一次扩增，然后从第一反应产物中取出少量作为反应模板进行第二次扩增，第二次 PCR 引物与第一次反应产物的序列互补，第二次 PCR 扩增的产物即为反应产物。使用巢式引物进行连续多轮扩增可以提高特异性和灵敏度，第一轮是 15~30 个循环的标准扩增，将一小部分起始扩增产物稀释 100~1 000 倍（或不稀释）加入到第二轮扩增中进行 15~30 个循环，也可通过凝胶纯化将起始扩增产物进行大小选择。

（四）PCR 技术在食品微生物检测中的应用

1. 食品中金黄色葡萄球菌的检测

利用 PCR 技术对食品中金黄色葡萄球菌检测时选取的靶基主要为各型肠毒素的基因，但是肠毒素分型较多，给实际的检测工作带来诸多不便，而利用耐热核酸酶（Tnase）的基因 Nuc 作为靶基因进行 PCR 检测更为适宜。耐热核酸酶（Tnase）为产毒金黄色葡萄球菌的典型特征，该酶非常耐热，在 100℃ 加热 30min 不易丧失活性。而编码耐热核酸酶的基因 *nuc* 为金黄色葡萄球菌所特有的并且是高度保守的基因，因而以耐热核酸酶的基因 *nuc* 为靶序列是进行 PCR 检测金黄色葡萄球菌的有效方法。

2. 对食品中沙门氏菌的检测

对沙门氏菌的检测目前常用的方法有常规 PCR、巢式 PCR 和多重 PCR，也可以将几种方法结合使用，如李文君等将常规 PCR 和巢式 PCR 相结合，根据沙门氏菌中保守的 16SrRNA 基因为模板设计了一对引物，扩增的片段为 555bp。经过优化设计反应条件，只对沙门氏菌产生特异扩增，敏感性达 30CFU。为了对扩增结果进行鉴定，又在这两条引物之间设计一条半巢式引物。经半巢式 PCR 检测证明第一次产物是正确的，且灵敏度提高至 3CFU。此外，从近几年的报道来看，关于沙门氏菌 PCR 的检测主要集中在模板的制备、引物的设计以及 PCR 的检测方法这几个方面。

三、环介导等温扩增技术（LAMP）

核酸扩增技术是分子生物学中常用的技术手段，从 20 世纪 80 年代出现的聚合酶链反应（PCR）到后来的核酸等温扩增技术、再生式序列复制和链置换扩增技术等以核酸检测为基础的分子生物学技术在许多领域得到广泛的应用。但核酸检测需要昂贵的仪器设备，存在特异性不高、操作程序复杂等问题，都严重制约了其作为快速检测方法的应用。2000 年日本荣研株式会社的 Tsugunori Notomi 开发了一种新型的核酸等温扩增方法，即介导等温扩增技术（LAMP），其特点是在等温的条件下即可高效、快速、高特异、高灵敏地扩增靶序列，解决了基于核酸的分子生物学检测技术的诸多难题，使其作为快速检测方法成为可能。

（一）环介导等温扩增技术的原理

利用 Bst 大片段 DNA 聚合酶和根据不同靶序列设计的两对特殊的内引物（FIP 由 F1C 和 F2 组成；BIP 由 BIC 和 B2 组成）、外引物（F3 和 B3），特异地识别靶序列上的 6 个独立区域。FIP 引物的 F2 序列与靶 DNA 上互补序列配对，启动循环链置换反应。F3 引物与模板上的 F3C 区域互补，引起合成与模板 DNA 互补的双链，从而挤掉 FIP 引起的 DNA 单链。与此同时，BIP 引物与被挤掉的这条单链杂交结合，形成的环状结构被打开，接着，B3 引物在 BIP 外侧进行碱基配对，在聚合酶的作用下形成新的互补链。被置换的单链 DNA 两端均存在互补序列，从而发生自我碱基配对，形成类似哑铃状的 DNA 结构。LAMP 反应以此 DNA 结构为起始结构，进行再循环和延伸，靶 DNA 序列大量交替重复产生，形成的扩增产物是有许多环的花椰菜形状的茎—环结构的 DNA，在恒温条件 65℃左右进行扩增，在 45 ~ 60min 的时间里扩增可达到 10^9 ~ 10^{10} 数量级。

（二）环介导等温扩增技术的基本操作过程

LAMP 等温扩增反应体系包含了引物、模板 DNA、Bst DNA 聚合酶、dNTPs 和缓冲液。其基本操作过程是将 LAMP 反应体系（除 Bst DNA 聚合酶外）在 95℃加热 5min 后冷却，再加入 Bst DNA 聚合酶，在 65℃保温 60min，然后在高于 80℃的温度下加温 10min 终止反应。LAMP 的反应体系一般为 25μl，外引物的浓度一般是内引物的 1/4 ~ 1/10。

（三）环介导等温扩增技术的应用

在细菌鉴定方面，细菌的 rRNA 包括 5S、16S、23S rRNA，约占 RNA 总量的 80% 以上，是细胞内含量最多的 RNA，其分子量大、种类多，由高度保守区和可变区组成。其中

16S rRNA遗传较为稳定，长度（1 550 ± 220）bp 左右，代表的信息量适中，是研究遗传进化的好材料。利用 LAMP 方法扩增细菌的 16SrRNA 或是其他的细菌特有基因，然后对扩增的片段进行序列分析，经与 GenBank 中的已知序列进行比较后，就可对病原菌进行鉴定。对于难以培养的细菌、生化反应不明显及传统表型方法不能鉴定的细菌，此法尤为方便。目前，应用 LAMP 方法已经成功检测到了氨氧化细菌、水中军团菌、结核杆菌、大肠杆菌 O157：H7、迟钝爱德华菌、牙龈卟啉单胞菌、肺炎链球菌、热带念珠菌、奔马赭霉暗色丝孢霉、痢疾志贺氏菌亚群等。

诺如病毒是引起人类腹泻的一种重要的传染性病原体，由于诺如病毒培养困难，目前一般通过电镜或 RT－PCR 进行检测。诺如病毒因病毒量少，人体排毒时间短，病毒高度变异，使得病原学诊断比较困难，用 RT－LAMP 技术分析诺如病毒的特异基因，并与常规的 RT－PCR 方法比较达到同样的效果，且该方法不需要昂贵的 PCR 仪器，只需要恒温水浴锅，不需要电泳仪，结果鉴定方便、特异性高、高效等优点。

四、基因芯片技术

20 世纪 80 年代末基因芯片（gene chip）技术应运而生，它利用微电子、微机械、生物化学、分子生物学、新型材料、计算机和统计学等多学科的先进技术，实现了在生命科学研究中样品处理、检测和分析过程的连续化、集成化和微型化。

基因芯片技术是指将大量通常每平方厘米点阵密度高于 400 探针分子固定于支持物上后与标记的样品分子进行杂交，通过检测每个探针分子的杂交信号强度进而获取样品分子的数量和序列信息。基因芯片技术由于同时将大量探针固定于支持物上，所以可以一次性对样品大量序列进行检测和分析，从而解决了传统核酸印迹杂交技术操作繁杂、自动化程度低、操作序列数量少、检测效率低等不足。而且，通过设计不同的探针阵列、使用特定的分析方法可使该技术具有多种不同的应用价值，如基因表达谱测定、实变检测、多态性分析、基因组文库作图及杂交测序等。

（一）基因芯片的类型

基因芯片技术按照应用范围的不同可以分为表达谱芯片和检测芯片，其中检测芯片又可分为生物群落鉴定芯片、种类鉴定芯片、功能基因检测芯片等；按照固定探针来源的不同，可以分为 PCR 产物芯片和寡核苷酸芯片。随着芯片技术在其他生命科学领域的延伸，基因芯片概念已泛化到生物芯片，包括基因芯片、蛋白质芯片、糖芯片、细胞芯片、流式芯片、组织芯片和芯片实验室等。芯片基片可用材料有玻片、硅片、瓷片、聚丙烯膜、硝酸纤维素膜和尼龙膜，其中以玻片最为常用。

（二）基因芯片技术在食品微生物检测中的应用

该技术可以将生物学中许多不连续的分析过程，移植到固相的介质芯片，并使其连续化和微型化，这一点是它与传统生物技术如 DNA 杂交、分型和测序技术的最大区别。基因芯片技术理论上可以在一次实验中检出所有潜在的致病原，也可以用同一张芯片检测某一致病原的各种遗传学指标：同时检测的灵敏度、特异性和快速便捷性也很高，因而在致病原分析检测中有很好的发展前景。表 9 - 1 列出了近年来应用寡核苷酸芯片对进行微生物检测与鉴定的一些进展。从表中可以看出，目前用于细菌检测和鉴定的芯片所用探针大多来自于16SrRNA，部分来自于一些功能基因。标记的方法仍然是以 PCR 过程中进行标记为主。

表 9 - 1　应用寡核苷酸芯片进行病原体检测及种类鉴定的部分研究进展

检测对象	探针		标记	参考文献
	大小	来源		
20 种人肠道细菌	40（mer）	16S rDNA	PCR 扩增样品 16S rDNA 全长时 Taq 酶聚合掺入荧光物或地高辛	Wang R F et al.，2002
5 种较近亲缘关系的杆菌	≈20	16S rRNA	化学方法标记样品 16S rRNA 的 PCR 扩增	Liu W T et al.，2001
玫瑰杆菌等 6 种水表面细菌	15 ~ 20	16S rRNA	使用 indocarbocyanine 和生物素标记的引物 PCR 扩增样品 16S rRNA	Peplies J et al.，2003
鸡粪便中的弯曲菌	27 ~ 35	16S rRNA 与 23S rRNA 间区域和弯曲菌特有基因	荧光引物和 PCR 扩增标记	Keramas G et al.，2003
30 种菌血症血液中细菌	21 ~ 31	23S rDNA	地高辛引物 PCR 扩增标记	Anthony R M et al.，2000
大肠杆菌、志贺菌和沙门氏菌等 14 种细菌	13 ~ 17	gyrB	PCR 扩增时 Taq 酶聚合掺入荧光物	Kakinuma K et al.，2003
14 种分歧杆菌	13 ~ 17	gyrB	T7RNA 酶聚合掺入荧光物	Fukushima M et al.，2003
6 种李斯特氏菌	13 ~ 35	Iap、hly、inlB、plcA、plcB 及 clpE 等基因	PCR 扩增时 Taq 酶聚合掺入荧光物	Volokhov D et al.，2002

基因芯片技术在食品微生物研究中也同样是一种不可或缺的研究工具。如在食品发酵过程中绝大多数活菌都不能体外培养，难以估计产物中的细菌种类和数量，利用基因芯片可不经培养直接分析发酵产物中的微生物种群。食品微生物中检测病原体的最低要求是能在 25g 样品中检测到 1 个活细胞，显然目前的基因芯片技术达不到这一要求。为了提高基因芯片检测的灵敏度，一方面应在靶核酸分子与芯片杂交前除去各种杂质，这样既可提高检测的信噪比，又可防止杂质堵塞芯片。另一方面应通过 PCR 扩增或体外培养增殖等方法提高病原体的数量。

食品样品中检测到微生物靶核酸分子仅表明样品中确实含有某种微生物，但无法确定该微生物是否存活。因此必要时应采用培养富集等方法确定微生物是否能在培养基中生长，或者采用单偶氮乙啶（EMA）活染和 PCR 扩增法加以鉴别。某些核酸结合型染料仅能通过破裂的细胞膜进入死细胞，不能进入活细胞中。利用光活化 EMA 对 DNA 的不可逆结合作用可抑制死细胞 DNA 的扩增。

第三节　电化学方法

由于微生物的细胞膜具有高度的绝缘性，而其细胞质中却含有大量的带电粒子，这一特点就会使微生物细胞在电场力作用下，表现出一定的电学特性。同时，微生物的生长代谢所产生的代谢产物，会使其培养介质的导电性发生变化。根据这一原理，我们就可以通过电极来记录微生物生长代谢过程中的电流、电位、阻抗、电导和介电常数等信息，进而分析信号特征。

一、电阻抗法

早在 1898 年英国科学家 Stewart 就在血清和血液的化脓过程中发现了细菌培养基的导电率曲线，在此基础上，经过一百多年的发展与完善，电阻抗法不断发展与完善并日趋成熟，该方法的特点是能够同时检测多个样品的含菌量、检测时间短、精确度高。伴随电动化和计算机技术的飞速发展，电阻抗法在微生物检测中的作用更为强大。

（一）基本原理

将电极插头连接在一个特制的测量管底部，由于用来培养微生物的液体培养基是电的良导体，所以就可以对已经接种的液体培养基阻抗的变化规律进行测定。阻抗之所以会发生变化，是因为微生物生长过程中的新陈代谢作用会使培养基中的大分子电惰性物质（如蛋白质、碳水化合物、脂类）被分解成小分子电活性物质，如醋酸盐、乳酸盐、重碳酸、氨等物质，这些代谢物的出现和聚集，增强了培养基的导电性，从而降低了其阻抗值。将培养基阻抗变化的相对值定义为 M，则 $M = (Z_0 - Z_t) / Z_0 \times 100\%$，其中：$Z_0$ 表示测量开始时培养基的阻抗值，Z_t 表示测量开始后任意时刻培养基的阻抗值，M 值最终表示了培养基电阻减少的百分数。电阻越小，细菌活动越多，因此通过测定 M 值的变化就能检测出微生物的数量。其原理如图 9 – 4。

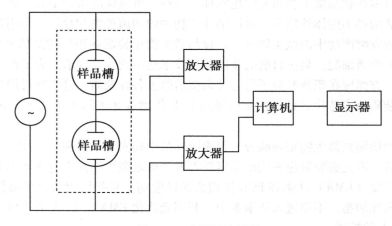

图 9 – 4　电阻抗法原理

为描述微生物的显著生长而导致培养基阻抗值的减少，需要设定一个 M 值的阈值，从测量开始到微生物生长曲线达到所设定的阈值所需的时间就是阻抗检测时间（IDT）。在一定范围内，菌落形成单位（CFU）的对数 Lg（CFU）与 IDT 呈直线关系，通过测定同类样品的一系列 CFU（平板菌落计数）和相对应的 IDT（电阻抗法）就可以制定出标准曲线。对于未知样品，想要测定其 CFU，只需测定其 IDT 值，再通过查标准曲线即可得出结果。

（二）电阻抗法的类型

根据测量所使用的电极是否与培养基接触，检测方法可分为直接电阻抗测量法和间接电阻抗测量法。

（1）直接电阻抗测量法。将培养基装入特制的测量管，接种微生物后在培养基内插入电极，直接测量培养基的电特性变化。直接测量法适用的培养基需要根据待测定菌的特性来设定，它既要有利于被测菌的繁殖与分离，又要在检测当中出现显著的阻抗变化。因此培养基的选择是检测成败的决定性因素之一。例如金黄色葡萄球菌（*Staphylococcus aureus*）在营养肉汤中能够生长，但不能产生明显的电反应，而在某种特制的阻抗肉汤中不仅能够很好地生长，而且能产生强烈的阻抗信号。

（2）间接电阻抗测量法。通过检测微生物生长代谢所产生的 CO_2 来反映微生物的代谢活性。其原因是有些特殊种类的微生物培养需要使用 LiCl、KCl 等高浓度盐来达到分离效果，这些盐离子使培养基本身带有很强的导电性，掩盖了微生物代谢产生的阻抗变化，因此不能用直接电阻抗测量法，测试时在阻抗测试管中加入 KOH 直到能够淹没电极，盛装培养基的小管与测试管相通，接种微生物后产生的 CO_2 进入测试管与 KOH 反应生成 K_2CO_3，其导电性比原始溶液低，记录测试管中溶液导电性的变化就可以得到微生物的信息。

（三）研究进展及其在食品微生物检测中的应用

电阻抗测量法检测微生物的研究从 20 世纪 70 年代开始受到关注，Ur 和 Brown 最先报道了通过阻抗变化来检测细菌生长及对抗生素的敏感性；美国的 Bactomatic 公司的 Cady 和 Dufour 报道了首台基于阻抗法的连续监测细菌代谢生长仪 Bactometer 32。Candy 等人为微生物生长引起电极表面的双电层组成改变，使得容抗发生变化，是影响阻抗的主要因素。2003 年 Yang 等将三电极体系用电解液电阻、法拉第阻抗、双电层电容的串并联等效，对阻抗法原理进行了系统的研究，当电极表面不发生化学反应时，感应电流不存在，等效电路可简化为电解液电阻与双电层电容的串联。该方法在食品工业中最初是从乳制品检测开始的，1979 年 O'Connor 使用此方法成功地测定出原乳中的细菌总量，随后电阻抗测量法在食品微生物检测领域的应用越来越广泛。

二、电化学免疫传感器

生物传感器是在 1962 年，Clark 等以酶电极的设想提出来的。他们利用葡萄糖氧化酶催化葡萄糖氧化反应，经极谱式氧电极检测氧量的变化，从而制成了第一支酶电极。从此从传感器技术迅速发展，又衍生出许多不同的类型。电化学免疫传感器是将免疫分析与电化学传感技术相结合而构建的一类新型生物传感器，是免疫传感器中研究最早、种类最多、也较为成熟的一个分支，它结合了各种电分析技术，比如溶出伏安法、脉冲差分法和脉冲伏安法等，使得灵敏度得到大大的提高，目前正朝着更加灵敏、特效、微型和实用的方向发展。

（一） 电化学免疫传感器原理及特点

生物传感器一般由生物识别元件和信号转换元件组成，生物识别元件是固定化的抗体、抗体片段或抗原（半抗原），用来测定特定分析物（抗原或抗体），从而形成稳定的免疫复合物的这类分析装置统称免疫传感器。电化学免疫传感器是结合了抗原抗体反应高度特异性和选择性以及电化学分析方法快速、灵敏、简便、精密度高、自动化程度好、应用范围广等优点，适合用于食品安全领域中病原微生物、抗生素和毒素等的测定。

（二） 电化学免疫传感器的分类

电化学免疫传感器根据测量信号不同可分为以下类型。

1. 电位型电化学免疫传感器

电位型免疫传感器的原理是基于抗原抗体发生复合反应后，测定由标记物质引起的电位的改变，电位与活性物质浓度对数值成正比，电位型免疫传感器就是通过测量这个电位的变化从而进行免疫分析的。电位型免疫传感器结合了酶免疫分析的高灵敏度和离子选择电极、气敏电极等的高选择性，可直接或间接检测各种抗原、抗体，具有可实时监测、响应时间较快等特点。1975 年 Janata 首次提出用电位测量式换能器检测免疫化学反应，但还存在灵敏度低、线性范围窄、不稳定等缺点。2004 年袁若等把乙型肝炎表面抗体和纳米金固定在铂电极上，制的高灵敏、高稳定电位型电化学免疫传感器。同年，唐点平等研制了纳米金修饰玻碳电极固载抗体电位型电化学免疫传感器用于检测白喉类病毒，取得了良好的效果。2005 年 Yingzi Fu 等将疏基乙胺（AET）固定到金电极表面，进而化学吸附纳米金颗粒，再将免疫球蛋白抗体（anti－IgG）吸附在纳米金颗粒表面，从而制得高灵敏电位型电化学免疫传感器。

2. 电容型电化学免疫传感器

电容型生物免疫传感器是近年来出现的新型传感器，其信号转换器由一对处于流体环境的导电体组成。识别分子固定在电极上，相关检测物及液体的移动引起介电常数的改变，导致电容的变化。当金属电极与电解质溶液接触，在电极/溶液的界面存在双电层，它可以用类似电容器的物理方程来描述：

$$C = A\varepsilon_0 \varepsilon / d^\varepsilon$$

其中：C 为界面电容，ε_0 为真空介电常数，ε 为电极/溶液界面物质介电常数，A 是电极与溶液的接触面积，d 是界面层厚度。

电极/溶液的界面电容能灵敏反映界面物理化学性质的变化，当极性低的物质吸附到电极表面上时，d 就会增大，ε 就会减少，从而使界面电容降低。由于其具有灵敏度高、结构简单、易于集成、无需标记物就可以直接检测等优点，从而在许多方面得以应用。

3. 电流型免疫传感器

电流型免疫传感器的原理主要有竞争法和夹心法两类。前者是用酶标抗原与样品中的抗原竞争结合氧电极上的抗体，催化氧化还原反应，产生电活性物质而引起电流变化，从而测定样品中的抗原浓度；后者则是在样品中的抗原与氧电极上的抗体结合后，再加酶标抗体与样品中的抗原结合，形成夹心结构，从而催化氧化还原反应，产生电流值变化。常用来作为标记的酶有碱性磷酸酶、辣根过氧化酶、乳酸脱氧酶、葡萄糖氧化酶、青霉素酰化酶和尿素水解酶等。在电流型免疫传感器的制备中，抗原抗体固定是影响传感器性能的一个重要因素。抗原抗体的固定方式、数量及活性等直接影响传感器的重现性、检测限及循环使用等性能。

4. 电导型免疫传感器

由于免疫反应会引起溶液或薄膜的电导发生变化，电导型免疫传感器就是利用这种变化来进行分析的生物传感器。电导率测量法可大量用于化学系统中，因为许多化学反应都会产生或消耗多种离子，从而引起溶液的总电导率的改变。通常是将一种酶固定在某种贵金属电极（金、银、铜、镍、铬等），在电场作用下测量待测物溶液电导率的变化。

目前电导型免疫传感器还存在的问题就仍存在非特异性问题，由于待测样品的离子强度与缓冲液电容的变化都会对这类传感器造成影响，并且溶液的电阻是由全部离子迁移决定的，所以该类型的传感器的发展受到一定的制约。

5. 电阻型免疫传感器

对于一个阻抗特性的传感器，其电容、电感和电阻特性的组合会产生一个特定的阻抗信号。如果传感器周围环境发生变化引起上述特性的任何变化，都会造成阻抗的改变，将得到一系列新的阻抗特性，这就是基于电化学阻抗技术的传感器的研究基础。

随着电化学、物理学、生物科学、材料科学的发展和交叉，EIS（电化学阻抗谱法）分析方法自20世纪60年代出现后得到迅速发展并被广泛应用于各种领域，是少有的可以表征膜电荷转移过程的技术之一。EIS技术由于具有良好的界面表征作用微小振幅正弦电压或电流不会对生物大分子造成干扰，敏感性高，因此特别适合于分析电极表面生物敏感膜的制备、生物学反应的动力学机制，已逐渐成为生物传感器研究的有效辅助方法阻抗分析法。

阻抗分析法通过记录导体或半导体表面电化学性质的变化来分析生物分子在载体表面的固定情况和生化反应的动力学过程，为评价生物体系的电化学特性提供了无损的分析手段。

根据生物识别元件的不同，生物传感器还可分为酶传感器、免疫传感器、核酸传感器、组织传感器等；而根据信号转换元件所传导的物理或化学信号的不同，生物传感器又分为压电晶体传感器、光学传感器、测热传感器、表面等离子共振型传感器、电化学传感器。

三、介电常数法

介电常数是物质相对于真空来说增加电容器电容能力的度量。介电常数随分子偶极矩和可极化性的增大而增大。在化学中，介电常数是溶剂的一个重要性质，它表征溶剂对溶质分子溶剂化以及隔开离子的能力。介电常数大的溶剂，有较大隔开离子的能力，同时也具有较强的溶剂化能力。当电场的频率在0.1～10MHz时，微生物悬浮液的介电常数是微生物体积分数的函数。

（一）介电常数法的检测原理

在电场力的作用下在0.1～10MHz较低频率区域，两电极之间的带电粒子在电场力的作用下会向两极移动，微生物细胞内的带电粒子受到电场力的作用也会向两极移动，但由于细胞膜的限制作用——将带电粒子限制在细胞内，电荷就会在细胞膜附近积累，使得微生物的细胞发生极化。此时，每个细胞表现为一个小电容，微生物细胞的这种现象称为极化。极化现象增加了培养介质的电容。而在 0.1~10MHz 较高频率区域由于频率变化太快，微生物细胞来不及极化，微生物细胞对微生物悬浮液的电容不产生影响。通过检测这两个频率下微生物悬浮液的电容差，根据该电容差与微生物的体积分数之间的函数关系，获得微生物悬浮液中微生物的浓度。介电常数法主要应用于微生物细胞浓度较高的细胞悬浮液（$\geqslant 10^7$ cfu/ml），如生物发酵过程中微生物浓度的检测。

（二）介电常数法的研究进展

通过检测微生物悬浮液的介电常数，可以实现微生物发酵过程微生物数目的实时、在线检测，该法已在微生物发酵过程中微生物浓度的在线检测中得到应用。Biomass System（法国）和 Biomass Monitor（美国）等商业化介电常数检测仪器都可以用于生物发酵过程中微生物数目的检测。HPE5050A（惠普公司制造）利用感应的方法检测溶液的介电常数，由两个同轴螺旋线圈组成，微生物悬浮液分布在在两个线圈之间，当一级线圈施加电压时，会在二级线圈产生感应电流，感应电流的大小跟微生物悬浮液的介电常数有关，HPE5050A 不使用电极，减少了检测过程中极化阻抗的影响，但是由于该传感器的探头不可进行灭菌，同时要求精确的运算过程。

第四节　仪器分析法

仪器分析是指借用精密仪器测量物质的某些理化性质以确定其化学组成、含量及化学结构的一类分析方法，适用于微量或痕量组分的测定。随着更多的现代化技术应用到食品检测领域，仪器分析法在食品微生物检测中的重要作用也日益凸显，特别是与计算机技术的结合，充分发挥了仪器分析法快速、灵敏、准确的特点。

一、光谱分析法

（一）紫外—可见分光光度法

1. 紫外—可见分光光度法的基本原理

用可见光光源测定有色物质的方法，称为可见光光度法，所用的仪器称为可见分光光度计。用紫外光源测定无色物质的方法，称为紫外分光光度法，所用的仪器称为紫外分光光度计。这两种方法基本原理相同，所以设计时常常将两种不同的光源及一套分光系统合并在一个仪器中，称为紫外—可见分光光度计。物质吸收波长范围在 200~760nm 区间的电磁辐射能而产生的分子吸收光谱称为该物质的紫外—可见吸收光谱，利用紫外—可见吸收光谱进行物质的定性、定量分析。其光谱是由于分子之中价电子的跃进而产生的，因此这种吸收光谱决定于分子中价电子的分布和结合情况。

2. 紫外—可见分光光度法的应用

紫外—可见分光光度法中的一些类型如双波长分光光度法、导数分光光度法及三波长法等属于定量分析，其特点是不经化学或物理方法分离，就能解决一些复杂混合物中各组分的含量测定，在消除干扰、提高结果准确度方面起了很大的作用。其在食品分析领域应用相当广泛，特别是在测定食品中的铅、铁、砷、铜、锌等离子的含量中的应用。此外，在对食品中番茄红素进行分析时，采用此法可避免了其他类胡萝卜素的干扰；还能够对食物中的大豆异黄酮含量进行快速的分析。由于该方法操作简便、成本低廉等优点，在食品卫生国家标准中被广泛采用。

紫外—可见分光光度法在食品微生物检测方面也越来越多，主要是用于测定微生物发酵液中某些产物的浓度，近年来的报道中有使用紫外—可见分光光度法测定 FMDV 纯化抗原的浓度，用于微生物发酵液中辅酶 Q_{10} 的快速定量检测，研究发酵液中 D – 核糖的测定影响因素和规律等。

（二）近红外光谱分析技术

1. 近红外光谱分析技术的基本原理

近红外光谱（NIRS）分析技术是综合数学、化学、物理学、计算机技术、信息科学等学科的一门高新分析技术。近红外的整个谱区波长方位根据美国材料检测协会（ASTM）定义为 $780 \sim 2\,526\text{nm}$，而在一般应用中把波长在 $700 \sim 2\,500\text{nm}$（波数 $14\,286 \sim 4\,000\text{cm}^{-1}$）范围内的电磁波作为近红外谱区，是人们最早发现的非可见光区域。习惯上又将近红外光划分为短波近红外（$700 \sim 1\,100\text{nm}$）和长波近红外（$1\,100 \sim 2\,500\text{nm}$）两个区域。

近红外光谱记录的是分子中单个化学键的基频振动的倍频和合频信息，它常常受含氢基团 H—X（C、N、O）倍频和合频重叠主导，所以在近红外光谱范围内，测量的主要是含氢基团 H—X 振动的倍频和合频吸收。有机物分子对近红外光谱的各个波长具有不同的吸收率，在光谱上表现出波峰和波谷。因此，近红外光谱主要用于对有机物的定性鉴定和定量分析。

2. 近红外光谱分析技术的特点

与传统分析技术相比，近红外光谱分析技术具有诸多优点，它能在几分钟内，仅通过对被测样品完成一次近红外光谱的采集测量，即可完成其多项性能指标的测定（最多可达十余项指标）。光谱测量时不需要对分析样品进行前处理；分析过程中不消耗其他材料或破坏样品；分析重现性好、成本低。然而近红外光谱也有其固有的弱点：由于物质在近红外区吸收弱，灵敏度较低，一般含量应 $>0.1\%$；建模工作难度大，需要有经验的专业人员和来源丰富的有代表性的样品，并配备精确的化学分析手段；每一种模型只能适应一定的时间和空间范围，因此需要不断对模型进行维护，此外，用户的技术也会影响模型的使用效果。

3. 近红外光谱分析技术的应用

国外的研究人员利用中红外光谱分析法对微生物的分类进行过研究，主要是对食品加工制作过程中常用的微生物如细菌、酵母菌等进行分类鉴别。在食品微生物检测方面，通过食品中致病菌的 FTNIR 谱来获得细胞壁的组成及其生物大分子结构的信息，继而分离出食品中致病菌的特征光谱带，通过研究近红外光对其生物细胞的作用机理，为建立一种快速简便的检测方法提供依据。

二、色谱分析法

（一）气相色谱法（GC）

气相色谱法亦称气体色谱法或气相层析法，它是以一种以气体为流动相，采用冲洗法的柱色谱分离技术。它分离的主要依据是利用样品中各组分在色谱柱中吸附力或溶解度不同，也就是说利用各组分在色谱柱中气相和固相的分配系数不同来达到样品的分离。

1. 气相色谱法的基本原理

气相色谱的分离原理是利用不同物质在流动相和固定相两相间分配系数的不同，当两相做相对运动时，试样中各组分就在两相中经过反复多次的分配，从而使原来分配系数仅有微小差异的组分能够彼此分离。用于微生物鉴定方面，将微生物细胞经过水解、甲醇分解、提取以及硅烷化、甲基化等衍生化处理后，使之分离尽可能多的化学组分供气相色谱仪进行分析。不同的微生物所得到的色谱图中，通常大多数的峰是共性的，只有少数的峰具有特征性，可被用来进行微生物鉴定，大量分析检测各种常见细菌、酵母菌、霉菌等。

2. 气相色谱法的应用

该方法中的顶空气相色谱法在微生物检测方面被广泛应用，通过检测培养基或食品密封系统顶部的微生物挥发性代谢产物 CO_2，来分析和鉴定微生物。特别是用于分析食品中的酵母菌、霉菌、大肠菌群和乳酸菌的污染程度，以及对沙门氏菌的筛选，对评价食品品质和安全性具有非常重要的意义。该方法具有灵敏度高，检测快速，在 $10\sim10^8$ CFU/ml 范围内线性好等优点。

热裂解气相色谱（Py-GC）在分析细菌方面具有化学分类学价值，可用于实验室检测或鉴定细菌。该法是利用细菌热裂解产生的特有生物标记物，如 2-呋喃甲醛、吡啶二羧酸等，进行细菌检测和鉴定。

气相色谱仪是完成气相色谱法的工具，它是以气体为流动相采用冲洗法来实现柱色谱技术的装置。载气从高压钢瓶经减压阀流出，通过净化器除去杂质，再由针形调节阀调节流量。然后通过进样装置，把注入的样品带入色谱柱。最后，把在色谱柱中被分离的组分带入检测器，进行鉴定和记录。

（二）高效液相色谱法（HPLC）

高效液相色谱法（HPLC）是食品检测中一种高效、快速的分离分析技术，它是在经典液相色谱基础上，引入了气相色谱的理论，在技术上采用了高压泵、高效固定相和高灵敏度检测器，因而具备速度快、效率高、灵敏度高、检测限度低、操作自动化等特点，使之成为目前最热门的食品检测技术之一。高效液相色谱法可用来作液固吸附、液液分配、离子交换和空间排阻色谱（凝胶渗透色谱）分析。对试样的要求，只要能制成溶液，而不需要汽化，因此不受试样挥发性质的限制，对于高沸点、热稳定性差、相对分子质量大（>400）的有机物（这些有机物几乎占有机物总数的 75%～80%）原则上都可以用高效液相色谱法来进行分离、分析。

该方法主要用于对多组分混合物的分离。这种方法不仅使以往的柱色谱法达到高速化，而且其分离性能大大提高。此外，变性高效液相色谱（DHPLC）可用于致病微生物基因检测，其原理是利用离子配对逆相层析的原理来分析核酸。DHPLC 系统对 DNA 片段的分离是基于其长度，而非序列。若 DNA 链的长度越长，就带有越多磷酸基团，因此有较多的TEAA 与之相结合，使其在柱内保留的时间增长。乙腈具有亲水性，增加流动相中乙腈浓度可将 DNA 洗脱，达到分离目的。在恰当的变性温度下，谱图上显示明显的吸收峰。该技术具有完全自动化、灵敏度高、经济等优点，可以大大节省工作量，在实验和诊断中得到了广泛应用。如对沙门氏菌的检测，主要是对相关基因 225～500bp 大小的片段进行 PCR 扩增，产物直接用 DHPLC 检测，突变基因显示特征峰型。上述各项技术具有快速、敏感、精确等特点可广泛应用于食品微生物的检测分析中。

第五节　快速测试片法

快速测试片是指以纸片、冷水可凝胶、无纺布等作为培养基载体，将特定的培养基和显色物质附着在上面，通过微生物在上面的生长、显色来测定食品中微生物的方法，可分别检测菌落总数、大肠菌群计数、霉菌和酵母菌计数，与发酵法符合率高。该方法综合了化学、高分子学、微生物学技术，能够对多种活体微生物进行快速检测，并在种类上进行选择性分析。

一、快速测试片法的特点

快速测试片在食品微生物检测中有着良好的应用，这项检测技术有着较多的优点。

（一）操作简便

待检的样品取少量即可，不需要其他试剂和大量玻璃器皿，检样不需要增菌，直接接种纸片，适宜温度培养后计数，使用过程中不产生任何废液废物，使用后省去繁重的清洗工作，经灭菌便可弃置，价格低廉，携带方便。

（二）高效实用

避免了热琼脂法不适宜受损细菌恢复的缺陷，故适用于实验室、生产现场和野外环境工作使用，快速测试片可以在取样时同时接种，结果更能反映当时样本中真实的细菌数，防止延长接种时间时由于细菌繁殖造成的数量增多。

二、快速测试纸片的基本原理

其载体是一种可以黏附固体培养基的不透水膜，为可再生的水合物材质，由上下两层薄膜组成。上层聚丙烯膜含有黏合剂、指示剂及冷水可溶性凝胶，下层聚乙烯薄膜内侧含有待检测微生物生长所需的琼脂培养基。样品经过简单的处理后成为悬浮液，取一定量悬浮液滴加到干燥状态的固体培养基上时，干燥的固体培养基迅速吸收样品中的水分，膨胀成为常见的固体培养基状态，且经过压延，待检测微生物可以均匀散布在该固体培养基表面，类似于微生物涂布，当微生物在此测试片上生长时，细胞代谢产物与上层的指示剂（因种而异）发生氧化还原反应，将指示剂还原显色，从而使微生物着色。测试片上就会呈现出特异的菌落判断，根据这些菌落数可以报告样品中微生物活菌的数量。

三、快速测试片的应用

细菌总数测试纸片是加上菌落指示剂 TTC（氯化三苯四氮唑）和培养基的纸片。TTC 用于菌落制片计数，原理是细菌代谢过程中在脱氢酶的催化下，通过生物氧化获得能量，并将供氢体的氢脱下传递至受氢体，以 TTC 作为受氢体，接受氢后生成红色非溶解性产物——三苯甲酯，指示菌落存在。用以滤纸为载体的测试片，需要筛选白色、密度均匀、吸附力强的滤纸，还要将滤纸裁剪为 4.0cm×5.0cm 的统一尺寸。检测人员还需要做好灭菌工作，将 TTC（氯化三苯四氮唑）加入无菌培养基后，将滤纸浸入其中，要控制好滤纸的培养基吸附量，还要保证测试环境的干燥性，要做好滤纸的密封保存工作，降低装入已灭菌的塑料口袋中。在使用的过程中，要将 1ml 待测液加在纸片上，然后做压平处理，将其放置在 37℃ 的培养箱中，培养的时间以 16～18h 为宜，然后对滤纸上的红点进行统计。检测纸片都是一次性的，在测定后直接对其进行焚烧处理。

大肠菌群快速检测纸片制作方法是将乳糖、蛋白胨等营养成分加上溴甲酚紫及 TIC 指示剂，pH 值在 6.8～7.0，灭菌条件为 115℃，灭菌时间为 15min，浸泡条件 60℃，时间为 10min，烘干温度 55℃，将待测液加到纸片上后，37℃ 培养 16～18h，即可检测出结果。如纸片保持蓝紫色不变，无论有否红色斑点或红晕均判定为阴性；如纸片上呈现红色斑点或红晕，其周围变黄或整个纸片变黄均为阳性；如所检样品为未经消毒的餐饮器具，纸片结果为全黄且无红色斑点或红晕，可直接列为阳性；如所检样品为已经消毒的餐饮器具，应按发酵法做证实试验或加 pH 值 7.4 的无菌 PBS 溶液证实。

纸片荧光法利用细菌产生某些代谢酶或代谢产物的特点，建立的一种酶－底物反应法。将待测细菌所需的营养成分、酶促底物以及抑制杂菌的成分固相化在纸片上，通过检测大肠菌群、大肠杆菌产生的有关酶的活性，以达到计数的目的。已有的两种测试片可分别检测大肠菌群和大肠杆菌，均在 37℃ 培养，24h 后在波长 365nm 荧光灯下观察结果。最低检测量可达 0～4CFU/ml。该方法的定性、定量结果与 AOAC 方法无差异。

美国 3M 公司生产的 Petrifilm™ 纸片是一种新型的测试片，其得到了 AOAC 的认可，在食品微生物检测中有着良好的应用，这种纸片使用了凝胶剂，可以对菌落进行准确的计数，是一种可再生的水合物干膜，薄膜的下层还覆盖了培养基，其含有供微生物生长的营养剂，当外界环境的温度达到要求，则可对细菌微生物进行培养。以 Petrifilm™ 测试片检测金黄色葡萄球菌为例：Petrifilm™ 金黄色葡萄球菌（Staph Express Count，STX）测试片，内含冷水可溶性凝胶，是一种无需耗时准备培养基的快速检验系统。该测试片含有具显色功能、经改良的 Baird－Parker 培养基，对于金黄色葡萄球菌（Staphylococcus aureus）的生长具有很强的选择性，并能将其鉴定出来。金黄色葡萄球菌在测试片上为暗紫红色菌落，若测试片上的菌落均呈暗紫红色，则无需再做进一步的确认，此即为确认的结果，测试即已完成，步骤如图 9-5。

日本 Chisso 公司的 Sanita－Kun 和德国 R－biophann 公司的 Rida Count 微生物快速测试片是以无纺布和黏性涂料为载体测试片，最大的优点是可使样液均匀、迅速地扩散，并得到了 AOAC 的认可，根据其报告显示，Sanita－Kun 大肠菌群测试片的敏感性为 100%，特异性 92.9%。另据 Chisso 公司介绍，霉菌酵母菌测试片应用了 X－acetate 指示剂，在 liase esterase 的作用下，25℃3～5d 菌落显示为蓝色；金黄色葡萄球菌测试片含有 X－acetate 指示剂，在 liase esterase 的作用下，35℃1～2d 使菌落显示为黄绿色；沙门氏菌测试片含有 Iron sulfide 指示剂，35℃1～2d，使菌落显示为黑色，并检验出硫化氢。

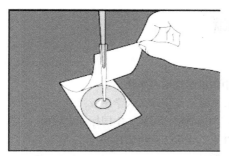

1.将测试片放在平坦处，掀起上层膜，用吸管将1mL样品垂直低价在测试片中央

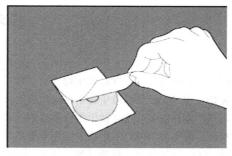

2.将上层膜缓慢盖下，避免气泡产生，切勿使上层膜直接落下

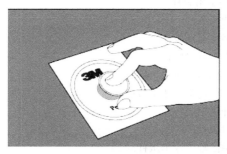

3.轻轻以压板压在测试片上，拿起后静置1min使胶体凝固

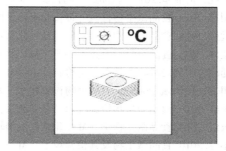

4.测试片透明面朝上，置恒温箱（37±1）℃，（24±1）h，可堆叠至20片

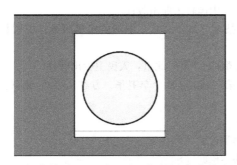

5.在培养（24±1）h后，如果没有菌落出现，则计数为0，且测试完毕

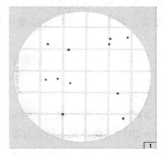

6.出现暗紫红色菌落则计数为金黄色葡萄球菌

图9－5　Petrifilm™系列金黄色葡萄球菌测试片操作步骤

思考题

1. 简述聚合酶链式反应（PCR）技术的原理。

2. 电化学免疫传感器分为哪几种类型？各自都有什么特点？

3. 请画出电阻抗法检测微生物的电路图，并简述其原理。

4. 快速测试片培养基载体的构成材质都有哪些？该检测方法有什么特点？

5. 免疫荧光技术的操作方法分为哪两类？分别描述其原理。

参考文献

毕滔滔，张子成.2014.食品微生物检验［M］.北京：中国科学技术出版社.

曹际娟，等.2006.食品微生物学与现代检测技术［M］.大连：辽宁师范大学出版社.

何国庆，张伟.2013.食品微生物检验技术［M］.北京：中国质检出版社，中国标准出版社.

黄贝贝，陈电容.2011.微生物学与免疫学基础［M］.北京：化学工业出版社.

康臻.2008.食品分析与检验［M］.北京：中国轻工业出版社.

李凤梅.2015.食品微生物检验［M］.北京：化学工业出版社.

刘素纯，贺稚非.2013.食品微生物检验［M］.北京：科学出版社.

刘用成.2012.食品微生物检验［M］.北京：中国轻工业出版社.

苏世彦.1998.食品微生物检验手册［M］.北京：中国轻工业出版社.

王叔淳.2002.食品卫生检验技术手册［M］.北京：化学工业出版社.

王廷璞，王静.2014.食品微生物检验技术［M］.北京：化学工业出版社.

魏明奎，段鸿斌.2008.食品微生物检验技术［M］.北京：化学工业出版社.

杨玉红.2010.食品微生物检验技术［M］.北京：中国计量出版社.

杨玉红.2010.食品微生物学［M］.北京：中国轻工业出版社.

曾小兰.2010.食品微生物及其检验技术［M］.北京：中国轻工业出版社.

张伟，袁耀武.2007.现代食品微生物检测技术［M］.北京：化学工业出版社.

赵贵明.2005.食品微生物实验室工作指南［M］.北京：中国标准出版社.

赵文杰，孙永海.2007.现代食品检测技术［M］.北京：中国轻工业出版社.

周红丽，张滨，刘素纯.2012.食品微生物检验实验技术［M］.北京：中国质检出版社，中国标准出版社.

［美］M.L.菲尔斯.1987.食品微生物学基础［M］.陈炳卿，等译.北京：人民卫生出版社.

［英］W.F.Harrigan.2004.食品微生物实验室手册（第三版）［M］.李卫华，方红，等译.北京：中国轻工业出版社.

GB 15979—2002：一次性使用卫生用品卫生标准［S］.

GB 4789.26—2010：食品安全国家标准 食品微生物学检验［S］.

GB 4789.26—2013：食品安全国家标准 食品微生物学检验［S］.

GB/T 23502—2009：食品中赭曲霉毒素 A 的测定 免疫亲和层析净化高效液相色谱法［S］.

Marvin L. Speck.1981.食品微生物学检验方法提要［M］.何晓青，孟昭赫，吴光先，等译.北京：人民卫生出版社.

SN/T 1897—2007：食品中菌落总数的测定 Petrifilm™测试片法［S］.